本書で学習する内容

本書でWord、Excel、PowerPointの基本機能を効率よく学んで、ビジネスで役立つ本物のスキルを身に付けましょう。

3つのアプリの基本操作をマスターしよう

第1章 さあ、はじめよう Word 2024

Officeでは、主な画面構成や基本操作は共通！
まずはWordに慣れよう！

第5章 さあ、はじめよう Excel 2024

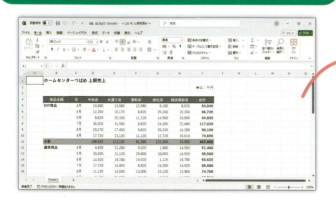

Excelの画面構成や基本操作を習得しよう！

第10章 さあ、はじめよう PowerPoint 2024

PowerPointの画面構成や基本操作を習得しよう！

Word いろいろな文書を作成しよう

第2章 文書を作成しよう

あいさつ文や箇条書きを使って、取引先への案内状を作ろう！

第3章 表現力のある文書を作成しよう

文書の背景に色を設定したり、写真を挿入したりしよう！

第4章 表のある文書を作成しよう

情報を整理して伝えるための表を作ろう！

Excel
表を作成して計算しよう

第6章 データを入力しよう

	A	B	C	D	E	F	G
1							
2		柏葉山市観光案内センター来訪者数					
3							
4			4月	5月	6月	合計	
5		県外	1359	1611	1747	4717	
6		県内	751	892	1025	2668	
7		合計	2110	2503	2772	7385	
8							
9							
10							
11							

連続データを
効率よく
入力しよう！

文字列と数値の違いを理解して、
データを入力しよう！

第7章 表を作成しよう

	A	B	C	D	E	F	G	H	I	J	K
1											
2		防災関連商品プロモーション動画再生数（下期）									
3										単位：回	
4		動画タイトル	10月	11月	12月	1月	2月	3月	下期合計	構成比	
5		防災用品をそろえよう	948	1,048	850	898	1,004	920	5,668	26.0%	
6		非常食を美味しく調理！	749	639	822	720	698	718	4,346	19.9%	
7		簡易トイレの使い方	493	502	609	567	545	587	3,303	15.1%	
8		比較！手回し充電器	331	357	582	546	403	495	2,714	12.4%	
9		家具の転倒を防止しよう	503	523	473	442	485	545	2,971	13.6%	
10		救急箱には何が必要？	371	406	501	431	593	527	2,829	13.0%	
11		合計	3,395	3,475	3,837	3,604	3,728	3,792	21,831	100.0%	
12		平均	566	579	640	601	621	632	3,639		
13											

罫線や塗りつぶしを設定して、
表の見栄えを整えよう！

関数を使って、
合計や平均を求めてみよう！

Excel グラフ作成やデータ管理をしよう

第8章 グラフを作成しよう

表をもとにグラフを作成しよう！

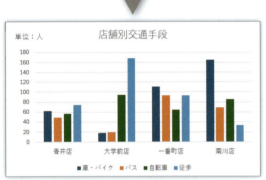

縦棒グラフを使って、データの大小関係を表現！

円グラフを使って、各項目の割合を表現！

第9章 データを分析しよう

売上金額の大小を視覚的に表示しよう！

表をテーブルに変換すれば、データの並べ替えもできる！

目的のデータをすばやく抽出しよう！

PowerPoint プレゼンテーションを作成しよう

第11章 プレゼンテーションを作成しよう

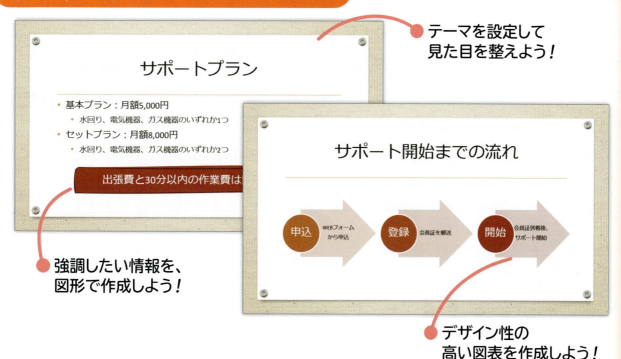

テーマを設定して見た目を整えよう！

強調したい情報を、図形で作成しよう！

デザイン性の高い図表を作成しよう！

第12章 スライドショーを実行しよう

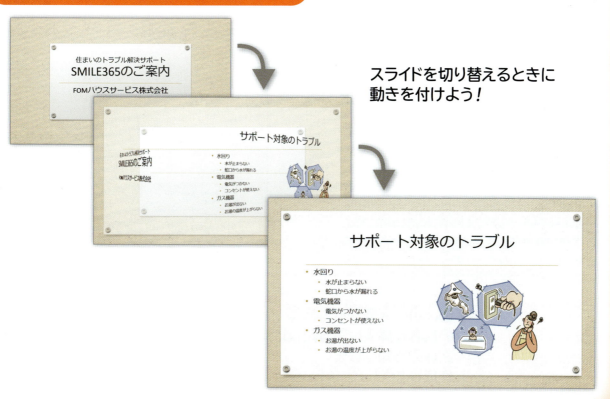

スライドを切り替えるときに動きを付けよう！

アプリのデータを連携して効率よく作業しよう

第13章 アプリ間でデータ連携をしよう

Excelの表やグラフを貼り付けて、Wordでレポートを作成しよう！

Excelの名簿からお客様の氏名を挿入して、Word文書のお知らせを作成しよう！

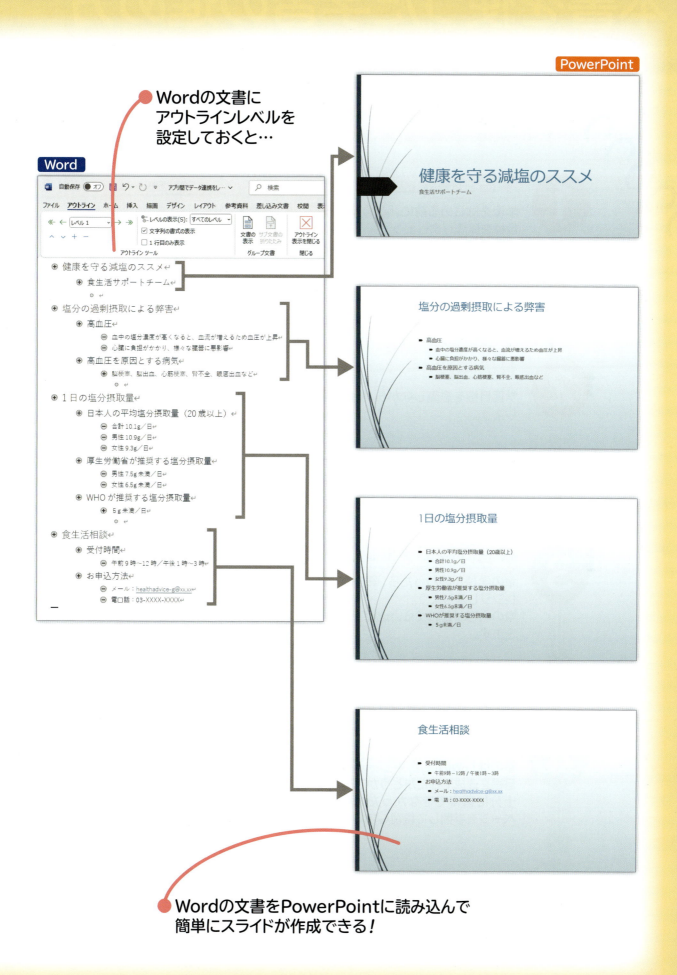

本書を使った学習の進め方

本書の各章は、次のような流れで学習を進めると、効果的な構成になっています。

1 学習目標を確認

学習をはじめる前に、「**この章で学ぶこと**」で学習目標を確認しましょう。
学習目標を明確にすると、習得すべきポイントが整理できます。

2 章の学習

学習目標を意識しながら、機能や操作を学習しましょう。

3 練習問題にチャレンジ

章の学習が終わったら、章末の「**練習問題**」にチャレンジしましょう。
章の内容がどれくらい理解できているかを確認できます。

4 学習成果をチェック

章のはじめの「**この章で学ぶこと**」に戻って、学習目標を達成できたかどうかをチェックしましょう。
十分に習得できなかった内容については、該当ページを参照して復習しましょう。

5 総合問題にチャレンジ

すべての章の学習が終わったら、「**総合問題**」にチャレンジしましょう。
本書の内容がどれくらい理解できているかを確認できます。

はじめに

多くの書籍の中から、「Word 2024 & Excel 2024 & PowerPoint 2024 Office 2024／Microsoft 365対応」を手に取っていただき、ありがとうございます。

本書は、これからWord・Excel・PowerPointをお使いになる方を対象に、ビジネスで必須となる3つのアプリの基本操作を業務でよく使う機能を中心に解説しているほか、アプリ間でデータを連携し、各アプリの利点を組み合わせてアウトプットを作成する方法を紹介しています。仕事で必要なスキルを短時間で効率よく、1冊で学習できます。また、各章末の練習問題と総合問題を通して学習内容を復習することで、Word・Excel・PowerPointの操作方法を確実にマスターできます。

本書は、根強い人気の「よくわかる」シリーズの開発チームが、積み重ねてきたノウハウをもとに作成しており、講習会や授業の教材としてご利用いただくほか、自己学習の教材としても最適です。

本書を学習することで、Word・Excel・PowerPointの知識を深め、実務にいかしていただければ幸いです。

本書を購入される前に必ずご一読ください
本書に記載されている操作方法は、2025年2月時点の次の環境で動作確認しております。
・Windows 11（バージョン24H2　ビルド26100.2894）
・Microsoft Office Home and Business 2024（バージョン2412　ビルド16.0.18324.20092）
本書発行後のWindowsやOfficeのアップデートによって機能が更新された場合には、本書の記載のとおりに操作できなくなる可能性があります。ご了承のうえ、ご購入・ご利用ください。

2025年4月13日
FOM出版

◆Microsoft、Access、Excel、Microsoft 365、OneDrive、PowerPoint、Windowsは、マイクロソフトグループの企業の商標です。
◆QRコードは、株式会社デンソーウェーブの登録商標です。
◆その他、記載されている会社および製品などの名称は、各社の登録商標または商標です。
◆本文中では、TMや®は省略しています。
◆本文中のスクリーンショットは、マイクロソフトの許諾を得て使用しています。
◆本文およびデータファイルで題材として使用している個人名、団体名、商品名、ロゴ、連絡先、メールアドレス、場所、出来事などは、すべて架空のものです。実在するものとは一切関係ありません。
◆本書に掲載されているホームページやサービスは、2025年2月時点のもので、予告なく変更される可能性があります。

# 目次

■ 本書をご利用いただく前に ··· 1

■ **第1章　さあ、はじめよう　Word 2024** ····································· 9

　　この章で学ぶこと ·· 10
　　STEP1　Wordの概要 ·· 11
　　　　●1　Wordの概要 ·· 11
　　STEP2　Wordを起動する ·· 13
　　　　●1　Wordの起動 ·· 13
　　　　●2　Wordのスタート画面 ·· 14
　　　　●3　文書を開く ·· 15
　　STEP3　Wordの画面構成 ·· 17
　　　　●1　Wordの画面構成 ·· 17
　　　　●2　Wordの表示モード ·· 19
　　　　●3　表示倍率の変更 ·· 20
　　STEP4　Wordを終了する ·· 22
　　　　●1　文書を閉じる ·· 22
　　　　●2　Wordの終了 ·· 24

■ **第2章　文書を作成しよう　Word 2024** ································· 25

　　この章で学ぶこと ·· 26
　　STEP1　作成する文書を確認する ·· 27
　　　　●1　作成する文書の確認 ·· 27
　　STEP2　ページのレイアウトを設定する ·· 28
　　　　●1　ページ設定 ·· 28
　　STEP3　文章を入力する ·· 30
　　　　●1　編集記号の表示 ·· 30
　　　　●2　日付の挿入 ·· 30
　　　　●3　文章の入力 ·· 31
　　　　●4　頭語と結語の入力 ·· 32
　　　　●5　あいさつ文の挿入 ·· 32
　　　　●6　記書きの入力 ·· 34
　　STEP4　文字を削除する・挿入する ·· 35
　　　　●1　削除 ·· 35
　　　　●2　挿入 ·· 36
　　STEP5　文字をコピーする・移動する ·· 37
　　　　●1　コピー ·· 37
　　　　●2　移動 ·· 39
　　STEP6　文章の書式を設定する ·· 41
　　　　●1　中央揃え・右揃え ·· 41
　　　　●2　インデントの設定 ·· 42
　　　　●3　フォント・フォントサイズの設定 ·· 43
　　　　●4　太字・斜体・下線の設定 ·· 45
　　　　●5　文字の均等割り付け ·· 46
　　　　●6　箇条書きの設定 ·· 47

i

STEP7	文書を印刷する	48
●1	印刷イメージの確認	48
●2	印刷	48
STEP8	文書を保存する	49
●1	名前を付けて保存	49
練習問題		51
Q&A	新しい文書は行間が広くて、行数が調整できない…どうすればいい?	54

■第3章 表現力のある文書を作成しよう　Word 2024　55

この章で学ぶこと		56
STEP1	作成する文書を確認する	57
●1	作成する文書の確認	57
STEP2	ワードアートを挿入する	58
●1	ワードアート	58
●2	ワードアートの挿入	58
●3	ワードアートのフォント・フォントサイズの設定	60
●4	ワードアートの効果の変更	62
●5	ワードアートの移動	63
STEP3	画像を挿入する	64
●1	画像	64
●2	画像の挿入	64
●3	文字列の折り返し	66
●4	画像のトリミング	68
●5	画像のサイズ変更と移動	69
●6	図のスタイルの適用	71
STEP4	文字の効果を設定する	73
●1	文字の効果の設定	73
STEP5	段落罫線を設定する	74
●1	段落罫線の設定	74
STEP6	ページの背景を設定する	76
●1	ページの色の設定	76
●2	背景が設定された文書の印刷	77
練習問題		79

■第4章 表のある文書を作成しよう　Word 2024　81

この章で学ぶこと		82
STEP1	作成する文書を確認する	83
●1	作成する文書の確認	83
STEP2	表を作成する	84
●1	表の作成	84
●2	文字の入力	85
STEP3	表のレイアウトを変更する	86
●1	行の挿入	86
●2	表のサイズ変更	88
●3	列の幅の変更	89
●4	セルの結合	91

STEP4	表に書式を設定する	93
	●1 セル内の配置の設定	93
	●2 表の配置の変更	95
	●3 セルの塗りつぶしの設定	96
	●4 罫線の種類と太さの変更	97
練習問題		99

■第5章　さあ、はじめよう　Excel 2024　101

この章で学ぶこと		102
STEP1	Excelの概要	103
	●1 Excelの概要	103
STEP2	Excelを起動する	105
	●1 Excelの起動	105
	●2 Excelのスタート画面	106
	●3 ブックを開く	107
	●4 Excelの基本要素	109
STEP3	Excelの画面構成	110
	●1 Excelの画面構成	110
	●2 Excelの表示モード	112
	●3 シートの挿入	113
	●4 シートの切り替え	114

■第6章　データを入力しよう　Excel 2024　115

この章で学ぶこと		116
STEP1	作成するブックを確認する	117
	●1 作成するブックの確認	117
STEP2	新しいブックを作成する	118
	●1 ブックの新規作成	118
STEP3	データを入力する	119
	●1 データの種類	119
	●2 データの入力手順	119
	●3 文字列の入力	120
	●4 数値の入力	121
	●5 数式の入力	122
	●6 データの修正	124
	●7 データのクリア	125
STEP4	オートフィルを利用する	127
	●1 連続データの入力	127
	●2 数式のコピー	128
練習問題		130

■第7章　表を作成しよう　Excel 2024　131

この章で学ぶこと		132
STEP1	作成するブックを確認する	133
	●1 作成するブックの確認	133

STEP2	関数を入力する	134
	●1 関数	134
	●2 SUM関数	134
	●3 AVERAGE関数	137
STEP3	セルを参照する	139
	●1 相対参照と絶対参照	139
STEP4	表の書式を設定する	142
	●1 罫線を引く	142
	●2 セルの塗りつぶしの設定	144
	●3 フォント・フォントサイズ・フォントの色の設定	145
	●4 表示形式の設定	147
	●5 セル内の配置の設定	149
STEP5	表の行や列を操作する	151
	●1 列の幅の変更	151
	●2 列の幅の自動調整	152
	●3 行の挿入	153
STEP6	表を印刷する	155
	●1 印刷の手順	155
	●2 印刷イメージの確認	155
	●3 ページ設定	156
	●4 印刷	157
練習問題		158

■第8章 グラフを作成しよう　Excel 2024　159

この章で学ぶこと		160
STEP1	作成するグラフを確認する	161
	●1 作成するグラフの確認	161
STEP2	グラフ機能の概要	162
	●1 グラフ機能	162
	●2 グラフの作成手順	162
STEP3	円グラフを作成する	163
	●1 円グラフの作成	163
	●2 グラフタイトルの入力	166
	●3 グラフの移動とサイズ変更	167
	●4 グラフスタイルの適用	169
	●5 切り離し円の作成	170
STEP4	縦棒グラフを作成する	173
	●1 縦棒グラフの作成	173
	●2 グラフの場所の変更	176
	●3 グラフ要素の表示	177
	●4 グラフ要素の書式設定	178
	●5 グラフフィルターの利用	182
練習問題		184

iv

■第9章　データを分析しよう　Excel 2024 185

この章で学ぶこと	......	186
STEP1	作成するブックを確認する	187
●1	作成するブックの確認	187
STEP2	データベース機能の概要	188
●1	データベース機能	188
●2	データベース用の表	188
STEP3	表をテーブルに変換する	190
●1	テーブル	190
●2	テーブルへの変換	191
●3	テーブルスタイルの適用	192
●4	集計行の表示	194
STEP4	データを並べ替える	195
●1	並べ替え	195
●2	ひとつのキーによる並べ替え	195
●3	複数のキーによる並べ替え	196
STEP5	データを抽出する	198
●1	フィルターの実行	198
●2	抽出結果の絞り込み	199
●3	条件のクリア	199
●4	数値フィルターの実行	200
STEP6	条件付き書式を設定する	201
●1	条件付き書式	201
●2	条件に合致するデータの強調	202
●3	データバーの設定	203
練習問題	......	204

■第10章　さあ、はじめよう　PowerPoint 2024 205

この章で学ぶこと	......	206
STEP1	PowerPointの概要	207
●1	PowerPointの概要	207
STEP2	PowerPointを起動する	210
●1	PowerPointの起動	210
●2	PowerPointのスタート画面	211
●3	プレゼンテーションを開く	212
●4	PowerPointの基本要素	214
STEP3	PowerPointの画面構成	215
●1	PowerPointの画面構成	215
●2	PowerPointの表示モード	216

■第11章　プレゼンテーションを作成しよう　PowerPoint 2024 217

この章で学ぶこと	......	218
STEP1	作成するプレゼンテーションを確認する	219
●1	作成するプレゼンテーションの確認	219
STEP2	新しいプレゼンテーションを作成する	220
●1	プレゼンテーションの新規作成	220

STEP3	テーマを適用する	221
●1	テーマの適用	221
●2	バリエーションによるアレンジ	222
STEP4	プレースホルダーを操作する	223
●1	プレースホルダー	223
●2	タイトルとサブタイトルの入力	223
●3	プレースホルダー全体の書式設定	226
●4	プレースホルダーの部分的な書式設定	227
STEP5	新しいスライドを挿入する	229
●1	新しいスライドの挿入	229
●2	箇条書きテキストの入力	230
●3	箇条書きテキストのレベルの変更	232
STEP6	図形を作成する	233
●1	図形	233
●2	図形の作成	233
●3	図形への文字の追加	235
●4	図形のスタイルの適用	236
●5	スケッチスタイルの適用	237
STEP7	SmartArtグラフィックを作成する	239
●1	SmartArtグラフィック	239
●2	SmartArtグラフィックの作成	239
●3	テキストウィンドウの利用	241
●4	SmartArtグラフィックのスタイルの適用	243
●5	SmartArtグラフィック内の文字の書式設定	244
練習問題		246

■第12章 スライドショーを実行しよう　PowerPoint 2024 …………………249

この章で学ぶこと		250
STEP1	スライドショーを実行する	251
●1	スライドショーの実行	251
STEP2	画面切り替えの効果を設定する	253
●1	画面切り替え	253
●2	画面切り替えの設定	253
STEP3	アニメーションを設定する	256
●1	アニメーション	256
●2	アニメーションの設定	256
STEP4	プレゼンテーションを印刷する	258
●1	印刷のレイアウト	258
●2	ノートペインへの入力	259
●3	ノートの印刷	260
STEP5	発表者ツールを使用する	262
●1	発表者ツール	262
●2	発表者ツールの使用	263
●3	発表者ツールの画面構成	265
●4	スライドショーの実行	266
●5	目的のスライドへジャンプ	266
練習問題		268

■第13章 アプリ間でデータ連携をしよう ・・・・・・・・・・・・・・・・・・・・・・・・・・・・・・269

この章で学ぶこと ・・・270
STEP1　ExcelのデータをWordの文書に貼り付ける ・・・・・・・・・・・・・・・271
●1　作成する文書の確認 ・・・・・・・・・・・・・・・・・・・・・・・・・・・・・・271
●2　データの共有 ・・・・・・・・・・・・・・・・・・・・・・・・・・・・・・・・・・・・272
●3　複数アプリの起動 ・・・・・・・・・・・・・・・・・・・・・・・・・・・・・・・273
●4　Excelの表の貼り付け ・・・・・・・・・・・・・・・・・・・・・・・・・・・274
●5　Excelのグラフを図として貼り付け ・・・・・・・・・・・・・・・276
STEP2　ExcelのデータをWordの文書に差し込んで印刷する ・・・・・・・・・278
●1　作成する文書の確認 ・・・・・・・・・・・・・・・・・・・・・・・・・・・・・・278
●2　差し込み印刷 ・・・・・・・・・・・・・・・・・・・・・・・・・・・・・・・・・・・279
●3　差し込み印刷の手順 ・・・・・・・・・・・・・・・・・・・・・・・・・・・・・280
●4　差し込み印刷の設定 ・・・・・・・・・・・・・・・・・・・・・・・・・・・・・280
STEP3　Wordの文書をPowerPointのプレゼンテーションで利用する ・・・・・287
●1　作成するスライドの確認 ・・・・・・・・・・・・・・・・・・・・・・・・・287
●2　Wordの文書をもとにしたスライドの作成手順 ・・・・・288
●3　Wordでのアウトラインレベルの設定 ・・・・・・・・・・・・・288
●4　Wordの文書の読み込み ・・・・・・・・・・・・・・・・・・・・・・・・・292

■総合問題 ・・295

総合問題1 ・・296
総合問題2 ・・298
総合問題3 ・・300
総合問題4 ・・302
総合問題5 ・・304
総合問題6 ・・306
総合問題7 ・・308
総合問題8 ・・310
総合問題9 ・・312
総合問題10 ・・・314

■索引 ・・317

■ローマ字・かな対応表 ・・・326

練習問題・総合問題の標準解答は、FOM出版のホームページで提供しています。P.5「5　学習ファイルと標準解答のご提供について」を参照してください。

本書をご利用いただく前に

本書で学習を進める前に、ご一読ください。

1 本書の記述について

操作の説明のために使用している記号には、次のような意味があります。

記述	意味	例
☐	キーボード上のキーを示します。	Ctrl Enter
☐＋☐	複数のキーを押す操作を示します。	Ctrl ＋ End （Ctrlを押しながらEndを押す）
《　》	ボタン名やダイアログボックス名、タブ名、項目名など画面の表示を示します。	《貼り付け》をクリックします。《レイアウトオプション》が表示されます。《挿入》タブを選択します。
「　」	重要な語句や機能名、画面の表示、入力する文字などを示します。	「ブック」といいます。「県外」と入力します。

 学習の前に開くファイル

 知っておくべき重要な内容

 知っていると便利な内容

※ 補足的な内容や注意すべき内容

 学習した内容の確認問題

 確認問題の答え

 問題を解くためのヒント

2 製品名の記載について

本書では、次の名称を使用しています。

正式名称	本書で使用している名称
Windows 11	Windows 11 または Windows
Microsoft Word 2024	Word 2024 または Word
Microsoft Excel 2024	Excel 2024 または Excel
Microsoft PowerPoint 2024	PowerPoint 2024 または PowerPoint

3 学習環境について

本書を学習するには、次のソフトが必要です。
また、インターネットに接続できる環境で学習することを前提にしています。

> Word 2024　または　Microsoft 365のWord
> Excel 2024　または　Microsoft 365のExcel
> PowerPoint 2024　または　Microsoft 365のPowerPoint

◆本書の開発環境

本書を開発した環境は、次のとおりです。

OS	Windows 11 Pro（バージョン24H2　ビルド26100.2894）
アプリ	Microsoft Office Home and Business 2024 （バージョン2412　ビルド16.0.18324.20092）
ディスプレイの解像度	1280×768ピクセル
その他	・WindowsにMicrosoftアカウントでサインインし、インターネットに接続した状態 ・OneDriveと同期していない状態

※本書は、2025年2月時点のWord 2024／Microsoft 365のWord、Excel 2024／Microsoft 365のExcel、PowerPoint 2024／Microsoft 365のPowerPointに基づいて解説しています。
　今後のアップデートによって機能が更新された場合には、本書の記載のとおりに操作できなくなる可能性があります。

POINT　OneDriveの設定

WindowsにMicrosoftアカウントでサインインすると、同期が開始され、パソコンに保存したファイルがOneDriveに自動的に保存されます。初期の設定では、デスクトップ、ドキュメント、ピクチャの3つのフォルダーがOneDriveと同期するように設定されています。
本書はOneDriveと同期していない状態で操作しています。
OneDriveと同期している場合は、一時的に同期を停止すると、本書の記載と同じ手順で学習できます。
OneDriveとの同期を一時停止および再開する方法は、次のとおりです。

一時停止

◆通知領域の《OneDrive》→《ヘルプと設定》→《同期の一時停止》→停止する時間を選択
※時間が経過すると自動的に同期が開始されます。

再開

◆通知領域の《OneDrive》→《ヘルプと設定》→《同期の再開》

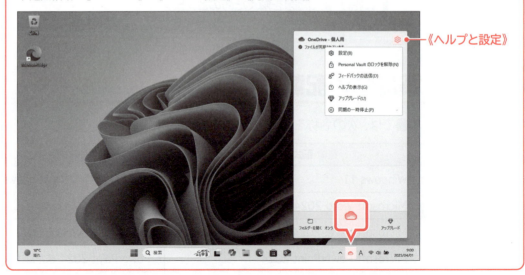

4 学習時の注意事項について

お使いの環境によっては、次のような内容について本書の記載と異なる場合があります。
ご確認のうえ、学習を進めてください。

◆画面図のボタンの形状

本書に掲載している画面図は、ディスプレイの解像度を「1280×768ピクセル」、ウィンドウを最大化した環境を基準にしています。
ディスプレイの解像度やウィンドウのサイズなど、お使いの環境によっては、画面図のボタンの形状やサイズ、位置が異なる場合があります。
ボタンの操作は、ポップヒントに表示されるボタン名を参考に操作してください。

ディスプレイの解像度が高い場合／ウィンドウのサイズが大きい場合

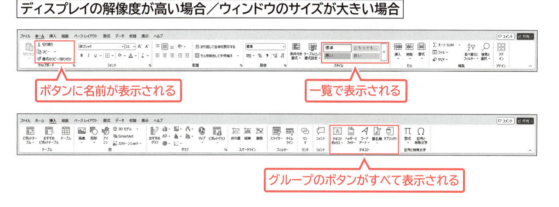

ディスプレイの解像度が低い場合／ウィンドウのサイズが小さい場合

◆《ファイル》タブの《その他》コマンド

《ファイル》タブのコマンドは、画面の左側に一覧で表示されます。お使いの環境によっては、下側のコマンドが《その他》にまとめられている場合があります。目的のコマンドが表示されていない場合は、《その他》をクリックしてコマンドを表示してください。

> **POINT** ディスプレイの解像度の設定
>
> ディスプレイの解像度を本書と同様に設定する方法は、次のとおりです。
> ◆デスクトップの空き領域を右クリック→《ディスプレイ設定》→《ディスプレイの解像度》の▼→《1280×768》
> ※メッセージが表示される場合は、《変更の維持》をクリックします。

◆Officeの種類に伴う注意事項

Microsoftが提供するOfficeには「ボリュームライセンス（LTSC）版」「プレインストール版」「POSAカード版」「ダウンロード版」「Microsoft 365」などがあり、画面やコマンドが異なることがあります。

本書はダウンロード版をもとに開発しています。ほかの種類のOfficeで操作する場合は、ポップヒントに表示されるボタン名を参考に操作してください。

●Excel 2024のLTSC版で《ホーム》タブを選択した状態（2025年2月時点）

※お使いの環境のOfficeの種類は、《ファイル》タブ→《アカウント》で表示される画面で確認できます。

◆アップデートに伴う注意事項

WindowsやOfficeは、アップデートによって不具合が修正され、機能が向上する仕様となっているため、アップデート後に、コマンドやスタイル、色などの名称が変更される場合があります。本書に記載されているコマンドやスタイルなどの名称が表示されない場合は、掲載している画面図の色が付いている位置を参考に操作してください。
※本書の最新情報については、P.8に記載されているFOM出版のホームページにアクセスして確認してください。

> **POINT** お使いの環境のバージョン・ビルド番号を確認する
>
> WindowsやOfficeはアップデートにより、バージョンやビルド番号が変わります。
> お使いの環境のバージョン・ビルド番号を確認する方法は、次のとおりです。
>
> ［Windows 11］
> ◆《スタート》→《設定》→《システム》→《バージョン情報》
>
> ［Office 2024］
> ◆《ファイル》タブ→《アカウント》→《(アプリ名)のバージョン情報》
> ※お使いの環境によっては、《アカウント》が表示されていない場合があります。その場合は、《その他》→《アカウント》をクリックします。

5 学習ファイルと標準解答のご提供について

本書で使用する学習ファイルと標準解答のPDFファイルは、FOM出版のホームページで提供しています。

ホームページアドレス

https://www.fom.fujitsu.com/goods/

※アドレスを入力するとき、間違いがないか確認してください。

ホームページ検索用キーワード

FOM出版

1 学習ファイル

学習ファイルはダウンロードしてご利用ください。

◆ダウンロード

学習ファイルをダウンロードする方法は、次のとおりです。

① ブラウザーを起動し、FOM出版のホームページを表示します。
※アドレスを直接入力するか、キーワードでホームページを検索します。

② 《ダウンロード》をクリックします。

③ 《アプリケーション》の《Office全般》をクリックします。

④ 《Word 2024 & Excel 2024 & PowerPoint 2024 Office 2024／Microsoft 365対応　FPT2420》をクリックします。

⑤ 《学習ファイル》の《学習ファイルのダウンロード》をクリックします。

⑥ 本書に関する質問に回答します。

⑦ 学習ファイルの利用に関する説明を確認し、《OK》をクリックします。

⑧ 《学習ファイル》の「fpt2420.zip」をクリックします。

⑨ ダウンロードが完了したら、ブラウザーを終了します。
※ダウンロードしたファイルは、《ダウンロード》に保存されます。

◆ダウンロードしたファイルの解凍

ダウンロードしたファイルは圧縮されているので、解凍（展開）します。ダウンロードしたファイル「fpt2420.zip」を《ドキュメント》に解凍する方法は、次のとおりです。

① デスクトップ画面を表示します。
② タスクバーの《エクスプローラー》をクリックします。

③左側の一覧から《ダウンロード》を選択します。
④ファイル「fpt2420」を右クリックします。
⑤《すべて展開》をクリックします。

⑥《参照》をクリックします。

⑦左側の一覧から《ドキュメント》を選択します。
※《ドキュメント》が表示されていない場合は、スクロールして調整します。
⑧《フォルダーの選択》をクリックします。

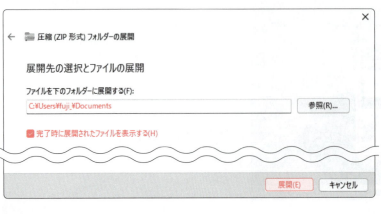

⑨《ファイルを下のフォルダーに展開する》が「C:¥Users¥(ユーザー名)¥Documents」に変更されます。
⑩《完了時に展開されたファイルを表示する》を☑にします。
⑪《展開》をクリックします。

⑫ファイルが解凍され、《ドキュメント》が開かれます。
⑬フォルダー「Word2024&Excel2024&PowerPoint2024」が表示されていることを確認します。
※すべてのウィンドウを閉じておきましょう。

◆学習ファイルの一覧

フォルダー「Word2024&Excel2024&PowerPoint2024」には、学習ファイルが入っています。タスクバーの《エクスプローラー》→《ドキュメント》をクリックし、一覧からフォルダーを開いて確認してください。
※ご利用の前に、フォルダー内の「ご利用の前にお読みください.pdf」をご確認ください。

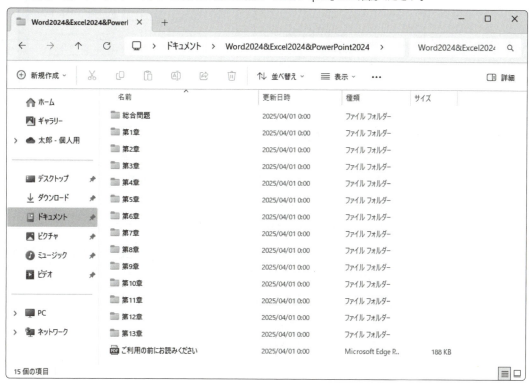

※フォルダー「第6章」は空の状態です。作成したファイルを保存する際に使用します。

◆学習ファイルの場所

本書では、学習ファイルの場所を《ドキュメント》内のフォルダー「Word2024&Excel2024&PowerPoint2024」としています。《ドキュメント》以外の場所に解凍した場合は、フォルダーを読み替えてください。

◆学習ファイル利用時の注意事項

ダウンロードした学習ファイルを開く際、そのファイルが安全かどうかを確認するメッセージが表示される場合があります。学習ファイルは安全なので、《編集を有効にする》をクリックして、編集可能な状態にしてください。

2 練習問題・総合問題の標準解答

練習問題・総合問題の標準的な解答を記載したPDFファイルをFOM出版のホームページで提供しています。標準解答は、スマートフォンやタブレットで表示したり、パソコンでWord・Excel・PowerPointのウィンドウを並べて表示したりすると、操作手順を確認しながら学習できます。自分にあったスタイルでご利用ください。

◆ **スマートフォン・タブレットで表示**

①スマートフォン・タブレットで、各問題のページにあるQRコードを読み取ります。

◆ **パソコンで表示**

①ブラウザーを起動し、FOM出版のホームページを表示します。
※アドレスを直接入力するか、キーワードでホームページを検索します。

②《ダウンロード》をクリックします。

③《アプリケーション》の《Office全般》をクリックします。

④《Word 2024 & Excel 2024 & PowerPoint 2024 Office 2024／Microsoft 365 対応　FPT2420》をクリックします。

⑤《標準解答》の「fpt2420_kaitou.pdf」をクリックします。

⑥PDFファイルが表示されます。
※必要に応じて、印刷または保存してご利用ください。

6 本書の最新情報について

本書に関する最新のQ＆A情報や訂正情報、重要なお知らせなどについては、FOM出版のホームページでご確認ください。

ホームページアドレス

https://www.fom.fujitsu.com/goods/

※アドレスを入力するとき、間違いがないか確認してください。

ホームページ検索用キーワード

FOM出版

第1章

さあ、はじめよう
Word 2024

この章で学ぶこと	10
STEP 1 Wordの概要	11
STEP 2 Wordを起動する	13
STEP 3 Wordの画面構成	17
STEP 4 Wordを終了する	22

この章で学ぶこと

学習前に習得すべきポイントを理解しておき、
学習後には確実に習得できたかどうかを振り返りましょう。

- ■ Wordで何ができるかを説明できる。　→ P.11
- ■ Wordを起動できる。　→ P.13
- ■ Wordのスタート画面の使い方を説明できる。　→ P.14
- ■ 既存の文書を開くことができる。　→ P.15
- ■ Wordの画面の各部の名称や役割を説明できる。　→ P.17
- ■ 表示モードの違いを説明できる。　→ P.19
- ■ 文書の表示倍率を変更できる。　→ P.20
- ■ 文書を閉じることができる。　→ P.22
- ■ Wordを終了できる。　→ P.24

STEP 1 Wordの概要

1 Wordの概要

「Word」は、文書を作成するためのアプリです。効率よく文字を入力したり、表やイラスト、写真、図形などを使って表現力豊かな文書を作成したりできます。
Wordには、主に次のような機能があります。

1 ビジネス文書の作成

定型のビジネス文書を効率的に作成できます。頭語と結語・あいさつ文・記書きなど、定型文の入力をサポートするための機能が充実しています。

2 表現力のある文書の作成

文字を装飾したタイトルや、デジタルカメラで撮影した写真、自分で描いたイラストなどを挿入して、表現力のある文書を作成できます。

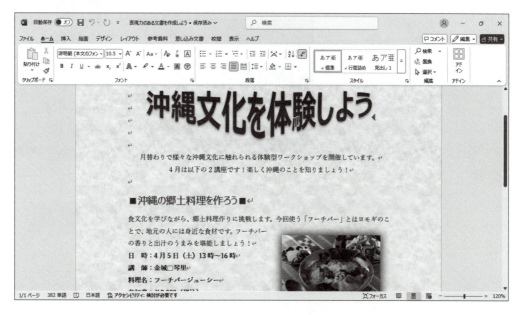

3 洗練されたデザインの利用

「**スタイル**」の機能を使って、表やイラスト、写真などの各要素に洗練されたデザインを瞬時に適用できます。スタイルの種類が豊富に用意されており、一覧から選択するだけで見栄えを整えることができます。

4 表の作成

行数や列数を指定するだけで簡単に「**表**」を作成できます。行や列を挿入・削除したり、列の幅や行の高さを変更したりできます。また、罫線の種類、太さ、色などを変更することもできます。

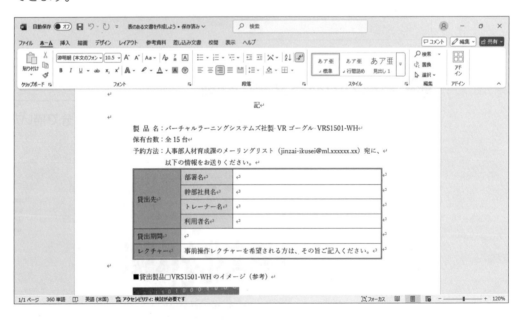

STEP 2　Wordを起動する

1　Wordの起動

Wordを起動しましょう。

①《**スタート**》をクリックします。

スタートメニューが表示されます。

②《**ピン留め済み**》の《**Word**》をクリックします。

※《ピン留め済み》に《Word》が登録されていない場合は、《すべて》→《W》の《Word》をクリックします。

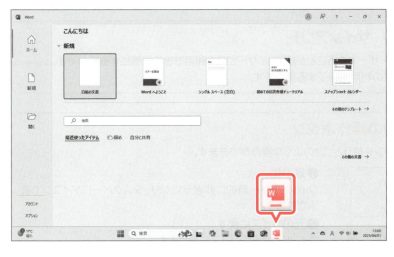

Wordが起動し、Wordのスタート画面が表示されます。

③タスクバーにWordのアイコンが表示されていることを確認します。

※ウィンドウを最大化しておきましょう。

2 Wordのスタート画面

Wordが起動すると、「**スタート画面**」が表示されます。
スタート画面では、これから行う作業を選択します。スタート画面を確認しましょう。
※お使いの環境によっては、表示が異なる場合があります。

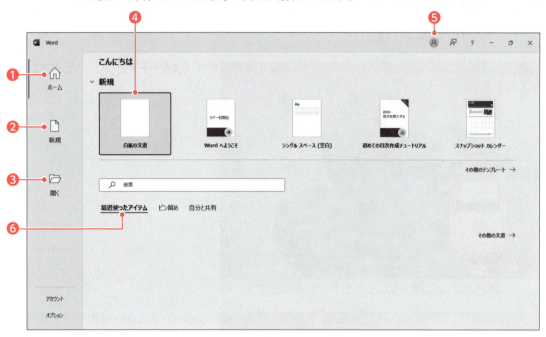

❶ホーム
Wordを起動したときに表示されます。
新しい文書を作成したり、最近開いた文書を簡単に開いたりできます。

❷新規
新しい文書を作成します。
白紙の文書を作成したり、書式が設定されたテンプレートを検索したりできます。

❸開く
すでに保存済みの文書を開く場合に使います。

❹白紙の文書
新しい文書を作成します。
何も入力されていない白紙の文書が表示されます。

❺Microsoftアカウントのユーザー情報
Microsoftアカウントでサインインしている場合、ポイントするとアカウント名やメールアドレスなどが表示されます。

❻最近使ったアイテム
最近開いた文書がある場合、その一覧が表示されます。
一覧から選択すると、文書が開かれます。

POINT　サインイン・サインアウト

「サインイン」とは、正規のユーザーであることを証明し、サービスを利用できる状態にする操作です。
「サインアウト」とは、サービスの利用を終了する操作です。

POINT　ウィンドウの操作ボタン

Wordウィンドウの右上のボタンを使うと、次のような操作ができます。

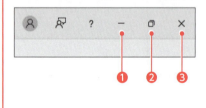

❶最小化
ウィンドウが一時的に非表示になり、タスクバーにアイコンで表示されます。

❷元のサイズに戻す
ウィンドウが元のサイズに戻ります。
※ウィンドウを元のサイズに戻すと、ボタンが《最大化》に切り替わります。クリックすると、ウィンドウが最大化されます。

❸閉じる
Wordを終了します。

3 文書を開く

すでに保存済みの文書をWordのウィンドウに表示することを「**文書を開く**」といいます。
スタート画面からフォルダー「**第1章**」の文書「**さあ、はじめよう（Word2024）**」を開きましょう。
※P.5「5 学習ファイルと標準解答のご提供について」を参考に、使用するファイルをダウンロードしておきましょう。

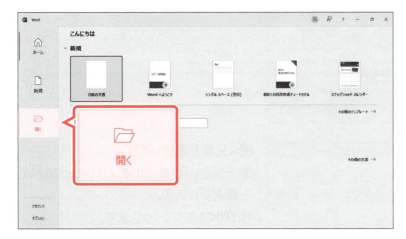

①スタート画面が表示されていることを確認します。
②《**開く**》をクリックします。

文書が保存されている場所を選択します。
③《**参照**》をクリックします。

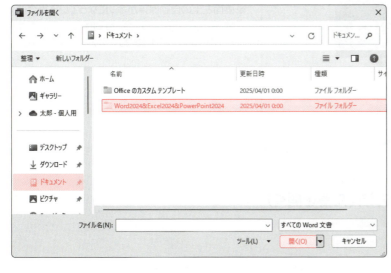

《**ファイルを開く**》ダイアログボックスが表示されます。
④左側の一覧から《**ドキュメント**》を選択します。
⑤一覧から「**Word2024&Excel2024&PowerPoint2024**」を選択します。
⑥《**開く**》をクリックします。

15

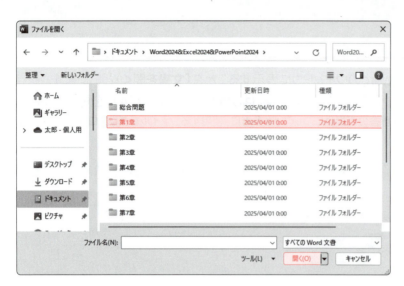

⑦一覧から「**第1章**」を選択します。
⑧《**開く**》をクリックします。

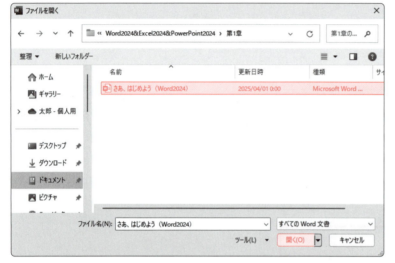

開く文書を選択します。
⑨一覧から「**さあ、はじめよう（Word2024）**」を選択します。
⑩《**開く**》をクリックします。

文書が開かれます。
⑪タイトルバーに文書の名前が表示されていることを確認します。

※画面左上の自動保存がオンになっている場合は、オフにしておきましょう。自動保存については、P.18「POINT 自動保存」を参照してください。

STEP UP その他の方法（文書を開く）

◆《ファイル》タブ→《開く》
◆ Ctrl + O

POINT エクスプローラーから文書を開く

エクスプローラーから文書の保存場所を表示した状態で、文書をダブルクリックすると、Wordを起動すると同時に文書を開くことができます。

STEP 3 Wordの画面構成

1 Wordの画面構成

Wordの画面構成を確認しましょう。
※お使いの環境によっては、表示が異なる場合があります。

❶タイトルバー
ファイル名やアプリ名、保存状態などが表示されます。

❷自動保存
自動保存のオンとオフを切り替えます。

❸クイックアクセスツールバー
よく使うコマンド（作業を進めるための指示）を登録できます。初期の設定では、《上書き保存》、《元に戻す》、《やり直し》の3つのコマンドが登録されています。
※OneDriveと同期しているフォルダー内の文書を表示している場合、《上書き保存》は、《保存》と表示されます。

❹Microsoft Search
機能や用語の意味を調べたり、リボンから探し出せないコマンドをダイレクトに実行したりするときに使います。

❺Microsoftアカウントのユーザー情報
Microsoftアカウントでサインインしている場合、ポイントすると表示名やメールアドレスなどが表示されます。

❻リボン
コマンドを実行するときに使います。関連する機能ごとに、タブに分類されています。
※お使いの環境によって、表示が異なる場合があります。

❼リボンを折りたたむ
リボンの表示方法を変更するときに使います。クリックすると、リボンが折りたたまれます。再度表示する場合は、《ファイル》タブ以外の任意のタブをダブルクリックします。

❽スクロールバー
文書の表示領域を移動するときに使います。
※スクロールバーは、マウスを文書内で動かすと表示されます。

❾ステータスバー
文書のページ数や文字数、選択されている言語などが表示されます。また、コマンドを実行すると、作業状況や処理手順などが表示されます。

❿表示選択ショートカット
画面の表示モードを切り替えるときに使います。

⓫ズーム
文書の表示倍率を変更するときに使います。

⓬カーソル
文字を入力する位置やコマンドを実行する位置を示します。

⓭選択領域
ページの左端にある領域です。行を選択したり、文書全体を選択したりするときに使います。

⓮マウスポインター
マウスの動きに合わせて移動します。画面の位置や選択するコマンドによって形が変わります。

17

POINT 自動保存

自動保存をオンにすると、一定の時間ごとにファイルが自動的に上書き保存されます。自動保存を使用するには、ファイルをOneDriveと同期されているフォルダーに保存しておく必要があります。
自動保存によって、元のファイルを上書きされたくない場合は、自動保存をオフにします。

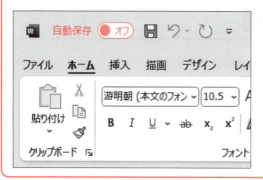

STEP UP アクセシビリティチェック

ステータスバーに「アクセシビリティチェック」の結果が表示されます。「アクセシビリティ」とは、すべての人が不自由なく情報を手に入れられるかどうか、使いこなせるかどうかを表す言葉です。視覚に障がいのある方などにとって、判別しにくい情報が含まれていないかをチェックします。ステータスバーのアクセシビリティチェックの結果をクリックすると、詳細を確認できます。
ステータスバーにアクセシビリティチェックを設定する方法は、次のとおりです。

◆ステータスバーを右クリック→《☑アクセシビリティチェック》

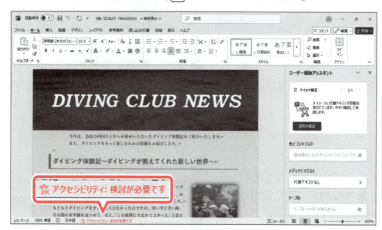

STEP UP スクロール

画面に表示する範囲を移動することを「スクロール」といいます。画面をスクロールするには、スクロールバーを使います。

2 Wordの表示モード

Wordには、次のような表示モードが用意されています。
表示モードを切り替えるには、表示選択ショートカットのボタンをそれぞれクリックします。

❶閲覧モード
画面の幅に合わせて文章が折り返されて表示されます。クリック操作で文書をすばやくスクロールすることができるので、電子書籍のような感覚で文書を閲覧できます。画面上で文書を読む場合に便利です。

❷印刷レイアウト
印刷結果とほぼ同じレイアウトで表示されます。余白や画像などがイメージどおりに表示されるので、全体のレイアウトを確認しながら編集する場合に便利です。一般的に、この表示モードで文書を作成します。

❸Webレイアウト
ブラウザーで文書を開いたときと同じイメージで表示されます。文書をWebページとして保存する前に、イメージを確認する場合に便利です。

STEP UP 閲覧モード

閲覧モードに切り替えると、すばやくスクロールしたり、文書中の表やワードアート、画像などのオブジェクトを拡大したりできます。

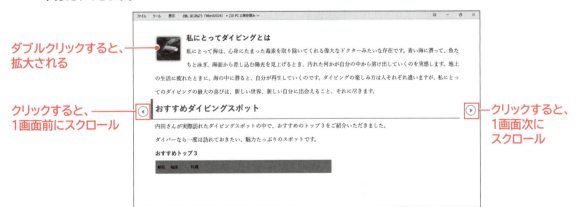

ダブルクリックすると、拡大される

クリックすると、1画面前にスクロール

クリックすると、1画面次にスクロール

3 表示倍率の変更

画面の表示倍率は10〜500％の範囲で自由に変更できます。表示倍率を変更するには、ステータスバーの**「ズーム」**を使うと便利です。
画面の表示倍率を変更しましょう。

①表示倍率が100％になっていることを確認します。

文書の表示倍率を80％に変更します。
②《縮小》を2回クリックします。
※クリックするごとに、10％ずつ縮小されます。

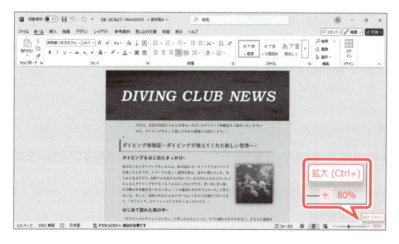

表示倍率が80％になります。
表示倍率を100％に戻します。
③《拡大》を2回クリックします。
※クリックするごとに、10％ずつ拡大されます。

表示倍率が100%になります。
文書のページ幅に合わせて、表示倍率を自動的に調整します。
④《100%》をクリックします。

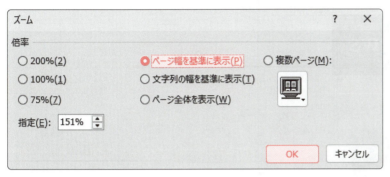

《ズーム》ダイアログボックスが表示されます。
⑤《ページ幅を基準に表示》を◉にします。
⑥《OK》をクリックします。

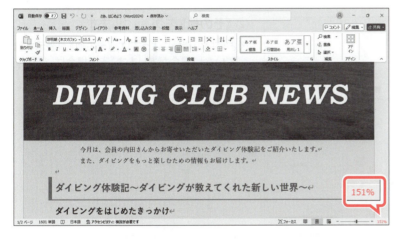

表示倍率が自動的に調整されます。
※表示倍率を100%にしておきましょう。

STEP UP ズームスライダーを使った表示倍率の変更

ステータスバーのズームスライダーをドラッグしたり、クリックしたりして表示倍率を変更することもできます。

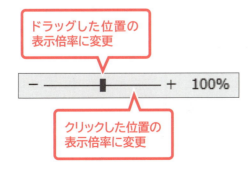

STEP UP その他の方法（表示倍率の変更）

◆《表示》タブ→《ズーム》グループの《ズーム》→表示倍率を指定

STEP 4 Wordを終了する

1 文書を閉じる

開いている文書の作業を終了することを「**文書を閉じる**」といいます。
文書「さあ、はじめよう(Word2024)」を閉じましょう。

①《ファイル》タブを選択します。

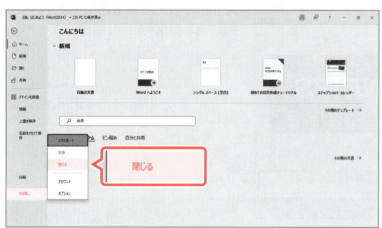

②《その他》をクリックします。
※お使いの環境によっては、《その他》が表示されていない場合があります。その場合は、③に進みます。
③《閉じる》をクリックします。

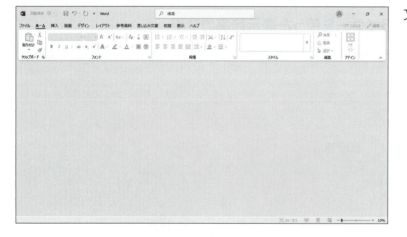

文書が閉じられます。

STEP UP その他の方法（文書を閉じる）

◆ [Ctrl]+[W]

STEP UP 保存しないで文書を閉じた場合

既存の文書の内容を変更して保存の操作を行わずに閉じると、保存するかどうかを確認するメッセージが表示されます。

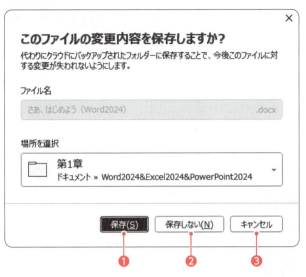

❶**保存**
文書を保存し、閉じます。

❷**保存しない**
文書を保存せずに、閉じます。

❸**キャンセル**
文書を閉じる操作を取り消します。

STEP UP 閲覧の再開

文書を閉じたときに表示していた位置は自動的に記憶されます。次に文書を開くと、その位置に移動するかどうかのメッセージが表示されます。メッセージをクリックすると、その位置からすぐに作業を始められます。
※スクロールするとメッセージは消えます。

クリックすると

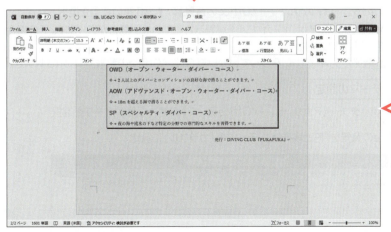

前回、文書を閉じたときに表示していた位置にジャンプ

2 Wordの終了

Wordを終了しましょう。

①《閉じる》をクリックします。

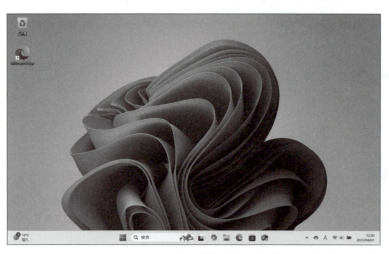

Wordのウィンドウが閉じられ、デスクトップが表示されます。
②タスクバーからWordのアイコンが消えていることを確認します。

STEP UP　その他の方法（Wordの終了）

◆ [Alt]+[F4]

STEP UP　文書とWordを同時に閉じる

文書を開いている状態で《閉じる》をクリックすると、文書とWordのウィンドウを同時に閉じることができます。

STEP UP　Officeの背景・Officeテーマ

「Officeの背景」や「Officeテーマ」を使うと、Officeのデザインを設定できます。

Officeの背景の設定

◆《ファイル》タブ→《アカウント》→《Officeの背景》の▼→任意の背景を選択

※お使いの環境によっては、《アカウント》が表示されていない場合があります。その場合は、《その他》→《アカウント》をクリックします。
※Microsoftアカウントでサインインしていない場合は、《Officeの背景》は表示されません。

Officeテーマの設定

◆《ファイル》タブ→《アカウント》→《Officeテーマ》の▼→任意のテーマを選択

例：Officeの背景を「円と縞模様」、テーマを「カラフル」に設定

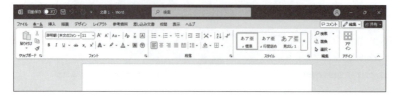

第2章

文書を作成しよう
Word 2024

この章で学ぶこと	26
STEP 1 作成する文書を確認する	27
STEP 2 ページのレイアウトを設定する	28
STEP 3 文章を入力する	30
STEP 4 文字を削除する・挿入する	35
STEP 5 文字をコピーする・移動する	37
STEP 6 文章の書式を設定する	41
STEP 7 文書を印刷する	48
STEP 8 文書を保存する	49
練習問題	51
Q&A 新しい文書は行間が広くて、行数が調整できない…どうすればいい？	54

この章で学ぶこと

学習前に習得すべきポイントを理解しておき、
学習後には確実に習得できたかどうかを振り返りましょう。

- ■ 作成する文書に合わせてページのレイアウトを設定できる。　→ P.28　☑☑☑
- ■ 本日の日付を挿入できる。　→ P.30　☑☑☑
- ■ 頭語に合わせた結語を入力できる。　→ P.32　☑☑☑
- ■ 季節・安否・感謝のあいさつを挿入できる。　→ P.32　☑☑☑
- ■ 文字を削除したり、挿入したりできる。　→ P.35　☑☑☑
- ■ 文字をコピーするときの手順を理解し、ほかの場所にコピーできる。　→ P.37　☑☑☑
- ■ 文字を移動するときの手順を理解し、ほかの場所に移動できる。　→ P.39　☑☑☑
- ■ 文字の配置を変更できる。　→ P.41　☑☑☑
- ■ 文字の書体や大きさを変更できる。　→ P.43　☑☑☑
- ■ 文字に太字・斜体・下線を設定できる。　→ P.45　☑☑☑
- ■ 指定した文字数の幅に合わせて文字を均等に割り付けることができる。　→ P.46　☑☑☑
- ■ 段落の先頭に「■」などの行頭文字を付けることができる。　→ P.47　☑☑☑
- ■ 印刷イメージを確認し、印刷を実行できる。　→ P.48　☑☑☑
- ■ 作成した文書に名前を付けて保存できる。　→ P.49　☑☑☑

STEP 1 作成する文書を確認する

1 作成する文書の確認

次のような文書を作成しましょう。

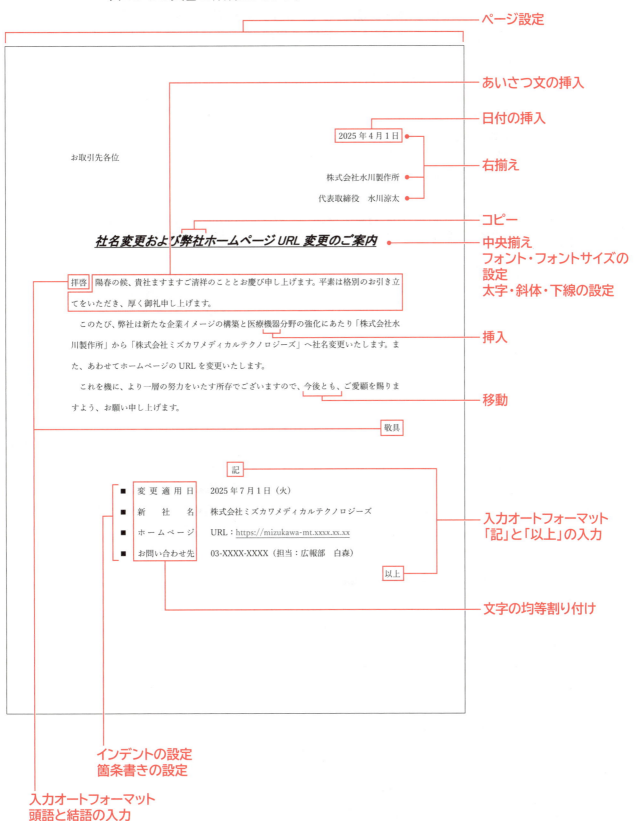

STEP 2　ページのレイアウトを設定する

1　ページ設定

用紙サイズや印刷の向き、余白、1ページの行数、1行の文字数など、文書のページのレイアウトを設定するには「**ページ設定**」を使います。ページ設定はあとから変更できますが、最初に設定しておくと印刷結果に近い状態が画面に表示されるので、仕上がりをイメージしやすくなります。
次のようにページのレイアウトを設定しましょう。

```
用紙サイズ    ：A4
印刷の向き    ：縦
余白          ：上 35mm　　下左右 30mm
1ページの行数 ：25行
```

OPEN　文書を作成しよう

※文書「文書を作成しよう」は、行間やフォントサイズなどの設定がされている白紙の文書です。学習ファイルを使用せずに、新しい文書を作成して操作する場合は、P.54「Q&A」を参照してください。

①《レイアウト》タブを選択します。
②《ページ設定》グループの（ページ設定）をクリックします。

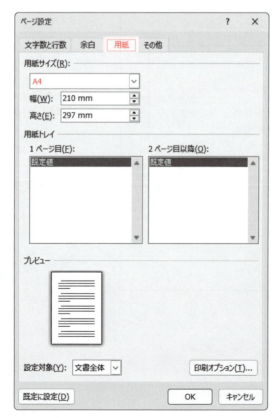

《ページ設定》ダイアログボックスが表示されます。
③《用紙》タブを選択します。
④《用紙サイズ》が《A4》になっていることを確認します。

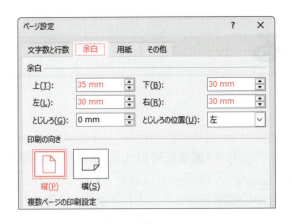

⑤《余白》タブを選択します。
⑥《印刷の向き》が《縦》になっていることを確認します。
⑦《余白》の《上》が「35mm」、《下》《左》《右》が「30mm」になっていることを確認します。

⑧《文字数と行数》タブを選択します。
⑨《行数だけを指定する》が ⦿ になっていることを確認します。
⑩《行数》を「25」に設定します。
⑪《OK》をクリックします。
ページのレイアウトが設定されます。

STEP UP 《レイアウト》タブを使ったページ設定

《レイアウト》タブのボタンを使って、用紙サイズや印刷の向き、余白を設定することもできます。

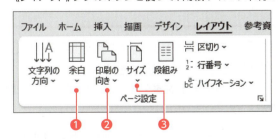

❶余白の調整
余白を《狭い》《やや狭い》《広い》などの一覧から選択できます。
❷ページの向きを変更
用紙の向きを《縦》《横》の一覧から選択できます。
❸ページサイズの選択
用紙のサイズを一覧から選択できます。

POINT 新しい文書の作成

Wordで新しい文書を作成する方法は、次のとおりです。

Wordを起動していない状態
◆《スタート》→《ピン留め済み》の《Word》→《白紙の文書》

Wordの文書を開いている状態
◆《ファイル》タブ→《ホーム》または《新規》→《白紙の文書》

STEP3 文章を入力する

1 編集記号の表示

↵（段落記号）や□（全角空白）などの記号を**「編集記号」**といいます。初期の設定で、↵（段落記号）は表示されていますが、空白などの編集記号は表示されていません。
文章を入力・編集するときは、そのほかの編集記号も表示されるように設定すると、空白を入力した位置などをひと目で確認できるので便利です。編集記号は印刷されません。
編集記号を表示しましょう。

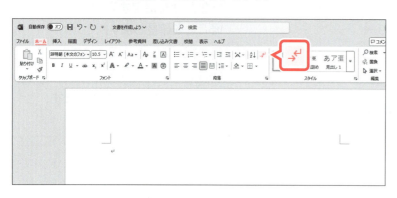

①《**ホーム**》タブを選択します。
②《**段落**》グループの《**編集記号の表示/非表示**》をクリックします。
※ボタンが濃い灰色になります。

POINT　ボタン名の確認

ボタンを使った操作は、ボタン名を記載しています。ボタン名は、ボタンをポイントしたときに表示されるポップヒントで確認できます。

---

2 日付の挿入

「日付と時刻」を使うと、本日の日付を挿入できます。西暦や和暦を選択したり、自動的に日付が更新されるように設定したりできます。発信日付を挿入しましょう。

※入力を省略する場合は、フォルダー「第2章」の文書「文書を作成しよう（入力完成）」を開き、P.35「STEP4 文字を削除する・挿入する」に進みましょう。

①1行目にカーソルがあることを確認します。
②《**挿入**》タブを選択します。
③《**テキスト**》グループの《**日付と時刻**》をクリックします。

《日付と時刻》ダイアログボックスが表示されます。

④《言語の選択》の▼をクリックします。

⑤《日本語》をクリックします。

⑥《カレンダーの種類》の▼をクリックします。

⑦《グレゴリオ暦》をクリックします。

⑧《表示形式》の一覧から《〇〇〇〇年〇月〇日》を選択します。

※一覧には、本日の日付が表示されます。ここでは、本日の日付を「2025年4月1日」として実習しています。

⑨《OK》をクリックします。

日付が挿入されます。

⑩ Enter を押します。

改行されます。

STEP UP　その他の方法（日付の挿入）

「2025年」のように、日付の先頭を入力・確定すると、本日の日付が表示されます。Enter を押すと、本日の日付をカーソルの位置に挿入できます。

3　文章の入力

発信日から日付までの文章を入力しましょう。

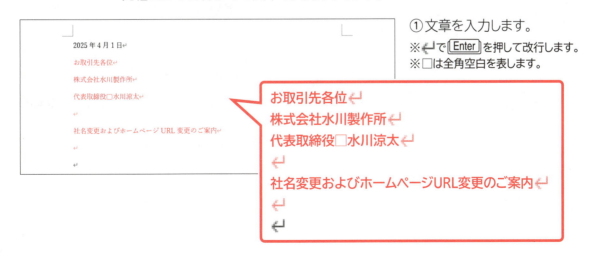

①文章を入力します。

※↵で Enter を押して改行します。

※□は全角空白を表します。

31

4 頭語と結語の入力

入力した文字に対応する語句を、自動的に書式を設定して挿入したり、括弧の組み合わせが正しくなるように自動的に修正したりする機能を「**入力オートフォーマット**」といいます。
例えば、頭語「**拝啓**」を入力して改行したり空白を入力したりすると、対応する結語「**敬具**」が右揃えで自動的に挿入されます。
入力オートフォーマットを使って、頭語「**拝啓**」に対応する結語「**敬具**」を入力しましょう。

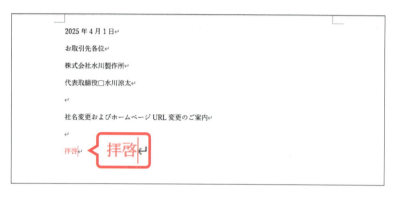

① 文書の最後にカーソルがあることを確認します。
②「**拝啓**」と入力します。
改行します。
③ [Enter] を押します。

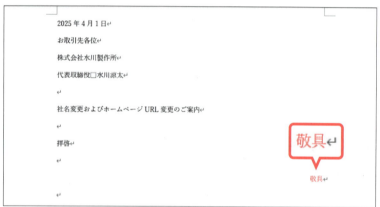

「**敬具**」が右揃えで入力されます。

5 あいさつ文の挿入

「**あいさつ文の挿入**」を使うと、季節のあいさつ・安否のあいさつ・感謝のあいさつを一覧から選択して、簡単に挿入できます。
「**拝啓**」に続けて、4月に適したあいさつ文を挿入しましょう。

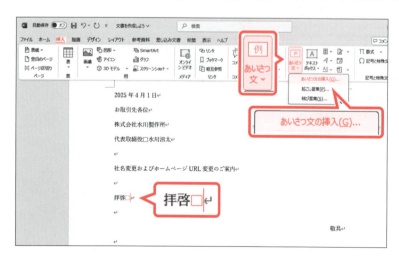

①「**拝啓**」のうしろにカーソルを移動します。
全角空白を入力します。
②[　　　　] (スペース) を押します。
③《**挿入**》タブを選択します。
④《**テキスト**》グループの《**あいさつ文の挿入**》をクリックします。
⑤《**あいさつ文の挿入**》をクリックします。

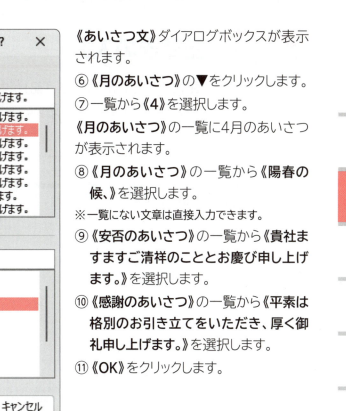

《あいさつ文》ダイアログボックスが表示されます。

⑥《月のあいさつ》の▼をクリックします。

⑦一覧から《4》を選択します。

《月のあいさつ》の一覧に4月のあいさつが表示されます。

⑧《月のあいさつ》の一覧から《陽春の候、》を選択します。

※一覧にない文章は直接入力できます。

⑨《安否のあいさつ》の一覧から《貴社ますますご清祥のこととお慶び申し上げます。》を選択します。

⑩《感謝のあいさつ》の一覧から《平素は格別のお引き立てをいただき、厚く御礼申し上げます。》を選択します。

⑪《OK》をクリックします。

あいさつ文が挿入されます。

⑫「…御礼申し上げます。」の下の行にカーソルを移動します。

⑬文章を入力します。

※□は全角空白を表します。
※⏎で Enter を押して改行します。

□このたび、弊社は新たな企業イメージの構築と医療分野の強化にあたり「株式会社水川製作所」から「株式会社ミズカワメディカルテクノロジーズ」へ社名変更いたします。また、あわせてホームページのURLアドレスを変更いたします。⏎
□これを機に、より一層の努力をいたす所存でございますので、ご愛顧を賜りますよう、今後とも、お願い申し上げます。

6 記書きの入力

「記」と入力して改行すると、「記」が中央揃えされ、「以上」が右揃えで自動的に挿入されます。入力オートフォーマットを使って、記書きを入力しましょう。次に、記書きの文章を入力しましょう。

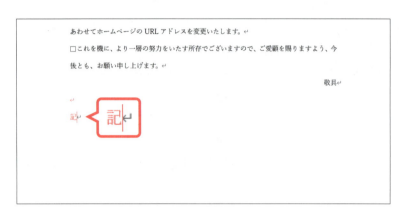

文書の最後にカーソルを移動します。
① Ctrl + End を押します。
※文書の最後にカーソルを移動するには、Ctrl を押しながら End を押します。
改行します。
② Enter を押します。
③「記」と入力します。

改行します。
④ Enter を押します。
「記」が中央揃えされ、「以上」が右揃えで挿入されます。

⑤文章を入力します。
※□は全角空白を表します。
※↵で Enter を押して改行します。
※「https://・・・」で始まるURLを入力すると、ハイパーリンクが設定され、下線付きの青字で表示されます。

変更適用日□□2025年7月1日（火）↵
新社名□□株式会社ミズカワメディカルテクノロジーズ↵
ホームページ□□URL：https://mizukawa-mt.xxxx.xx.xx↵
お問い合わせ先□□03-XXXX-XXXX（担当：広報部□白森）

STEP UP　カーソルの移動（文書の先頭・文書の最後）

効率よく文書の先頭や最後にカーソルを移動する方法は、次のとおりです。

移動先	キー
文書の先頭	Ctrl + Home
文書の最後	Ctrl + End

STEP4 文字を削除する・挿入する

1 削除

文字を削除するには、文字を選択して Delete を押します。
「アドレス」を削除しましょう。

削除する文字を選択します。
① 「アドレス」の左側をポイントします。
マウスポインターの形が I に変わります。

② 「アドレス」の右側までドラッグします。
文字が選択されます。
③ Delete を押します。

文字が削除され、うしろの文字が字詰めされます。

STEP UP その他の方法（削除）

◆ 削除する文字の前にカーソルを移動→ Delete
◆ 削除する文字のうしろにカーソルを移動→ Back Space

POINT 範囲選択

「範囲選択」とは、操作する対象を指定することです。「選択」ともいいます。
コマンドを実行する前に、操作する対象を適切に範囲選択します。次のような方法で、範囲選択できます。

対象	操作
文字（文字列の任意の範囲）	方法1）選択する文字をドラッグ 方法2）先頭の文字をクリックし、最終の文字を押しながらクリック
行（1行単位）	マウスポインターの形が ⤢ の状態で、行の左端をクリック
複数行（連続する複数の行）	マウスポインターの形が ⤢ の状態で、行の左端をドラッグ
段落（ Enter で段落を改めた範囲）	マウスポインターの形が ⤢ の状態で、段落の左端をダブルクリック
複数の段落（連続する複数の段落）	マウスポインターの形が ⤢ の状態で、段落の左端をダブルクリックし、そのままドラッグ
複数の範囲（離れた場所にある複数の範囲）	1つ目の範囲を選択、 Ctrl を押しながら、2つ目以降の範囲を選択

> **POINT　段落**
> 「段落」とは、↵（段落記号）の次の行から次の↵までの範囲のことです。1行の文章でもひとつの段落と認識されます。Enter を押して改行すると、段落を改めることができます。

> **POINT　元に戻す**
> クイックアクセスツールバーの《元に戻す》を使うと、誤って文字を削除した場合などに、直前に行った操作を取り消して、元の状態に戻すことができます。《元に戻す》を繰り返しクリックすると、過去の操作が順番に取り消されます。
> また、《やり直し》を使うと、《元に戻す》で取り消した操作を再度実行できます。元に戻しすぎてしまった場合に使うと便利です。

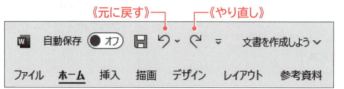

2　挿入

文字を挿入するには、挿入する位置にカーソルを移動して文字を入力します。
「**医療**」のうしろに「**機器**」を挿入しましょう。

文字を挿入する位置にカーソルを移動します。
①「**医療**」のうしろにカーソルを移動します。

文字を入力します。
②「**機器**」と入力します。
文字が挿入され、うしろの文字が字送りされます。

> **POINT　字詰め・字送りの範囲**
> 文字を削除したり挿入したりすると、次の↵（段落記号）までの範囲で字詰め、字送りされます。

STEP UP　上書き

文字を選択した状態で新しく文字を入力すると、新しい文字に上書きできます。

STEP 5 文字をコピーする・移動する

1 コピー

「コピー」を使うと、すでに入力されている文字や文章を別の場所で利用できます。何度も同じ文字を入力する場合に、コピーを使うと入力の手間が省けて便利です。
文字をコピーする手順は、次のとおりです。

1 コピー元を選択

コピーする範囲を選択します。

2 コピー

《コピー》をクリックすると、選択している範囲が「クリップボード」と呼ばれる領域に一時的に記憶されます。

3 コピー先にカーソルを移動

コピーする開始位置にカーソルを移動します。

4 貼り付け
《貼り付け》をクリックすると、クリップボードに記憶されている内容がカーソルのある位置にコピーされます。

「**弊社**」をタイトルの「**ホームページ**」の前にコピーしましょう。

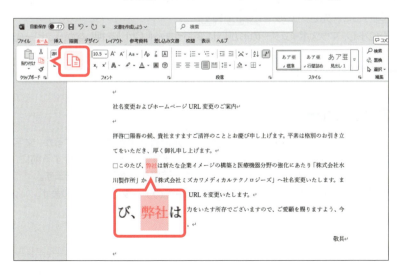

コピー元の文字を選択します。
①「**弊社**」を選択します。
②《**ホーム**》タブを選択します。
③《**クリップボード**》グループの《**コピー**》をクリックします。

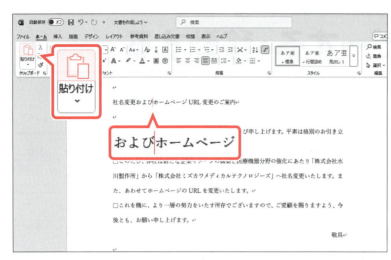

コピー先を指定します。

④タイトルの「ホームページ」の前にカーソルを移動します。

⑤《クリップボード》グループの《貼り付け》をクリックします。

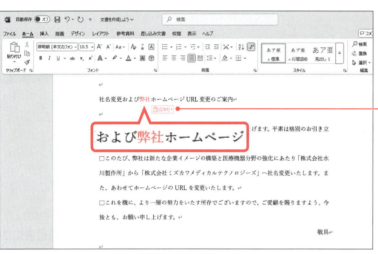

文字がコピーされ、《貼り付けのオプション》が表示されます。

《貼り付けのオプション》

POINT 貼り付けのオプション

コピーと貼り付けを実行すると、《貼り付けのオプション》が表示されます。ボタンをクリックするか、または[Ctrl]を押すと、元の書式のままコピーするか、貼り付け先の書式に合わせてコピーするかなどを一覧から選択できます。
《貼り付けのオプション》を使わない場合は、[Esc]を押します。

STEP UP その他の方法（コピー）

◆コピー元を選択→範囲内を右クリック→《コピー》→コピー先を右クリック→《貼り付けのオプション》から選択
◆コピー元を選択→[Ctrl]+[C]→コピー先をクリック→[Ctrl]+[V]
◆コピー元を選択→範囲内をポイントし、マウスポインターの形が に変わったら[Ctrl]を押しながらコピー先へドラッグ
※ドラッグ中、マウスポインターの形が に変わります。

STEP UP 貼り付けのプレビュー

《貼り付け》の▼をクリックすると、元の書式のままコピーするか、文字だけをコピーするかなどを選択できます。貼り付けを実行する前に、一覧のボタンをポイントすると、コピー結果を画面で確認できます。
※一覧に表示されるボタンは、コピー元のデータにより異なります。

2 移動

「**移動**」を使うと、すでに入力されている文字や文章を別の場所に移動できます。入力しなおす手間が省けて効率的です。
文字を移動する手順は、次のとおりです。

1 移動元を選択
移動する範囲を選択します。

2 切り取り
《切り取り》をクリックすると、選択している範囲が「クリップボード」と呼ばれる領域に一時的に記憶されます。

3 移動先にカーソルを移動
移動する開始位置にカーソルを移動します。

4 貼り付け
《貼り付け》をクリックすると、クリップボードに記憶されている内容がカーソルのある位置に移動します。

「今後とも、」を「ご愛顧を賜りますよう」の前に移動しましょう。

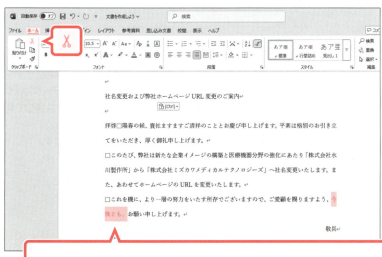

移動元の文字を選択します。
①「今後とも、」を選択します。
②《ホーム》タブを選択します。
③《クリップボード》グループの《切り取り》をクリックします。

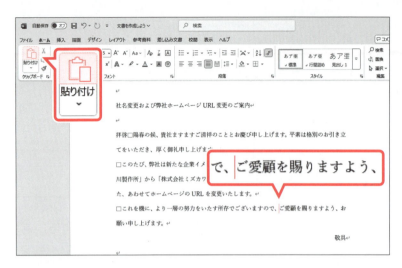

移動先を指定します。

④「ご愛顧を賜りますよう」の前にカーソルを移動します。

⑤《クリップボード》グループの《貼り付け》をクリックします。

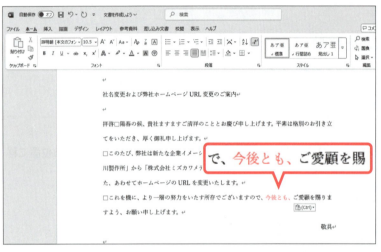

文字が移動します。

STEP UP その他の方法（移動）

◆移動元を選択→範囲内を右クリック→《切り取り》→移動先を右クリック→《貼り付けのオプション》から選択
◆移動元を選択→ Ctrl + X →移動先をクリック→ Ctrl + V
◆移動元を選択→範囲内をポイントし、マウスポインターの形が に変わったら移動先へドラッグ
※ドラッグ中、マウスポインターの形が に変わります。

STEP UP クリップボード

コピーや切り取りを実行すると、データは「クリップボード」（一時的にデータを記憶する領域）に最大24個まで記憶されます。記憶されたデータは《クリップボード》作業ウィンドウに一覧で表示され、Officeアプリで共通して利用できます。
《クリップボード》作業ウィンドウを表示する方法は、次のとおりです。
◆《ホーム》タブ→《クリップボード》グループの （クリップボード）

STEP 6 文章の書式を設定する

1 中央揃え・右揃え

行内の文字の配置は変更できます。文字を中央に配置するときは**「中央揃え」**、右端に配置するときは**「右揃え」**を使います。中央揃えや右揃えは段落単位で設定されます。
タイトルを中央揃え、発信日付と発信者名を右揃えにしましょう。

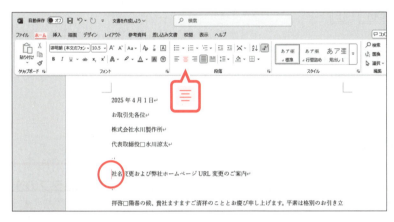

①「社名変更および弊社ホームページURL変更のご案内」の行にカーソルを移動します。
※段落内であれば、どこでもかまいません。
②《ホーム》タブを選択します。
③《段落》グループの《中央揃え》をクリックします。

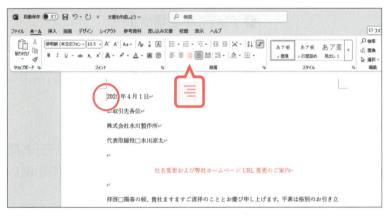

文字が中央揃えで配置されます。
※ボタンが濃い灰色になります。
④「2025年4月1日」の行にカーソルを移動します。
※段落内であれば、どこでもかまいません。
⑤《段落》グループの《右揃え》をクリックします。

文字が右揃えで配置されます。
※ボタンが濃い灰色になります。
⑥「株式会社水川製作所」の行の左端をポイントします。
マウスポインターの形が⤢に変わります。
⑦「代表取締役　水川涼太」の行までドラッグします。
⑧ F4 を押します。

直前に操作した右揃えが繰り返し設定されます。
※選択した範囲以外の場所をクリックして、選択を解除しておきましょう。

41

> **POINT　段落単位の配置の設定**
>
> 右揃えや中央揃えなどの配置は段落単位で設定されるので、段落内にカーソルを移動するだけで設定できます。

> **POINT　操作の繰り返し**
>
> F4 を押すと、直前に実行したコマンドを繰り返すことができます。
> ※繰り返し実行できない操作もあります。

STEP UP　その他の方法（中央揃え）

◆段落内にカーソルを移動→ Ctrl + E

STEP UP　その他の方法（右揃え）

◆段落内にカーソルを移動→ Ctrl + R

2　インデントの設定

段落単位で字下げするには**「左インデント」**を設定します。左インデントは、《ホーム》タブの次のボタンを使って設定します。

❶**インデントを増やす**
1文字ずつ字下げします。

❷**インデントを減らす**
1文字ずつ元の位置に戻ります。

記書き内の各項目に、6文字分の左インデントを設定しましょう。

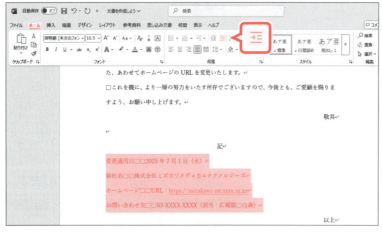

①「変更適用日…」で始まる行から「お問い合わせ先…」で始まる行までを選択します。
②《ホーム》タブを選択します。
③《段落》グループの《インデントを増やす》を6回クリックします。

左インデントが設定されます。
※選択を解除しておきましょう。

POINT　インデントの解除

インデントが設定してある行で改行すると、次の行にも自動的にインデントが設定されます。
自動的に設定されたインデントを解除するには、行頭にカーソルを移動し、Back Spaceを押します。

```
発売日□2025 年 4 月 1 日（火）↵
　　　　|↵
```

↓ Back Space を押す

```
発売日□2025 年 4 月 1 日（火）↵
|↵
```

STEP UP　その他の方法（左インデント）

◆段落にカーソルを移動→《ホーム》タブ→《段落》グループの（段落の設定）→《インデントと行間隔》タブ→《インデント》の《左》を設定
◆段落にカーソルを移動→《レイアウト》タブ→《段落》グループの《左インデント》を設定
◆段落にカーソルを移動→《レイアウト》タブ→《段落》グループの（段落の設定）→《インデントと行間隔》タブ→《インデント》の《左》を設定

3　フォント・フォントサイズの設定

文字の書体のことを「**フォント**」といいます。初期の設定は「**游明朝**」です。
また、文字の大きさのことを「**フォントサイズ**」といい、「**ポイント（pt）**」という単位で表します。
タイトル「**社名変更および弊社ホームページURL変更のご案内**」に、次の書式を設定しましょう。

フォント	：MSPゴシック
フォントサイズ	：16

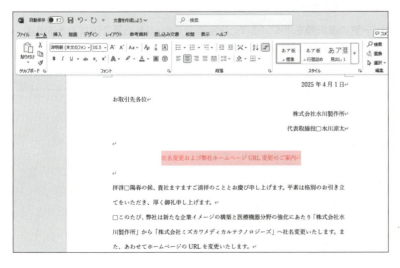

①「**社名変更および弊社ホームページURL変更のご案内**」の行を選択します。

※行の左端をクリックします。

②《ホーム》タブを選択します。
③《フォント》グループの《フォント》の▼をクリックします。
④《MSPゴシック》をポイントします。
※一覧に表示されていない場合は、スクロールして調整します。
設定後のフォントを画面で確認できます。
⑤《MSPゴシック》をクリックします。

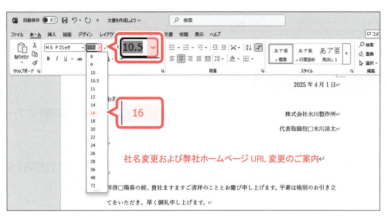

フォントが変更されます。
⑥《フォント》グループの《フォントサイズ》の▼をクリックします。
⑦《16》をポイントします。
設定後のフォントサイズを画面で確認できます。
⑧《16》をクリックします。

フォントサイズが変更されます。
※選択を解除しておきましょう。

POINT　リアルタイムプレビュー

「リアルタイムプレビュー」とは、一覧の選択肢をポイントして、設定後のイメージを画面で確認できる機能です。設定前に確認できるため、繰り返し設定しなおす手間を省くことができます。

POINT　フォントの色の設定

《フォントの色》を使うと、文字に色を付けて強調できます。

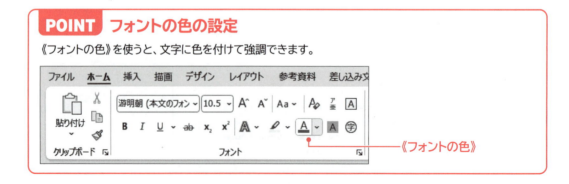

4 太字・斜体・下線の設定

文字を太くしたり、斜めに傾けたり、下線を付けたりして強調できます。
タイトル「**社名変更および弊社ホームページURL変更のご案内**」に太字・斜体・下線を設定し、強調しましょう。

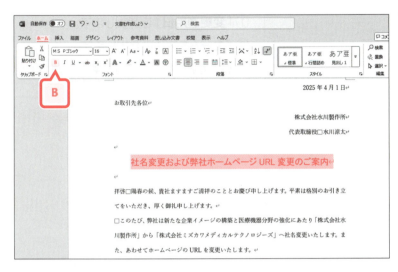

①「**社名変更および弊社ホームページURL変更のご案内**」の行を選択します。
②《**ホーム**》タブを選択します。
③《**フォント**》グループの《**太字**》をクリックします。

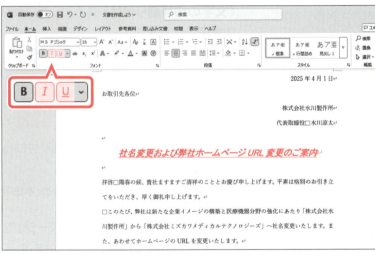

文字が太字になります。
※ボタンが濃い灰色になります。
④《**フォント**》グループの《**斜体**》をクリックします。
文字が斜体になります。
※ボタンが濃い灰色になります。
⑤《**フォント**》グループの《**下線**》をクリックします。
文字に下線が付きます。
※ボタンが濃い灰色になります。
※選択を解除しておきましょう。

POINT 太字・斜体・下線の解除

太字・斜体・下線を解除するには、解除する範囲を選択して《太字》・《斜体》・《下線》のボタンを再度クリックします。設定が解除されると、ボタンが濃い灰色から標準の色に戻ります。

STEP UP 下線

《下線》の▼をクリックして表示される一覧から、ほかの線の種類や色を選択できます。
また、線の種類や色を選択して実行したあとに《下線》をクリックすると、直前に設定した種類と色の下線が付きます。

STEP UP 囲み線

《囲み線》をクリックすると、文字の周りを囲んで強調できます。

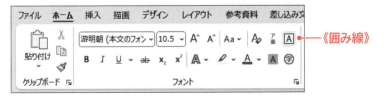
《囲み線》

5 文字の均等割り付け

文章中の文字に対して**「均等割り付け」**を使うと、指定した文字数の幅に合わせて文字が均等に配置されます。文字数は、入力した文字数よりも狭い幅に設定することもできます。
記書き内の各項目名を、7文字分の幅に均等に割り付け、同じ幅にしましょう。

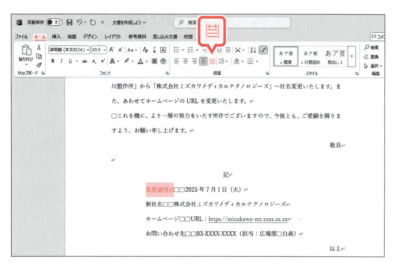

①「変更適用日」を選択します。
②《ホーム》タブを選択します。
③《段落》グループの《均等割り付け》をクリックします。

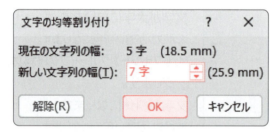

《文字の均等割り付け》ダイアログボックスが表示されます。
④《新しい文字列の幅》を「7字」に設定します。
⑤《OK》をクリックします。

文字が7文字分の幅に均等に割り付けられます。
※均等割り付けされた文字を選択すると、水色の下線が表示されます。
⑥同様に、**「新社名」「ホームページ」**を7文字分の幅に均等に割り付けます。

STEP UP　その他の方法（文字の均等割り付け）

◆文字を選択→ Ctrl + Shift + J

POINT　均等割り付けの解除

設定した均等割り付けを解除する方法は、次のとおりです。
◆文字を選択→《ホーム》タブ→《段落》グループの《均等割り付け》→《解除》

6 箇条書きの設定

「箇条書き」を使うと、段落の先頭に「●」「■」「◆」などの行頭文字を設定できます。
記書き内の各項目に、「■」の行頭文字を設定しましょう。

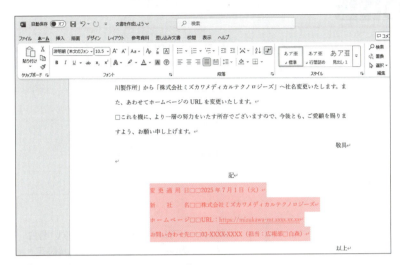

①「変更適用日…」で始まる行から「お問い合わせ先…」で始まる行までを選択します。

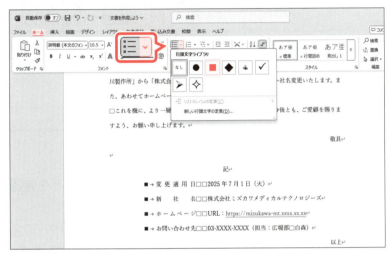

②《ホーム》タブを選択します。
③《段落》グループの《箇条書き》の▼をクリックします。
④《■》をクリックします。
※一覧をポイントすると、設定後のイメージを画面で確認できます。

行頭文字が設定されます。
※ボタンが濃い灰色になります。
※選択を解除しておきましょう。

POINT 箇条書きの解除

設定した箇条書きを解除する方法は、次のとおりです。
◆段落を選択→《ホーム》タブ→《段落》グループの《箇条書き》
※ボタンが標準の色に戻ります。

STEP UP 段落番号

「段落番号」を使うと、段落の先頭に「1.2.3.」や「①②③」などの番号を付けることができます。
段落番号を設定する方法は、次のとおりです。
◆段落を選択→《ホーム》タブ→《段落》グループの《段落番号》の▼→一覧から選択

STEP 7 文書を印刷する

1 印刷イメージの確認

作成した文書を印刷する場合、画面で印刷イメージを表示して、印刷の向きや余白のバランスは適当か、レイアウトは整っているかなどを確認します。

①《ファイル》タブを選択します。
②《印刷》をクリックします。
③印刷イメージを確認します。

> **POINT　ページ設定**
>
> 印刷イメージでレイアウトが整っていない場合は、ページのレイアウトを調整します。《設定》の下側に表示されている《ページ設定》をクリックすると、《ページ設定》ダイアログボックスが表示されます。

2 印刷

文書を1部印刷しましょう。

①《部数》が「1」になっていることを確認します。
②《プリンター》に出力するプリンターの名前が表示されていることを確認します。
※表示されていない場合は、▼をクリックし一覧から選択します。
③《印刷》をクリックします。
※印刷を実行すると、文書の作成画面に戻ります。

STEP UP　その他の方法（印刷）

◆ Ctrl + P

STEP UP　文書の作成画面に戻る

印刷イメージを確認したあと、印刷を実行せずに文書の作成画面に戻るには、Esc を押します。
《閉じる》をクリックすると、Wordが終了してしまうので注意しましょう。

STEP 8 文書を保存する

1 名前を付けて保存

作成した文書を残しておくには、文書に名前を付けて保存します。
作成した文書に「**文書を作成しよう完成**」と名前を付けて、フォルダー「**第2章**」に保存しましょう。

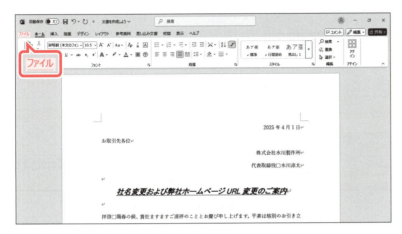

①《ファイル》タブを選択します。

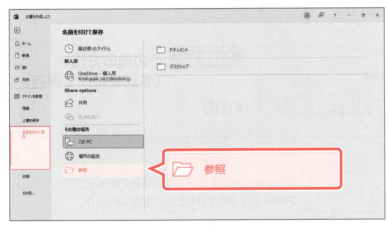

②《名前を付けて保存》をクリックします。
③《参照》をクリックします。

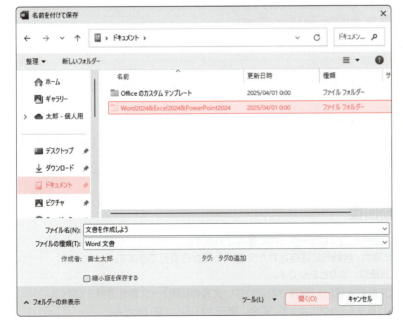

《名前を付けて保存》ダイアログボックスが表示されます。
文書を保存する場所を指定します。
④左側の一覧から《ドキュメント》を選択します。
⑤一覧から「Word2024&Excel2024&PowerPoint2024」を選択します。
⑥《開く》をクリックします。

⑦一覧から「**第2章**」を選択します。
⑧《**開く**》をクリックします。
⑨《**ファイル名**》に「**文書を作成しよう完成**」と入力します。
⑩《**保存**》をクリックします。

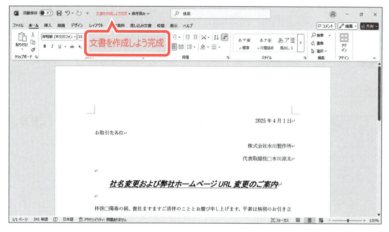

文書が保存されます。
⑪タイトルバーに文書の名前が表示されていることを確認します。
※Wordを終了しておきましょう。

STEP UP　その他の方法（名前を付けて保存）

◆ F12

POINT　ファイル名

/ ¥ * 〈 〉 ? " | :

左の半角の記号はファイル名には使えません。
ファイル名を指定するときには注意しましょう。

POINT　上書き保存と名前を付けて保存

文書の保存には、基本的に次の2つの方法があります。

●**名前を付けて保存**
新規に作成した文書を保存したり、既存の文書を編集して別の文書として保存したりするときに使います。

●**上書き保存**
既存の文書を編集して、同じ名前で保存するときに使います。

※自動保存がオンになっている場合、《名前を付けて保存》は《コピーを保存》と表示され、《上書き保存》は表示されません。

STEP UP　文書の自動回復

作成中の文書は、一定の間隔で自動的にコンピューター内に保存されます。
文書を保存せずに閉じてしまった場合、自動的に保存された文書の一覧から復元できます。
保存していない文書を復元する方法は、次のとおりです。

◆《ファイル》タブ→《情報》→《文書の管理》→《保存されていない文書の回復》→文書を選択→《開く》
※自動回復用のデータが保存されるタイミングによって、完全に復元されるとは限りません。

練習問題

あなたは、スポーツクラブで新しく始めるサービスの販促のため、会員向けの案内文書を作成することになりました。
完成図のような文書を作成しましょう。

※標準解答は、FOM出版のホームページで提供しています。P.5「5 学習ファイルと標準解答のご提供について」を参照してください。

●完成図

2025年5月7日

会員各位

株式会社F&Mパワー・スポーツ
丸の内ハイタワー店　店長

<u>*パーソナルジム「MAKEBODY」のご案内*</u>

拝啓　新緑の候、ますます御健勝のこととお慶び申し上げます。平素は当店を御利用いただき御厚情のほど、心より御礼申し上げます。
　さて、このたび、F&Mパワー・スポーツ丸の内ハイタワー店では、かねてより会員の皆様からご要望のございましたパーソナルジム「MAKEBODY」を、下記のとおりオープンする運びとなりました。
　つきましては、既会員様に限り、無料体験会を実施いたします。完全予約制となっておりますので、お早めのご予約をお待ち申し上げております。

敬具

記

1. 新 サ ー ビ ス：パーソナルジム「MAKEBODY」
2. 利 用 開 始 日：2025年6月1日（日）
3. 予約開始日時：2025年5月23日（金）午前10時～
4. 受 付 方 法：ウェブサイト、電話（※営業時間内におかけください。）
5. 利 用 資 格：2025年5月7日時点、および、無料体験日に本会員であること。

以上

① 次のようにページのレイアウトを設定しましょう。

用紙サイズ	：A4
印刷の向き	：縦
1ページの行数	：30行

② 次のように文章を入力しましょう。

※入力を省略する場合は、フォルダー「第2章」の文書「第2章練習問題（入力完成）」を開き、③に進みましょう。

HINT あいさつ文を挿入するには、《挿入》タブ→《テキスト》グループの《あいさつ文の挿入》を使います。

2025年5月7日↵
会員各位↵
株式会社F＆Mパワー・スポーツ↵
丸の内ハイタワー店□店長↵
↵
パーソナルジム「MAKEBODY」のご案内↵
↵
拝啓□新緑の候、ますます御健勝のこととお慶び申し上げます。平素は当店を御利用いただき御厚情のほど、心より御礼申し上げます。↵
□さて、このたび、F＆Mパワー・スポーツでは、かねてより会員の皆様からご要望のございましたパーソナルジム「MAKEBODY」を、オープンする運びとなりました。↵
□つきましては、既会員様に限り、無料体験会を実施いたします。完全予約制となっておりますので、お早めのご予約をお待ち申し上げております。↵
　　　　　　　　　　　　　　　　　　　　　　　　　　　　　　敬具↵
↵
　　　　　　　　　　　　　　　記↵
↵
新サービス：パーソナルジム「MAKEBODY」↵
利用開始日：2025年6月1日（日）↵
予約開始日時：2025年5月23日（金）午前10時～↵
受付方法：ウェブサイト、電話（※営業時間内におかけください。）↵
利用資格：2025年5月7日時点、および、無料体験日に本会員であること。↵
↵
　　　　　　　　　　　　　　　　　　　　　　　　　　　　　　以上↵

※↵で Enter を押して改行します。
※□は全角空白を表します。
※「～」は「から」と入力して変換します。
※「※」は「こめ」と入力して変換します。

③ 発信日付「2025年5月7日」と発信者名「**株式会社F＆Mパワー・スポーツ**」「**丸の内ハイ
タワー店　店長**」を右揃えにしましょう。

④ タイトル「**パーソナルジム「MAKEBODY」のご案内**」に、次の書式を設定しましょう。

フォント　　　　：游ゴシック フォントサイズ：18 太字 斜体 二重下線 中央揃え

(HINT) 二重下線を設定するには、《ホーム》タブ→《フォント》グループの《下線》の▼を使います。

⑤ 「丸の内ハイタワー店」を本文中の「…このたび、F＆Mパワー・スポーツ」のうしろにコピー
しましょう。

⑥ 「オープンする運びとなりました。」の前に「下記のとおり」を挿入しましょう。

⑦ 「**新サービス…**」で始まる行から「**利用資格…**」で始まる行までに、2文字分の左インデント
を設定しましょう。

⑧ 「**新サービス**」「**利用開始日**」「**受付方法**」「**利用資格**」を6文字分の幅に均等に割り付けま
しょう。

⑨ 「**新サービス…**」で始まる行から「**利用資格…**」で始まる行までに、「**1.2.3.**」の段落番号を
設定しましょう。

(HINT) 段落番号を設定するには、《ホーム》タブ→《段落》グループの《段落番号》の▼を使います。

⑩ 印刷イメージを確認し、1部印刷しましょう。

※文書に「第2章練習問題完成」と名前を付けて、フォルダー「第2章」に保存し、閉じておきましょう。

Q&A 新しい文書は行間が広くて、行数が調整できない…どうすればいい？

これは、Word 2024やMicrosoft 365のWordにおいて、新しい文書（白紙の文書）を作成するときに参照しているWord文書のひな形である標準テンプレート（Normal.dotm）の行間やフォントサイズなどが影響しています。
本書の学習ファイルは、《ページ設定》ダイアログボックスで指定した行数どおりに文書に反映されるように、次のように設定を変更しています。
＜設定方法＞を参考に、自分で作成した新しい文書でも操作してみましょう。

●段落の設定

配置	：	両端揃え
段落後の間隔	：	0pt
行間	：	1行

●フォント

フォントサイズ：10.5

＜設定方法＞
①《ホーム》タブを選択
②《段落》グループの 🔽 （段落の設定）をクリック
③《インデントと行間隔》タブを選択
④《配置》の▼をクリックし、一覧から《両端揃え》を選択
⑤《段落後》を「0pt」に設定
⑥《行間》の▼をクリックし、一覧から《1行》を選択
⑦《既定に設定》をクリック

＜設定方法＞
①《ホーム》タブを選択
②《フォント》グループの 🔽 （フォント）をクリック
③《フォント》タブを選択
④《サイズ》の一覧から《10.5》を選択
⑤《既定に設定》をクリック

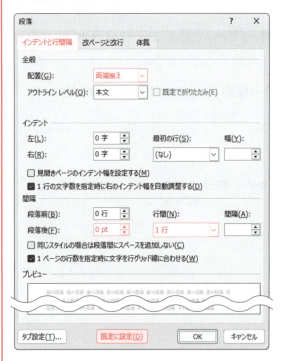

⑥《この文書だけ》を ⦿ にする
⑦《OK》をクリック

⑧《この文書だけ》を ⦿ にする
⑨《OK》をクリック

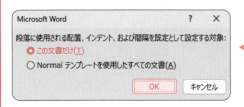

ワンポイント アドバイス

《この文書だけ》を選択すると、開いている文書にだけ設定が適用されます。

《Normalテンプレートを使用したすべての文書》を選択すると、これから作成するすべての新しい文書に適用されるため、毎回同じ設定を行う手間を省くことができます。

第3章

表現力のある文書を作成しよう Word 2024

この章で学ぶこと	56
STEP 1 作成する文書を確認する	57
STEP 2 ワードアートを挿入する	58
STEP 3 画像を挿入する	64
STEP 4 文字の効果を設定する	73
STEP 5 段落罫線を設定する	74
STEP 6 ページの背景を設定する	76
練習問題	79

この章で学ぶこと

学習前に習得すべきポイントを理解しておき、
学習後には確実に習得できたかどうかを振り返りましょう。

- ■ 文書にワードアートを挿入できる。 → P.58 ☑☑☑
- ■ ワードアートのフォントやフォントサイズを設定できる。 → P.60 ☑☑☑
- ■ ワードアートの形状を変更できる。 → P.62 ☑☑☑
- ■ ワードアートを移動できる。 → P.63 ☑☑☑
- ■ 文書に画像を挿入できる。 → P.64 ☑☑☑
- ■ 画像に文字列の折り返しを設定できる。 → P.66 ☑☑☑
- ■ 画像をトリミングできる。 → P.68 ☑☑☑
- ■ 画像のサイズや位置を調整できる。 → P.69 ☑☑☑
- ■ 図のスタイルを適用して、画像のデザインを変更できる。 → P.71 ☑☑☑
- ■ 影、反射、光彩などの視覚効果を設定して、文字を強調できる。 → P.73 ☑☑☑
- ■ 段落罫線を設定できる。 → P.74 ☑☑☑
- ■ ページの色を設定できる。 → P.76 ☑☑☑
- ■ 背景が設定された文書を印刷できる。 → P.77 ☑☑☑

STEP 1 作成する文書を確認する

1 作成する文書の確認

次のような文書を作成しましょう。

沖縄文化を体験しよう

ページの色

ワードアートの挿入
フォント・フォントサイズの設定
形状の変更
移動

月替わりで様々な沖縄文化に触れられる体験型ワークショップを開催しています。
4月は以下の2講座です！楽しく沖縄のことを知りましょう！

■沖縄の郷土料理を作ろう■

文字の効果の設定

食文化を学びながら、郷土料理作りに挑戦します。今回使う「フーチバー」とはヨモギのことで、地元の人には身近な食材です。フーチバーの香りと出汁のうまみを堪能しましょう！

日　時：4月5日（土）13時～16時
講　師：金城　琴里
料理名：フーチバージューシー
参加費：¥3,000（税込）

■三線で沖縄民謡を弾こう■

前半では基礎的な演奏方法を学び、後半では練習曲に挑戦します。丁寧な指導で、はじめて三線に触る方でも安心してご参加いただけます。
民謡の音階とリズムを楽しみましょう！

日　時：4月13日（日）13時～16時
講　師：新垣　果穂
練習曲：てぃんさぐぬ花
参加費：¥2,000（税込）

画像の挿入
文字列の折り返し
トリミング
サイズ変更・移動
図のスタイルの適用

NPO法人　沖縄文化の魅力を伝える会

お申し込み・お問い合わせ：050-XXXX-XXXX

段落罫線の設定

STEP 2 ワードアートを挿入する

1 ワードアート

「ワードアート」を使うと、輪郭を付けた文字や、立体的に見える文字を簡単に挿入できます。強調したいタイトルなどの文字は、ワードアートを使って表現すると、見る人にインパクトを与えることができます。

沖縄文化を体験しよう

沖縄文化を体験しよう

沖縄文化を体験しよう

2 ワードアートの挿入

OPEN　表現力のある文書を作成しよう

ワードアートを使って、1行目に「沖縄文化を体験しよう」というタイトルを挿入しましょう。
ワードアートのスタイルは「**塗りつぶし：濃い青緑、アクセントカラー1；影**」にします。

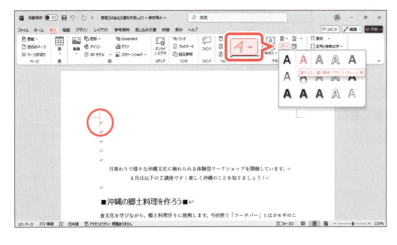

① 1行目にカーソルがあることを確認します。
② 《挿入》タブを選択します。
③ 《テキスト》グループの《ワードアートの挿入》をクリックします。
④ 《**塗りつぶし：濃い青緑、アクセントカラー1；影**》をクリックします。

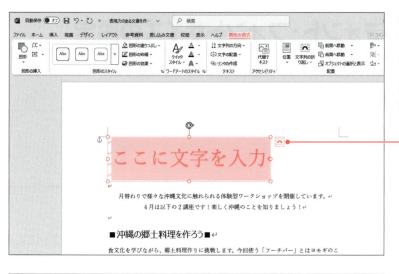

⑤《ここに文字を入力》が選択されていることを確認します。

ワードアートの右側に《レイアウトオプション》が表示され、リボンに《図形の書式》タブが表示されます。

《レイアウトオプション》

⑥「沖縄文化を体験しよう」と入力します。

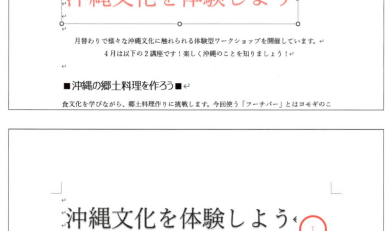

⑦ワードアート以外の場所をクリックします。

ワードアートの選択が解除され、ワードアートの文字が確定されます。

POINT　レイアウトオプション

ワードアートを選択すると、ワードアートの右側に《レイアウトオプション》が表示されます。
《レイアウトオプション》では、ワードアートの周囲にどのように文字を配置するかを設定できます。

POINT　《図形の書式》タブ

ワードアートが選択されているとき、リボンに《図形の書式》タブが表示され、ワードアートの書式に関するコマンドが使用できる状態になります。

POINT　ワードアートの削除

ワードアートを削除する方法は、次のとおりです。
◆ワードアートを選択→ Delete

59

3 ワードアートのフォント・フォントサイズの設定

挿入したワードアートのフォントやフォントサイズは、文字と同様に変更することができます。
ワードアートに、次の書式を設定しましょう。

```
フォント      ：Meiryo UI
フォントサイズ：40
太字
```

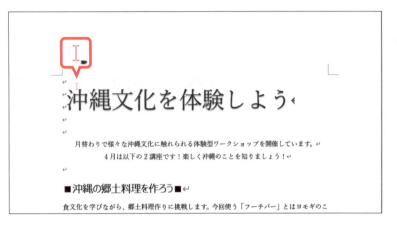

ワードアートを選択します。
①ワードアートの文字上をクリックします。

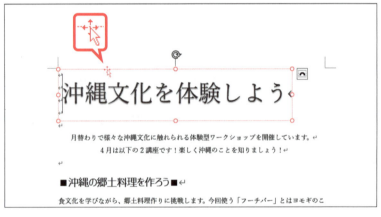

ワードアートが点線で囲まれ、○（ハンドル）が表示されます。
②ワードアートの枠線をポイントします。
マウスポインターの形が に変わります。
③点線上をクリックします。

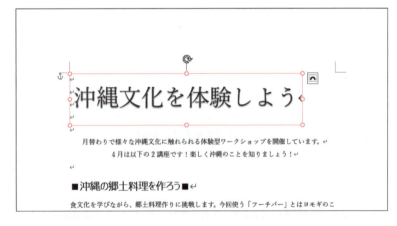

ワードアートが選択されます。
ワードアートの周囲の枠線が、点線から実線に変わります。

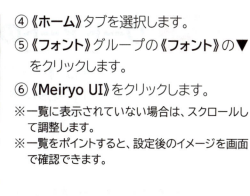

④《ホーム》タブを選択します。
⑤《フォント》グループの《フォント》の▼をクリックします。
⑥《Meiryo UI》をクリックします。
※一覧に表示されていない場合は、スクロールして調整します。
※一覧をポイントすると、設定後のイメージを画面で確認できます。

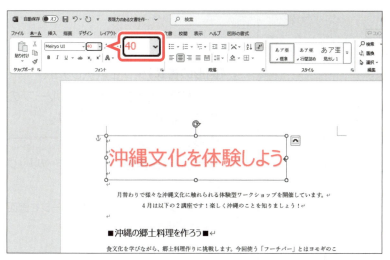

ワードアートのフォントが変更されます。
⑦《フォント》グループの《フォントサイズ》のボックス内をクリックします。
⑧「40」と入力し、Enterを押します。
※フォントサイズの一覧にないサイズを設定する場合は、フォントサイズを直接入力します。

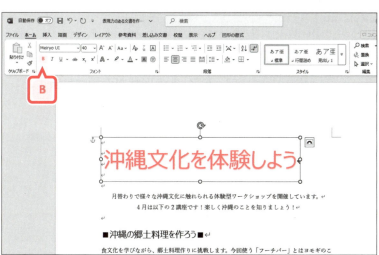

ワードアートのフォントサイズが変更されます。
⑨《フォント》グループの《太字》をクリックします。

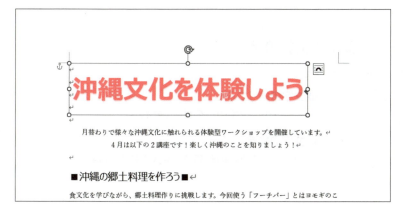

ワードアートに太字が設定されます。

4 ワードアートの効果の設定

ワードアートは、影や光彩、変形などの効果を設定できます。
ワードアートに変形「**三角形：下向き**」の効果を設定し、形状を変更しましょう。

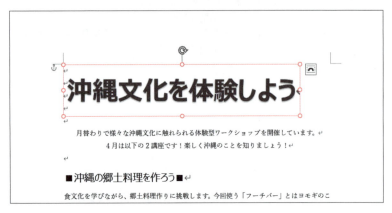

①ワードアートが選択されていることを確認します。

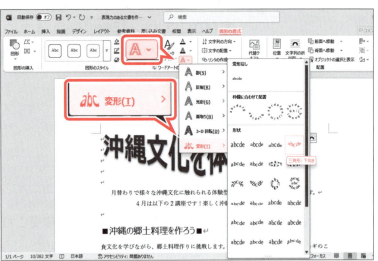

②《**図形の書式**》タブを選択します。
③《**ワードアートのスタイル**》グループの《**文字の効果**》をクリックします。
④《**変形**》をポイントします。
⑤《**形状**》の《**三角形：下向き**》をクリックします。
※一覧をポイントすると、設定後のイメージを画面で確認できます。

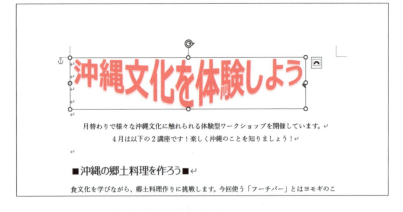

ワードアートの形状が変更されます。

STEP UP ワードアートの文字や輪郭の色

ワードアートは、文字の色や輪郭の色を変更できます。

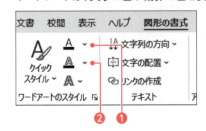

❶ **文字の塗りつぶし**
ワードアートの文字の色を変更します。

❷ **文字の輪郭**
ワードアートの文字の輪郭の色や太さを変更します。

5 ワードアートの移動

ワードアートを移動するには、ワードアートの周囲の枠線をドラッグします。
ワードアートを移動すると、本文と余白の境界や、本文の中央などに緑色の線が表示されます。この線を **「配置ガイド」** といいます。ワードアートを本文の上下左右や中央にそろえて配置するときなどに目安として利用できます。
ワードアートを移動し、配置ガイドを使って本文の上部中央に配置しましょう。

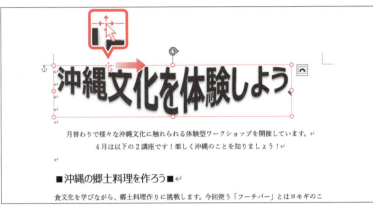

① ワードアートが選択されていることを確認します。
② ワードアートの枠線をポイントします。
マウスポインターの形が に変わります。
③ 図のようにドラッグします。

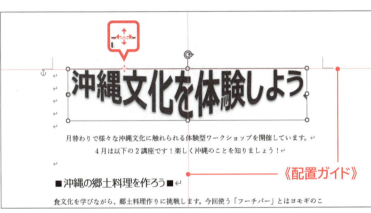

ドラッグ中、マウスポインターの形が に変わり、ドラッグしている位置によって配置ガイドが表示されます。
④ 本文の上側と中央に配置ガイドが表示されている状態でドラッグを終了します。

ワードアートが移動し、本文の上部中央に配置されます。
※選択を解除しておきましょう。

POINT　配置ガイドの表示・非表示

ワードアートや画像、図形などのオブジェクトのサイズを変更したり移動したりすると、初期の設定では配置ガイドが表示されます。《図形の書式》タブ／《図の形式》タブ→《配置》グループの《オブジェクトの配置》→《配置ガイドの使用》にチェックが付いていると配置ガイドが表示され、チェックが付いていないと配置ガイドは表示されません。《配置ガイドの使用》にチェックが付いていない場合は、《配置ガイドの使用》をクリックすると、チェックが表示され、配置ガイドが使用できるようになります。

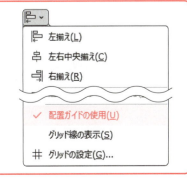

63

STEP 3 画像を挿入する

1 画像

「画像」とは、写真やイラストをデジタル化したデータのことです。デジタルカメラやスマートフォンで撮影した画像をWordの文書に挿入できます。Wordでは画像のことを「図」ともいいます。

写真には、文書にリアリティを持たせるという効果があります。また、イラストには、文書のアクセントになったり、文書全体の雰囲気を作ったりする効果があります。

2 画像の挿入

「前半では基礎的な演奏方法…」で始まる行の先頭に、フォルダー「第3章」の画像「三線」を挿入しましょう。

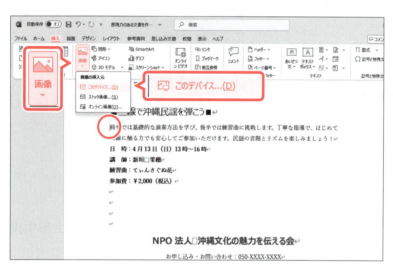

①「前半では基礎的な演奏方法…」で始まる行の先頭にカーソルを移動します。
②《挿入》タブを選択します。
③《図》グループの《画像を挿入します》をクリックします。
④《このデバイス》をクリックします。

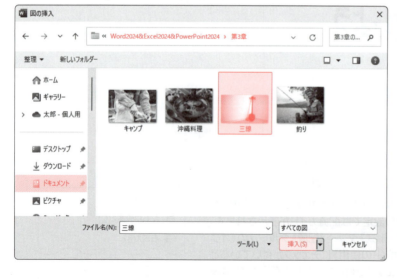

《図の挿入》ダイアログボックスが表示されます。
画像が保存されている場所を選択します。
⑤左側の一覧から《ドキュメント》を選択します。
⑥一覧から「Word2024&Excel2024&PowerPoint2024」を選択します。
⑦《挿入》をクリックします。
⑧一覧から「第3章」を選択します。
⑨《挿入》をクリックします。
挿入する画像を選択します。
⑩一覧から「三線」を選択します。
⑪《挿入》をクリックします。

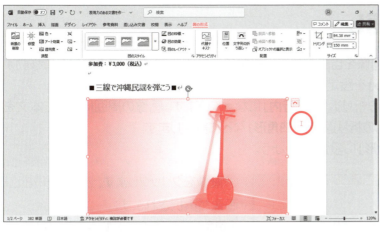

画像が挿入されます。

画像の右側に《レイアウトオプション》が表示され、リボンに《図の形式》タブが表示されます。

※画像の下側に《代替テキスト…》が表示される場合があります。

⑫画像の周囲に○（ハンドル）が表示され、画像が選択されていることを確認します。

⑬画像以外の場所をクリックします。

画像の選択が解除されます。

> **POINT** 《図の形式》タブ
>
> 画像が選択されているとき、リボンに《図の形式》タブが表示され、画像の書式に関するコマンドが使用できる状態になります。

> **POINT** 代替テキストの自動生成
>
> 「代替テキスト」は、音声読み上げソフトで画像の代わりに読み上げられる文字のことで、視覚に障がいのある方などが画像を判別しやすくなるように設定します。
>
> お使いの環境によっては、画像を挿入すると、画像の下側に《代替テキスト…》が表示される場合があります。《承認》をクリックして自動生成された代替テキストを設定したり、《編集》をクリックして代替テキストを編集したりすることもできます。
>
>

3 文字列の折り返し

画像を挿入した直後は、画像を自由な位置に移動できません。画像を自由な位置に移動するには、「**文字列の折り返し**」を設定します。

初期の設定では、文字列の折り返しは「**行内**」になっています。画像の周囲に沿って本文を周り込ませるには、文字列の折り返しを「**四角形**」などに設定します。

文字列の折り返しを「**四角形**」に設定しましょう。

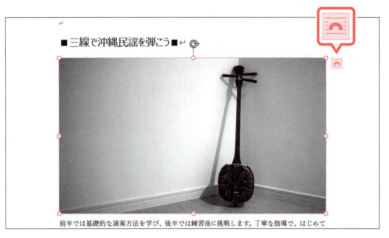

①画像をクリックします。
画像が選択されます。
※画像の周囲に〇（ハンドル）が表示されます。
②《レイアウトオプション》をクリックします。

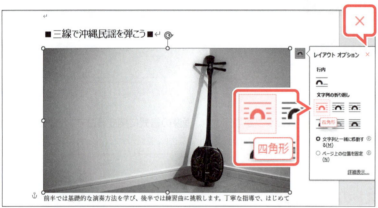

《レイアウトオプション》が表示されます。
③《文字列の折り返し》の《四角形》をクリックします。
④《レイアウトオプション》の《閉じる》をクリックします。

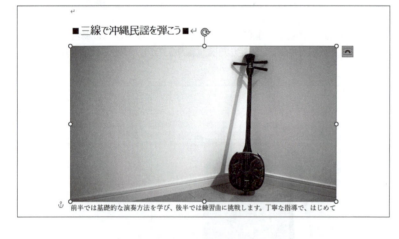

《レイアウトオプション》が閉じられます。
文字列の折り返しが四角形に変更されます。
※画像の幅が大きいため、この時点では文字列の周り込みが確認できません。P.68「4 画像のトリミング」やP.69「5 画像のサイズ変更と移動」の操作を行うと、文字列が画像の周囲に周り込みます。

STEP UP その他の方法（文字列の折り返し）

◆画像を選択→《図の形式》タブ→《配置》グループの《文字列の折り返し》

STEP UP 文字列の折り返し

文字列の折り返しには、次のようなものがあります。

●行内

文字と同じ扱いで画像が挿入されます。
1行の中に文字と画像が配置されます。

●四角形　　　　　　●狭く　　　　　　●内部

文字が画像の周囲に周り込んで配置されます。

●上下

文字が行単位で画像を避けて配置されます。

●背面　　　　　　●前面

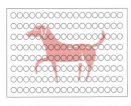 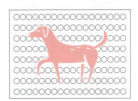

文字と画像が重なって配置されます。

STEP UP ストック画像とオンライン画像

パソコンに保存されている画像以外に、インターネットから画像を挿入することもできます。

❶ストック画像
著作権がフリーの画像を挿入できます。ストック画像は自由に使えるため、出典元や著作権を確認する手間を省くことができます。

❷オンライン画像
インターネット上にあるイラストや写真などの画像を挿入できます。画像のキーワードを入力すると、インターネット上から目的にあった画像を検索し、ダウンロードできます。
ただし、ほとんどの画像には著作権が存在するので、安易に文書に転用するのは禁物です。画像を転用する際には、画像を提供しているWebサイトで利用可否を確認する必要があります。

4 画像のトリミング

画像の不要な部分を非表示にして必要な部分だけを残すことを「**トリミング**」といいます。画像の中の一部分だけを使いたい場合などは、トリミングを使うとよいでしょう。
画像編集ソフトを使ってトリミング済みの画像を挿入することもできますが、Wordのトリミング機能を使うと、文書全体のバランスを見ながら必要な部分を決めることができます。
挿入した画像の左側をトリミングして、必要な部分だけを残しましょう。

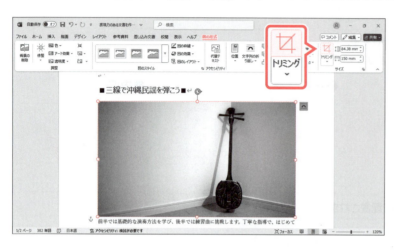

①画像が選択されていることを確認します。
②《**図の形式**》タブを選択します。
③《**サイズ**》グループの《**トリミング**》をクリックします。

画像の周りに ⌐ や ━ などのトリミングハンドルが表示されます。
④画像の左側の ▎ をポイントします。
マウスポインターの形が、┤ に変わります。
⑤図のように、右側にドラッグします。
ドラッグ中、マウスポインターの形が ✚ に変わります。
※**画像横幅の1/3程度のところまでドラッグしましょう。**

画像の左側がトリミングされて、表示されない部分がグレーで表示されます。
⑥画像以外の場所をクリックします。

トリミングが確定されます。

5 画像のサイズ変更と移動

画像を挿入したあと、文書に合わせて画像のサイズを変更したり、移動したりできます。

1 画像のサイズ変更

画像のサイズを変更するには、画像を選択し、周囲に表示される○（ハンドル）をドラッグします。
画像のサイズを縮小しましょう。

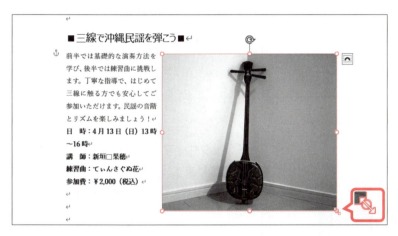

①画像を選択します。
※画像の周囲に○（ハンドル）が表示されます。
②右下の○（ハンドル）をポイントします。
マウスポインターの形が に変わります。

③図のように、左上にドラッグします。
ドラッグ中、マウスポインターの形が ＋ に変わります。
※画像のサイズ変更に合わせて、文字が周り込みます。

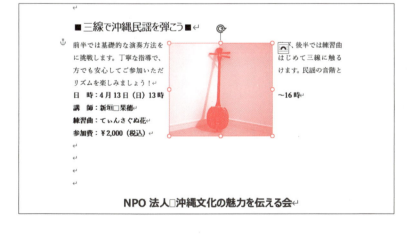

画像のサイズが変更されます。

69

2 画像の移動

文字列の折り返しを**「行内」**から**「四角形」**などに変更すると、画像を自由な位置に移動できるようになります。画像を移動するには、画像をドラッグします。
画像を本文の右側に配置しましょう。

①画像が選択されていることを確認します。
②画像をポイントします。
マウスポインターの形が に変わります。
③図のように、移動先までドラッグします。

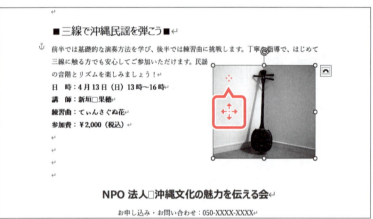

ドラッグ中、マウスポインターの形が に変わります。
※画像の移動に合わせて、文字が周り込みます。

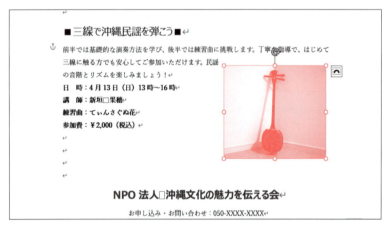

画像が移動し、本文の右側に配置されます。

6 図のスタイルの適用

「**図のスタイル**」は、画像の枠線や効果などをまとめて設定した書式の組み合わせのことです。一覧から選択するだけで、簡単に画像の見栄えを整えることができます。影や光彩を付けて立体的に表示したり、画像にフレームを付けて装飾したりできます。
画像にスタイル「**四角形、背景の影付き**」を適用しましょう。

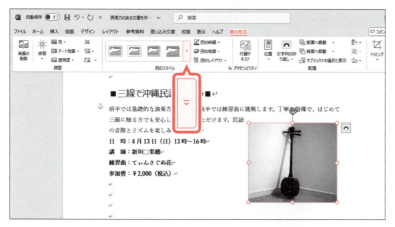

①画像が選択されていることを確認します。
②《**図の形式**》タブを選択します。
③《**図のスタイル**》グループのをクリックします。

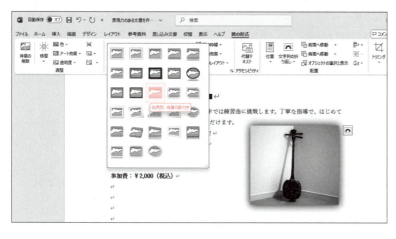

④《**四角形、背景の影付き**》をクリックします。
※一覧をポイントすると、設定後のイメージを画面で確認できます。

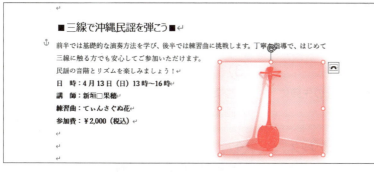

図のスタイルが適用されます。
※図のスタイルに合わせて文字の周り込みが変わります。
※画像の位置とサイズを調整しておきましょう。

STEP UP 画像の明るさやコントラストの調整

《**図の形式**》タブ→《**調整**》グループの《**修整**》を使うと、画像の明るさやコントラストなどを調整できます。

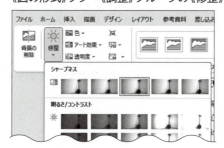

STEP UP 図のリセット

《図のリセット》

「図のリセット」を使うと、画像のスタイルなどの効果の設定を解除できます。画像を挿入した直後の、効果が設定されていない状態に戻すことができます。
図をリセットする方法は、次のとおりです。

◆画像を選択→《図の形式》タブ→《調整》グループの《図のリセット》

Let's Try ためしてみよう

図のように画像を挿入し、編集しましょう。

① 「食文化を学びながら…」で始まる行の先頭に、フォルダー「第3章」の画像「沖縄料理」を挿入しましょう。
② 文字列の折り返しを「四角形」に設定しましょう。
③ 図を参考に、画像のサイズを調整しましょう。
④ 図を参考に、画像を移動しましょう。
⑤ 画像にスタイル「四角形、背景の影付き」を適用しましょう。

Let's Try Answer

①
① 「食文化を学びながら…」で始まる行の先頭にカーソルを移動
②《挿入》タブを選択
③《図》グループの《画像を挿入します》をクリック
④《このデバイス》をクリック
⑤ フォルダー「第3章」を開く
※《ドキュメント》→「Word2024&Excel2024&PowerPoint2024」→「第3章」を選択します。
⑥ 一覧から「沖縄料理」を選択
⑦《挿入》をクリック

②
① 画像を選択
②《レイアウトオプション》をクリック
③《文字列の折り返し》の《四角形》をクリック
④《レイアウトオプション》の《閉じる》をクリック

③
① 画像を選択
② 画像の○（ハンドル）をドラッグして、サイズを調整

④
① 画像をドラッグして、移動

⑤
① 画像を選択
②《図の形式》タブを選択
③《図のスタイル》グループの をクリック
④《四角形、背景の影付き》（左から3番目、上から3番目）をクリック
※画像の位置とサイズを調整しておきましょう。

STEP 4 文字の効果を設定する

1 文字の効果の設定

「**文字の効果と体裁**」を使うと、影、反射、光彩などの視覚効果を設定して、文字を強調できます。

「■沖縄の郷土料理を作ろう■」「■三線で沖縄民謡を弾こう■」の2か所に文字の効果「**塗りつぶし：濃い青緑、アクセントカラー1；影**」を設定しましょう。

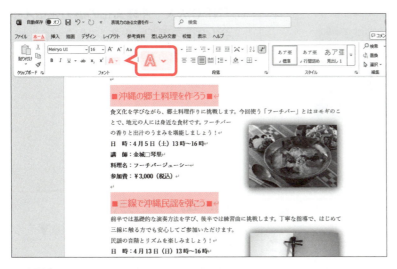

① 「■沖縄の郷土料理を作ろう■」の行を選択します。
② Ctrl を押しながら、「■三線で沖縄民謡を弾こう■」の行を選択します。
複数の範囲が選択されます。
③ 《**ホーム**》タブを選択します。
④ 《**フォント**》グループの《**文字の効果と体裁**》をクリックします。

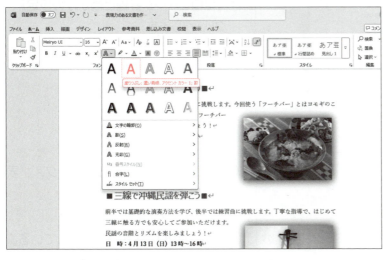

⑤ 《**塗りつぶし：濃い青緑、アクセントカラー1；影**》をクリックします。
※一覧をポイントすると、設定後のイメージを画面で確認できます。

文字の効果が設定されます。
※選択を解除しておきましょう。

STEP 5 段落罫線を設定する

1 段落罫線の設定

罫線を使うと、水平方向、垂直方向の直線を引くことができます。
段落に対して引く水平方向の直線を「**段落罫線**」といいます。
「NPO法人　沖縄文化の魅力を伝える会」の段落の下側に、罫線の種類「――――――」
を設定しましょう。線の太さは「**0.5pt**」にします。

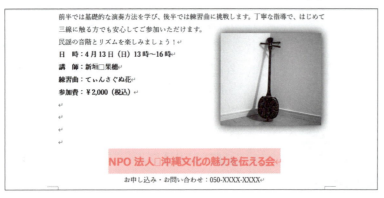

①「**NPO法人　沖縄文化の魅力を伝える会**」の行を選択します。
※段落記号も含めて選択します。

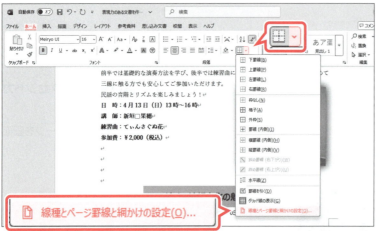

②《**ホーム**》タブを選択します。
③《**段落**》グループの《**罫線**》の▼をクリックします。
④《**線種とページ罫線と網かけの設定**》をクリックします。

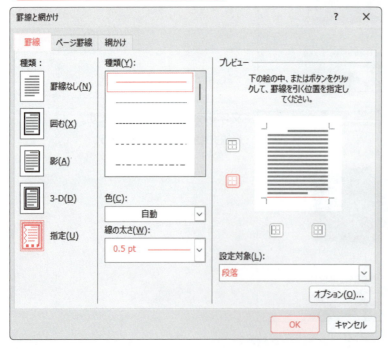

《**罫線と網かけ**》ダイアログボックスが表示されます。
⑤《**罫線**》タブを選択します。
⑥《**設定対象**》が《**段落**》になっていることを確認します。
⑦左側の《**種類**》の《**指定**》をクリックします。
⑧中央の《**種類**》が《――――――》になっていることを確認します。
⑨《**線の太さ**》が「**0.5pt**」になっていることを確認します。
⑩《**プレビュー**》の を クリックします。
《**プレビュー**》の絵の下側に罫線が表示されます。
⑪《**OK**》をクリックします。

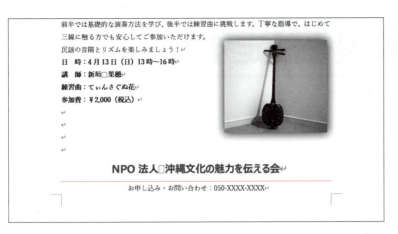

段落罫線が引かれます。

※選択を解除しておきましょう。

STEP UP 水平線の挿入

「水平線」を使うと、灰色の実線を挿入できます。文書の区切り位置をすばやく挿入したいときに使うと便利です。
水平線を挿入する方法は、次のとおりです。

◆挿入位置にカーソルを移動→《ホーム》タブ→《段落》グループの《罫線》の▼→《水平線》

STEP UP ページ罫線の設定

「ページ罫線」を使うと、用紙の周囲に罫線を引いて、ページ全体を装飾することができます。
ページ罫線を設定する方法は、次のとおりです。

◆《デザイン》タブ→《ページの背景》グループの《罫線と網掛け》→《ページ罫線》タブ→中央の《種類》《色》《線の太さ》《絵柄》を選択

※右側の《設定対象》が《文書全体》になっていることを確認しておきましょう。

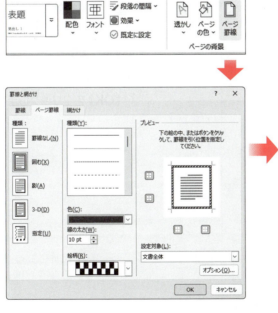

STEP 6 ページの背景を設定する

1 ページの色の設定

「ページの色」を使うと、ページの背景に色やテクスチャ、パターン、自分で用意した写真などの画像を設定することができます。
通常、ビジネス文書にはページの背景色などを設定しませんが、ポスターやチラシなど、視覚的に訴求力を求められる文書を作成する場合は、背景色などを設定することで、より見栄えのする文書になります。
ページの背景に、テクスチャ「セーム皮」を設定しましょう。

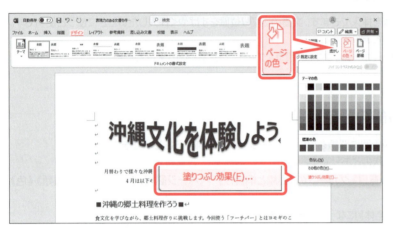

① 《デザイン》タブを選択します。
② 《ページの背景》グループの《ページの色》をクリックします。
③ 《塗りつぶし効果》をクリックします。

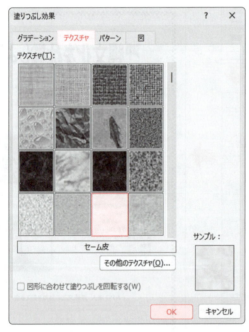

《塗りつぶし効果》ダイアログボックスが表示されます。
④ 《テクスチャ》タブを選択します。
⑤ 《セーム皮》をクリックします。
⑥ 《OK》をクリックします。

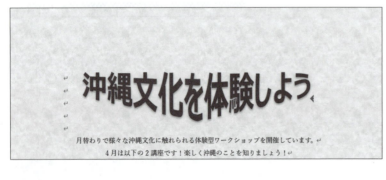

ページの背景にテクスチャが設定されます。

2 背景が設定された文書の印刷

ページの背景に設定した色や画像は、そのままでは印刷されません。
ページの背景も印刷されるように設定し、文書を1部印刷しましょう。

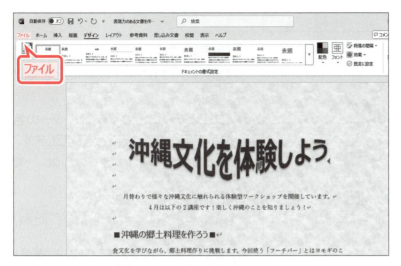

背景が印刷されるように設定します。
①《ファイル》タブを選択します。

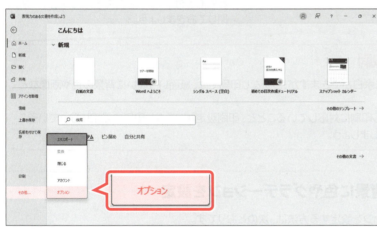

②《その他》をクリックします。
※お使いの環境によっては、《その他》が表示されていない場合があります。その場合は、③に進みます。

③《オプション》をクリックします。

《Wordのオプション》ダイアログボックスが表示されます。
④左側の一覧から《表示》を選択します。
⑤《印刷オプション》の《背景の色とイメージを印刷する》を☑にします。
⑥《OK》をクリックします。

文書を印刷します。
⑦《ファイル》タブを選択します。

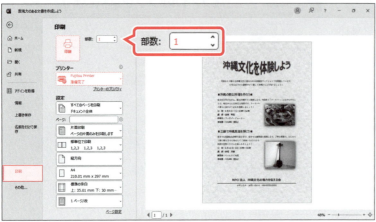

⑧《印刷》をクリックします。
⑨《部数》が「1」になっていることを確認します。
⑩《プリンター》に出力するプリンターの名前が表示されていることを確認します。
※表示されていない場合は、▼をクリックし、一覧から選択します。
⑪《印刷》をクリックします。
※《背景の色とイメージを印刷する》を □ に戻しておきましょう。
※文書に「表現力のある文書を作成しよう完成」と名前を付けて、フォルダー「第3章」に保存し、閉じておきましょう。

POINT　フチなし印刷

通常の印刷では文書の周囲に余白ができますが、フチなし印刷では、紙面いっぱいに背景の色や画像などを印刷することができます。
お使いのプリンターがフチなし印刷に対応していることと、印刷設定がフチなし印刷の設定になっていることを確認してから印刷を実行しましょう。

STEP UP　ページの背景に色やグラデーションを設定

ページの背景に色やグラデーションを設定する方法は、次のとおりです。

色の設定

◆《デザイン》タブ→《ページの背景》グループの《ページの色》→任意の色を選択

グラデーションの設定

◆《デザイン》タブ→《ページの背景》グループの《ページの色》→《塗りつぶし効果》→《グラデーション》タブ

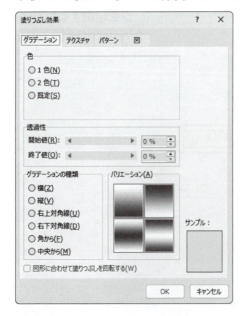

練習問題

あなたは、出版社の広報部に所属しており、新刊のチラシを作成することになりました。完成図のような文書を作成しましょう。

●完成図

おすすめの新刊

雑誌『GREEN』の人気連載から単行本が発売されます。
秋に向けてアウトドア生活を楽しみたいあなたに最適です！！

■気軽に始めるフィッシング

人気上昇中のフィッシング。これから始める方のために、魚の生態はもちろん、釣り場のマナー、釣り方、道具のそろえ方など、初心者がすぐに楽しめる方法をやさしく解説しています。フィッシングの世界に飛び込む第一歩に最適な1冊です。

価　　格：1,600円（税込）
ページ数：176ページ
発売予定：9月10日

■家族でキャンプを楽しもう

家族で安全にキャンプを楽しむためのポイントをイラスト付きで解説しています。キャンプ初心者のお父さんもこの1冊でキャンプの達人に大変身！キャンプ場の選び方から、テントの設営・撤収方法、キャンプ中の楽しい遊びや美味しいアウトドア料理までご紹介しています。

価　　格：1,800円（税込）
ページ数：192ページ
発売予定：9月20日

```
GREEN EARTH 出版
ダイレクトショップ　03-5432-XXXX
```

① ワードアートを使って、1行目に「おすすめの新刊」というタイトルを挿入しましょう。ワードアートのスタイルは「塗りつぶし：白；輪郭：濃い青緑、アクセントカラー1；光彩：濃い青緑、アクセントカラー1」にします。

② ワードアートに、次の書式を設定しましょう。

フォント	：BIZ UDゴシック
文字の輪郭	：緑、アクセント6、黒+基本色25%
変形	：凹レンズ

HINT ワードアートの文字の輪郭を設定するには、《図形の書式》タブ→《ワードアートのスタイル》グループの《文字の輪郭》の▼を使います。

③ 完成図を参考に、ワードアートのサイズと位置を調整しましょう。

④ 「■気軽に始めるフィッシング」と「■家族でキャンプを楽しもう」に、影「オフセット：下」を設定しましょう。

HINT 影を設定するには、《ホーム》タブ→《フォント》グループの《文字の効果と体裁》→《影》を使います。

⑤ 「人気上昇中のフィッシング…」で始まる行の先頭に、フォルダー「第3章」の画像「釣り」を挿入し、次の書式を設定しましょう。
次に、完成図を参考に、位置とサイズを調整しましょう。

文字列の折り返し	：四角形
図のスタイル	：対角を切り取った四角形、白

⑥ 「家族で安全にキャンプを…」で始まる行の先頭に、フォルダー「第3章」の画像「キャンプ」を挿入し、次の書式を設定しましょう。
次に、完成図を参考に、サイズを調整しましょう。

文字列の折り返し	：四角形
図のスタイル	：対角を切り取った四角形、白

⑦ 「GREEN EARTH出版」「ダイレクトショップ　03-5432-XXXX」の2行の周囲に、次の段落罫線を設定しましょう。

種類	：▬▬▬▬▬▬
色	：緑、アクセント6
太さ	：1.5pt

⑧ ページの背景に「緑、アクセント6、白+基本色80%」の色を設定しましょう。

HINT ページの背景に色を設定するには、《デザイン》タブ→《ページの背景》グループの《ページの色》を使います。

⑨ ページの背景が印刷されるように設定し、1部印刷しましょう。

※《背景の色とイメージを印刷する》を□に戻しておきましょう。
※文書に「第3章練習問題完成」と名前を付けて、フォルダー「第3章」に保存し、閉じておきましょう。

第4章

表のある文書を作成しよう Word 2024

この章で学ぶこと	82
STEP 1 　作成する文書を確認する	83
STEP 2 　表を作成する	84
STEP 3 　表のレイアウトを変更する	86
STEP 4 　表に書式を設定する	93
練習問題	99

この章で学ぶこと

学習前に習得すべきポイントを理解しておき、
学習後には確実に習得できたかどうかを振り返りましょう。

- ■ 表を作成できる。 → P.84
- ■ 表内に文字を入力できる。 → P.85
- ■ 表に行を挿入できる。 → P.86
- ■ 表全体のサイズを変更できる。 → P.88
- ■ 表の列の幅を変更できる。 → P.89
- ■ 列内の最長データに合わせて列の幅を変更できる。 → P.90
- ■ 隣り合った複数のセルをひとつのセルに結合できる。 → P.91
- ■ セル内の文字の配置を変更できる。 → P.93
- ■ 表の配置を変更できる。 → P.95
- ■ セルに色を塗って強調できる。 → P.96
- ■ 罫線の種類と太さを変更できる。 → P.97

STEP 1 作成する文書を確認する

1 作成する文書の確認

次のような文書を作成しましょう。

No.JNJ-25015
2025年4月1日

新人担当トレーナー各位

人事部人材育成課長

<u>新人研修用VRゴーグル貸出予約のご案内</u>

　このたびは、新人研修へのご協力をいただき、ありがとうございます。
　本年度より、新人研修の一環として、VRで工場内の安全教育を行うプログラムを取り入れることにいたしました。
　つきましては、当課よりVRゴーグルの貸し出しを行います。台数に限りがございますので、各現場の研修スケジュールに合わせてお早めにご予約ください。

記

製　品　名：バーチャルラーニングシステムズ社製　VRゴーグル　VRS1501-WH
保有台数：全15台
予約方法：人事部人材育成課のメーリングリスト（jinzai-ikusei@ml.xxxxxx.xx）宛に、
　　　　　以下の情報をお送りください。

貸出先	部署名	
	幹部社員名	
	トレーナー名	
	利用者名	
貸出期間		
レクチャー	事前操作レクチャーを希望される方は、その旨ご記入ください。	

■貸出製品　VRS1501-WHのイメージ（参考）

以上
担当：夏目（4377-XXXX）

注釈：
- 行の挿入
- 表の作成
- 表のサイズ変更
- セル内の配置の設定
- 表の配置の変更
- 罫線の種類と太さの変更
- 列の幅の変更
- セルの塗りつぶしの設定
- セルの結合

STEP 2 表を作成する

1 表の作成

表は罫線で囲まれた**「行」**と**「列」**で構成されます。また、罫線で囲まれたひとつのマス目を**「セル」**といいます。

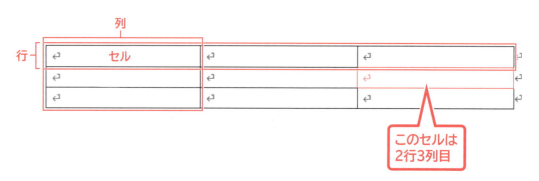

「■貸出製品　VRS1501-WHのイメージ（参考）」の上の行に、5行3列の表を作成しましょう。

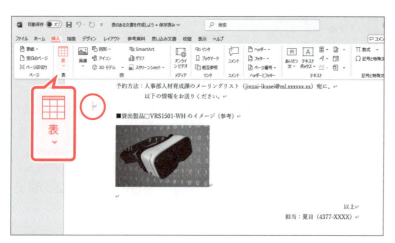

①「■貸出製品　VRS1501-WHのイメージ（参考）」の上の行にカーソルを移動します。
②《挿入》タブを選択します。
③《表》グループの《表の追加》をクリックします。

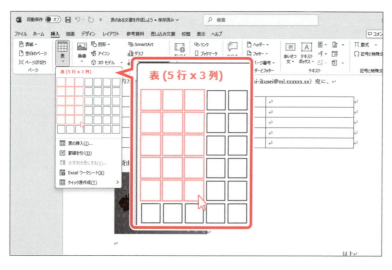

マス目が表示されます。
行数（5行）と列数（3列）を指定します。
④下に5マス分、右に3マス分の位置をポイントします。
⑤表のマス目の上に**「表（5行×3列）」**と表示されていることを確認し、クリックします。

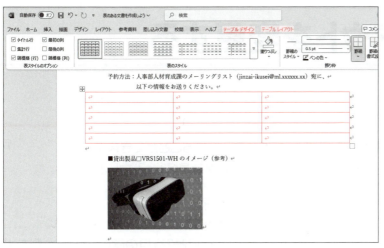

表が作成されます。
リボンに《テーブルデザイン》タブと《テーブルレイアウト》タブが表示されます。

STEP UP 《表の挿入》ダイアログボックスを使った表の作成

行数や列数が多い表を作成する場合は、《表の挿入》ダイアログボックスを使います。《表の挿入》ダイアログボックスでは、必要な行数と列数を数値で指定します。
《表の挿入》ダイアログボックスを表示する方法は、次のとおりです。
◆《挿入》タブ→《表》グループの《表の追加》→《表の挿入》

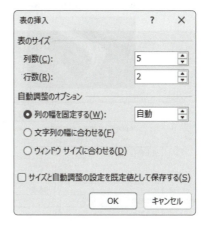

POINT 《テーブルデザイン》タブと《テーブルレイアウト》タブ

表内にカーソルがあるとき、リボンに《テーブルデザイン》タブと《テーブルレイアウト》タブが表示され、表に関するコマンドが使用できる状態になります。

---

2 文字の入力

作成した表に文字を入力しましょう。

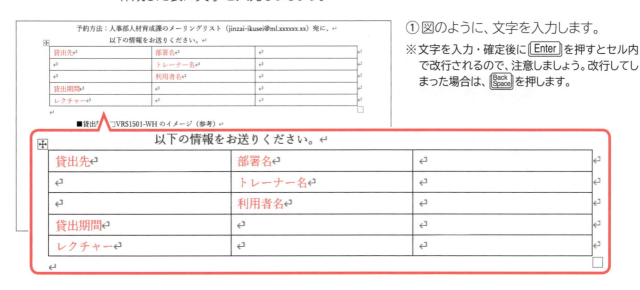

①図のように、文字を入力します。

※文字を入力・確定後に Enter を押すとセル内で改行されるので、注意しましょう。改行してしまった場合は、Back Space を押します。

STEP 3 　表のレイアウトを変更する

1　行の挿入

作成した表に、行や列を挿入して、表のレイアウトを変更することができます。
「部署名」の下に1行挿入し、挿入した行の2列目に**「幹部社員名」**と入力しましょう。

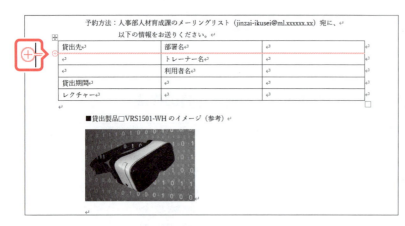

①表内をポイントします。
※表内であれば、どこでもかまいません。
②1行目と2行目の間の罫線の左側をポイントします。
罫線の左側に⊕が表示され、行と行の間の罫線が二重線になります。
③⊕をクリックします。

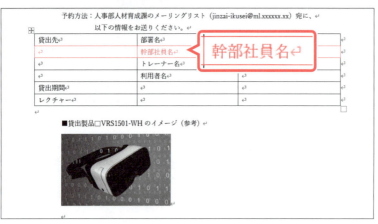

行が挿入されます。
④挿入した行の2列目に**「幹部社員名」**と入力します。

STEP UP その他の方法（行の挿入）

◆挿入する行にカーソルを移動→《テーブルレイアウト》タブ→《行と列》グループの《上に行を挿入》／《下に行を挿入》
◆挿入する行のセルを右クリック→《挿入》→《上に行を挿入》／《下に行を挿入》

STEP UP 列の挿入

列を挿入する方法は、次のとおりです。
◆挿入する列にカーソルを移動→《テーブルレイアウト》タブ→《行と列》グループの《左に列を挿入》／《右に列を挿入》
◆挿入する列の間の罫線の上側をポイント→⊕をクリック

POINT 表の一番上に行を挿入する場合

表の一番上の罫線の左側をポイントしても、⊕は表示されません。1行目より上に行を挿入するには、表の1行目にカーソルを移動し、《テーブルレイアウト》タブ→《行と列》グループの《上に行を挿入》を使います。

※お使いの環境によっては、ボタンの表示が異なる場合があります。

《上に行を挿入》

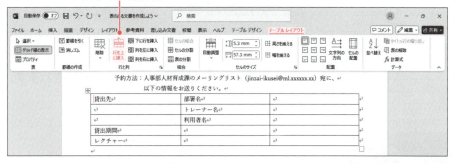

POINT 表の各部の選択

表の各部を選択する方法は、次のとおりです。

選択対象	操作方法
表全体	表をポイントし、表の左上の ⊞ (表の移動ハンドル)をクリック
行	マウスポインターの形が ⩘ の状態で、行の左側をクリック
隣接する複数の行	マウスポインターの形が ⩘ の状態で、行の左側をドラッグ
列	マウスポインターの形が ↓ の状態で、列の上側をクリック
隣接する複数の列	マウスポインターの形が ↓ の状態で、列の上側をドラッグ
セル	マウスポインターの形が ◢ の状態で、セル内の左端をクリック
隣接する複数のセル範囲	開始セルから終了セルまでをドラッグ

POINT 行・列・表全体の削除

行・列・表全体を削除する方法は、次のとおりです。
◆削除する行／列／表全体を選択→ [Back Space]

POINT 表内のデータの削除

表内の範囲を選択して [Delete] を押すと、入力されているデータだけが削除され、罫線はそのまま残ります。

2 表のサイズ変更

表全体のサイズを変更するには、□(表のサイズ変更ハンドル)をドラッグします。
□(表のサイズ変更ハンドル)は、表内をポイントすると表の右下に表示されます。
表のサイズを変更しましょう。

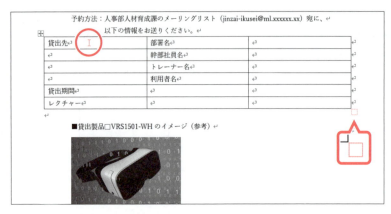

①表内をポイントします。
※表内であれば、どこでもかまいません。
表の右下に□(表のサイズ変更ハンドル)が表示されます。

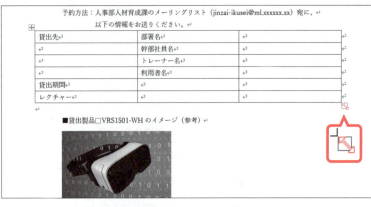

②□(表のサイズ変更ハンドル)をポイントします。
マウスポインターの形が↘に変わります。

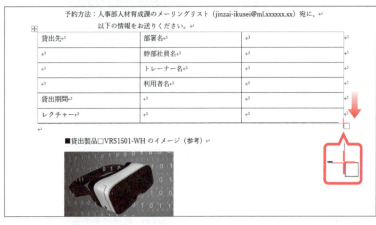

③図のようにドラッグします。
ドラッグ中、マウスポインターの形が＋に変わります。

表のサイズが変更されます。
※文書が1ページに収まるように、表のサイズを調整しておきましょう。

3 列の幅の変更

列と列の間の罫線をドラッグしたりダブルクリックしたりすると、列の幅を変更できます。

1 ドラッグ操作による列の幅の変更

列の罫線をドラッグすると、列の幅を自由に変更できます。
1列目の列の幅を変更しましょう。

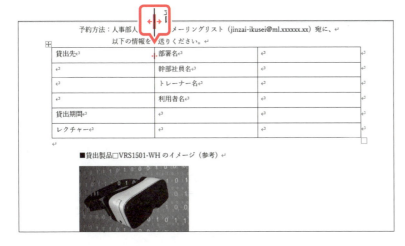

①1列目と2列目の間の罫線をポイントします。
マウスポインターの形が ↔ に変わります。

②図のようにドラッグします。
ドラッグ中、マウスポインターの動きに合わせて点線が表示されます。

列の幅が変更されます。
※表全体の幅は変わりません。

2 ダブルクリック操作による列の幅の変更

各列の右側の罫線をダブルクリックすると、列内で最長のデータに合わせて列の幅を自動的に変更できます。
2列目の列の幅を変更しましょう。

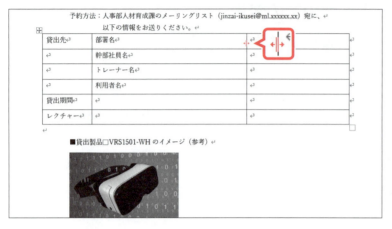

①2列目の右側の罫線をポイントします。
マウスポインターの形が ‖ に変わります。
②ダブルクリックします。

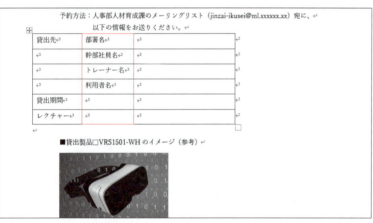

列内の最長のデータに合わせて列の幅が変更されます。
※表全体の幅も変わります。

POINT 表全体の列の幅の変更

表全体を選択した状態で任意の列の罫線をダブルクリックすると、各列の最長のデータに合わせて、表内のすべての列の幅を一括して変更できます。データが入力されていない列の幅は変更されません。

STEP UP 列の幅や行の高さを数値で設定

数値を指定して列の幅や行の高さを正確に変更できます。

◆列内／行内にカーソルを移動→《テーブルレイアウト》タブ→《セルのサイズ》グループの《列の幅の設定》／《行の高さの設定》を設定

《行の高さの設定》
《列の幅の設定》

STEP UP 行の高さの変更

行の高さを変更する方法は、次のとおりです。

◆変更する行の下側の罫線をポイント→マウスポインターの形が ÷ に変わったらドラッグ

4 セルの結合

セルの結合を行うと、隣り合った複数のセルをひとつに結合できます。

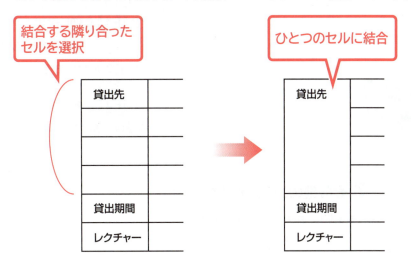

1〜4行1列目、5行2〜3列目、6行2〜3列目を結合して、ひとつのセルにしましょう。

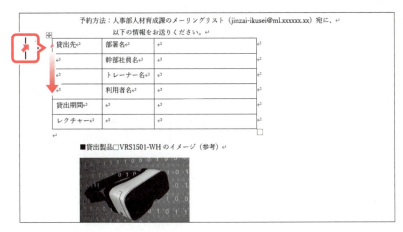

結合するセルを選択します。
①図のように、**「貸出先」**のセル内の左端をポイントします。
マウスポインターの形が ➤ に変わります。
②4行1列目のセルまでドラッグします。

1〜4行1列目のセルが選択されます。
③**《テーブルレイアウト》**タブを選択します。
④**《結合》**グループの**《セルの結合》**をクリックします。

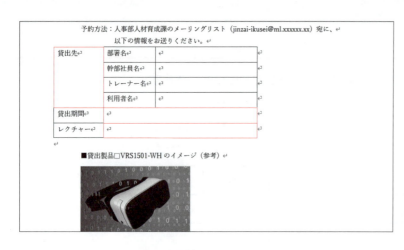

セルが結合されます。

⑤5行2～3列目のセルを選択します。

※5行2列目から5行3列目までのセルをドラッグします。

⑥ F4 を押します。

⑦6行2～3列目のセルを選択します。

※6行2列目から6行3列目までのセルをドラッグします。

⑧ F4 を押します。

※選択を解除しておきましょう。

STEP UP　その他の方法（セルの結合）

◆結合するセルを選択し、右クリック→《セルの結合》

STEP UP　セルの分割

セルの分割を行うと、ひとつまたは隣り合った複数のセルを指定した行数・列数に分割できます。
セルを分割する方法は、次のとおりです。

◆《テーブルレイアウト》タブ→《結合》グループの《セルの分割》

Let's Try　ためしてみよう

6行2列目のセルに「事前操作レクチャーを希望される方は、その旨ご記入ください。」と入力し、データに合わせた列の幅に変更しましょう。

Let's Try Answer

① 6行2列目のセルにカーソルを移動
② 文字を入力
③ 3列目の右側の罫線をポイント
④ マウスポインターの形が ←||→ に変わったら、ダブルクリック

STEP 4 表に書式を設定する

1 セル内の配置の設定

セル内の文字は、水平方向の位置や垂直方向の位置を調整できます。
《テーブルレイアウト》タブの《配置》グループにある各ボタンを使って設定します。

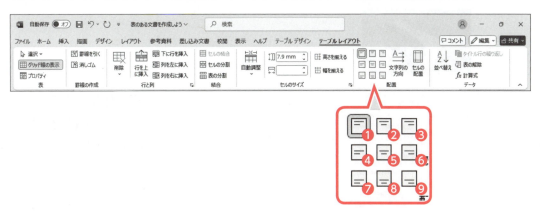

文字の配置は次のようになります。

❶上揃え(左)
部署名

❷上揃え(中央)
部署名

❸上揃え(右)
部署名

❹中央揃え(左)
部署名

❺中央揃え
部署名

❻中央揃え(右)
部署名

❼下揃え(左)
部署名

❽下揃え(中央)
部署名

❾下揃え(右)
部署名

セル内の文字を「**中央揃え(左)**」にしましょう。

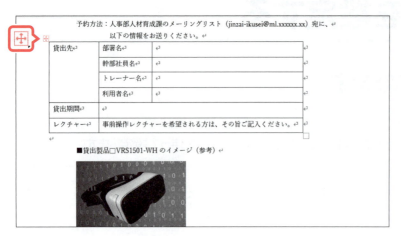

①表内をポイントし、⊕(表の移動ハンドル)をクリックします。

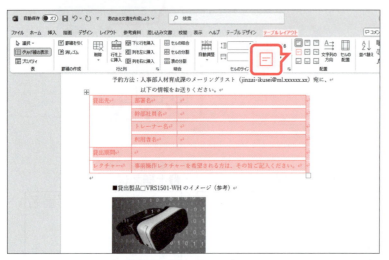

表全体が選択されます。
②《テーブルレイアウト》タブを選択します。
③《配置》グループの《中央揃え(左)》をクリックします。

セル内の文字が中央揃え(左)で配置されます。

※ボタンが濃い灰色になります。
※選択を解除しておきましょう。

POINT　セル内の均等割り付け

セル内で均等割り付けを使うと、セルの幅に合わせて文字が均等に配置されます。
均等割り付けを設定する方法は、次のとおりです。

◆セルを選択→《ホーム》タブ→《段落》グループの《均等割り付け》

| 部署名 |
| 幹部社員名 |
| トレーナー名 |
| 利用者名 |

→

| 部　署　名 |
| 幹 部 社 員 名 |
| トレーナー名 |
| 利 用 者 名 |

2 表の配置の変更

セル内の文字の配置を変更するには、**《テーブルレイアウト》**タブの**《配置》**グループのボタンを使って操作しますが、表全体の配置を変更するには、**《ホーム》**タブの**《段落》**グループのボタンを使います。
表全体を行の中央に配置しましょう。

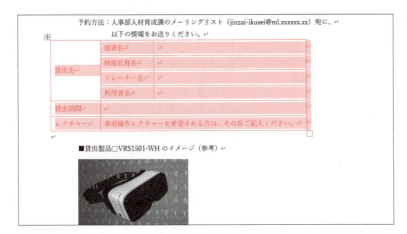

① 表全体を選択します。

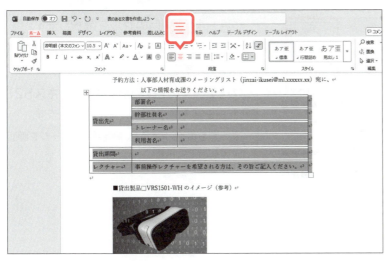

② 《ホーム》タブを選択します。
③ 《段落》グループの《中央揃え》をクリックします。

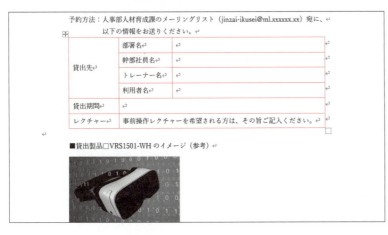

表全体が中央揃えで配置されます。
※選択を解除しておきましょう。

STEP UP その他の方法（表の配置の変更）

◆ 表内にカーソルを移動→《テーブルレイアウト》タブ→《表》グループの《表のプロパティ》→《表》タブ→《配置》の《中央揃え》

95

3 セルの塗りつぶしの設定

表内のセルに色を塗って強調できます。
1列目に「濃い青、テキスト2、白+基本色75%」、1~4行2列目に「濃い青、テキスト2、白+基本色90%」の塗りつぶしを設定しましょう。

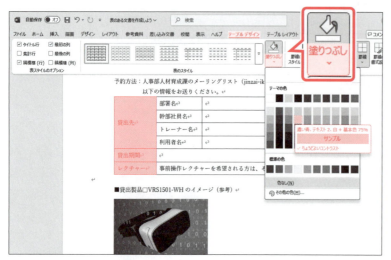

①1列目を選択します。
※列の上側をクリックします。
②《テーブルデザイン》タブを選択します。
③《表のスタイル》グループの《塗りつぶし》の▼をクリックします。
④《テーマの色》の《濃い青、テキスト2、白+基本色75%》をクリックします。
※一覧をポイントすると、設定後のイメージを画面で確認できます。

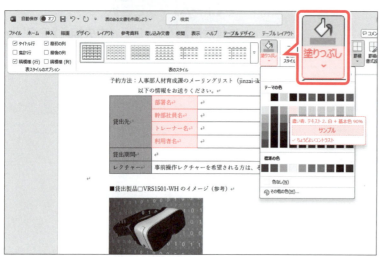

⑤1~4行2列目のセルを選択します。
⑥《表のスタイル》グループの《塗りつぶし》の▼をクリックします。
⑦《テーマの色》の《濃い青、テキスト2、白+基本色90%》をクリックします。
※一覧をポイントすると、設定後のイメージを画面で確認できます。

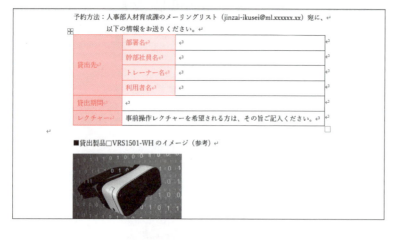

塗りつぶしが設定されます。
※選択を解除しておきましょう。

POINT　セルの塗りつぶしの解除

セルの塗りつぶしを解除する方法は、次のとおりです。
◆セルを選択→《テーブルデザイン》タブ→《表のスタイル》グループの《塗りつぶし》の▼→《色なし》

4 罫線の種類と太さの変更

罫線の種類と太さはあとから変更できます。
表の外枠の罫線の種類を「━━━━━」に、太さを「**0.75pt**」に変更しましょう。

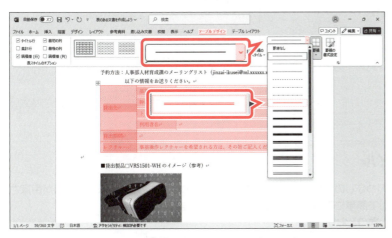

①表全体を選択します。
罫線の種類を選択します。
②《**テーブルデザイン**》タブを選択します。
③《**飾り枠**》グループの《**ペンのスタイル**》の▼をクリックします。
④《━━━━━》をクリックします。

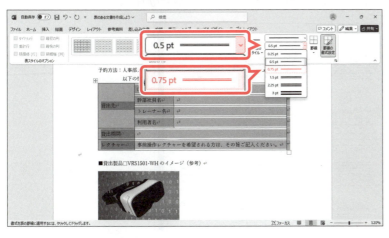

罫線の太さを選択します。
⑤《**飾り枠**》グループの《**ペンの太さ**》の▼をクリックします。
⑥《**0.75pt**》をクリックします。

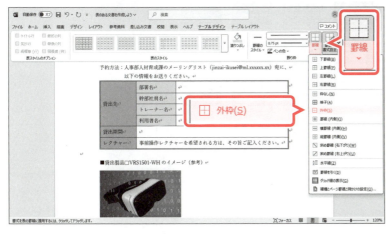

罫線を変更する場所を選択します。
⑦《**飾り枠**》グループの《**罫線**》の▼をクリックします。
⑧《**外枠**》をクリックします。
※一覧をポイントすると、設定後のイメージを画面で確認できます。
※ボタンが直前に選択した罫線の種類に変わります。

表の外枠の罫線の種類と太さが変更されます。

※選択を解除しておきましょう。
※文書に「表のある文書を作成しよう完成」と名前を付けて、フォルダー「第4章」に保存し、閉じておきましょう。

STEP UP 表のスタイル

「表のスタイル」とは、罫線や塗りつぶしの色など表全体の書式を組み合わせたものです。様々な種類が用意されており、一覧から選択するだけで簡単に表の見栄えを整えることができます。
表のスタイルを設定する方法は、次のとおりです。

◆表内にカーソルを移動→《テーブルデザイン》タブ→《表のスタイル》グループの

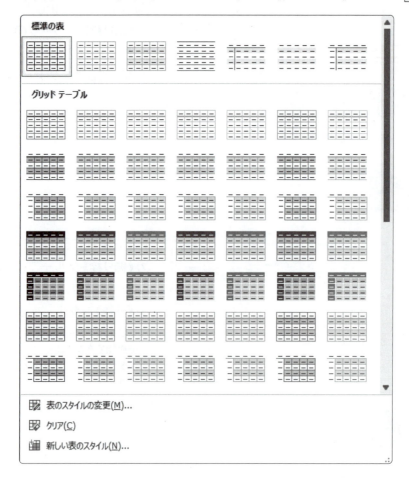

 # 練習問題

あなたは、食品会社の商品開発部に所属しており、新商品の名称を社内で募集する応募用紙を作成することになりました。
完成図のような文書を作成しましょう。

●完成図

新商品の名称募集！

1月発売予定の新商品の名称を社内募集します。
採用された方には、記念品を検討しておりますので、奮ってご応募ください。

- **商品概要**
  - 特長：ソフトバゲットをベースにドライフルーツを加えた食事用パン
    そのまま食べるとモチッと、トーストするとサクッと軽い食感
  - 予定価格：350円（税込）
- **応募方法**
  - 応募用紙を総務センター受付の応募箱に投函してください。
  - 締め切り：2025年9月30日（火）
- **お問い合わせ**
  商品開発部　今田慎太郎
  内線番号：1234-5555
  メールアドレス：imada.shintaro@fom-fresh.xx.xx

＜応募用紙＞

新商品の名称案	
名称の理由	
部署名	
氏名	
連絡先　内線番号	
メールアドレス	

① 文書の最後に、5行3列の表を作成し、次のように文字を入力しましょう。

新商品の名称案		
部署名		
氏名		
連絡先	内線番号	
	メールアドレス	

② 「**新商品の名称案**」の下に1行挿入し、挿入した行の1列目に「**名称の理由**」と入力しましょう。

③ 表の1列目と2列目のフォントサイズを「**12**」、太字に設定しましょう。

④ 表の1列目と2列目の列の幅をデータに合わせた幅に変更しましょう。
次に、完成図を参考に、3列目の列の幅と、2行目の行の高さを変更しましょう。

⑤ 表の1列目の文字をセル内で「**中央揃え（左）**」に設定しましょう。

⑥ 表の1列目に「**オレンジ、アクセント2、白+基本色40%**」、5～6行2列目に「**オレンジ、アクセント2、白+基本色80%**」の塗りつぶしを設定しましょう。

⑦ 表の1～4行目の各行の1列目と2列目のセル、5～6行の1列目のセルを、それぞれ結合しましょう。

⑧ 表の外枠の罫線の種類を「▬▬▬▬▬」に、太さを「**0.75pt**」に変更しましょう。

⑨ 表全体を行の中央に配置しましょう。

※文書に「第4章練習問題完成」と名前を付けて、フォルダー「第4章」に保存し、閉じておきましょう。
※Wordを終了しておきましょう。

第5章

さあ、はじめよう
Excel 2024

この章で学ぶこと	102
STEP 1 Excelの概要	103
STEP 2 Excelを起動する	105
STEP 3 Excelの画面構成	110

この章で学ぶこと

学習前に習得すべきポイントを理解しておき、
学習後には確実に習得できたかどうかを振り返りましょう。

- ■ Excelで何ができるかを説明できる。 → P.103
- ■ Excelを起動できる。 → P.105
- ■ Excelのスタート画面の使い方を説明できる。 → P.106
- ■ 既存のブックを開くことができる。 → P.107
- ■ ブックとシートとセルの違いを説明できる。 → P.109
- ■ Excelの画面の各部の名称や役割を説明できる。 → P.110
- ■ 表示モードの違いを説明できる。 → P.112
- ■ シートを挿入できる。 → P.113
- ■ シートを切り替えることができる。 → P.114

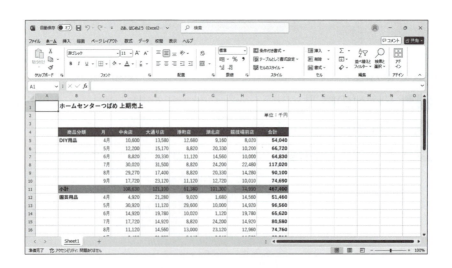

STEP 1 Excelの概要

1 Excelの概要

「Excel」は、表計算からグラフ作成、データ管理まで様々な機能を兼ね備えたアプリです。Excelには、主に次のような機能があります。

1 表の作成

様々な情報を「**表**」にまとめることができます。表の見栄えを整えることで、わかりやすく情報を伝えることができます。

動画タイトル	10月	11月	12月	1月	2月	3月	下期合計	構成比
防災用品をそろえよう	948	1,048	850	898	1,004	920	5,668	26.0%
非常食を美味しく調理！	749	639	822	720	698	718	4,346	19.9%
簡易トイレの使い方	493	502	609	567	545	587	3,303	15.1%
比較！手回し充電器	331	357	582	546	403	495	2,714	12.4%
家具の転倒を防止しよう	503	523	473	442	485	545	2,971	13.6%
救急箱には何が必要？	371	406	501	431	593	527	2,829	13.0%
合計	3,395	3,475	3,837	3,604	3,728	3,792	21,831	100.0%
平均	566	579	640	601	621	632	3,639	

防災関連商品プロモーション動画再生数（下期）

単位：回

2 計算

セルに入力されている値をもとに数式を入力すると、計算結果が表示されます。セルに入力されている値が変化すると、再計算されて結果が表示されます。また、豊富な「**関数**」が用意されています。関数を使うと、簡単な計算から高度な計算までを瞬時に行うことができます。

動画タイトル	10月	11月	12月	1月	2月	3月	下期合計	構成比
防災用品をそろえよう	948	1048	850	898	1004	920		
非常食を美味しく調理！	749	639	822	720	698	718		
簡易トイレの使い方	493	502	609	567	545	587		
比較！手回し充電器	331	357	582	546	403	495		
救急箱には何が必要？	371	406	501	431	593	527		
合計	=SUM(C5:C9)							
平均	SUM(数値1, [数値2], ...)							

防災関連商品プロモーション動画再生数（下期）

単位：回

103

3 グラフの作成

わかりやすく見やすい**「グラフ」**を簡単に作成できます。グラフを使うと、データを視覚的に表示できるので、データを比較したり傾向を把握したりするのに便利です。

4 データの管理

目的に応じて表のデータを並べ替えたり、必要なデータだけを取り出したりできます。住所録や売上台帳など、大量のデータを管理するのに便利です。

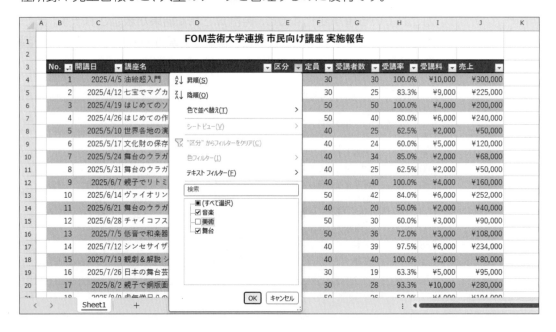

STEP 2 Excelを起動する

1 Excelの起動

Excelを起動しましょう。

①《スタート》をクリックします。

スタートメニューが表示されます。

②《ピン留め済み》の《Excel》をクリックします。

※《ピン留め済み》に《Excel》が登録されていない場合は、《すべて》→《E》の《Excel》をクリックします。

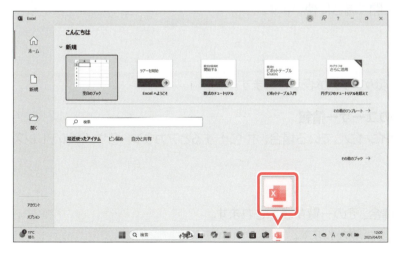

Excelが起動し、Excelのスタート画面が表示されます。

③タスクバーにExcelのアイコンが表示されていることを確認します。

※ウィンドウを最大化しておきましょう。

2 Excelのスタート画面

Excelが起動すると、「**スタート画面**」が表示されます。
スタート画面では、これから行う作業を選択します。スタート画面を確認しましょう。
※お使いの環境によっては、表示が異なる場合があります。

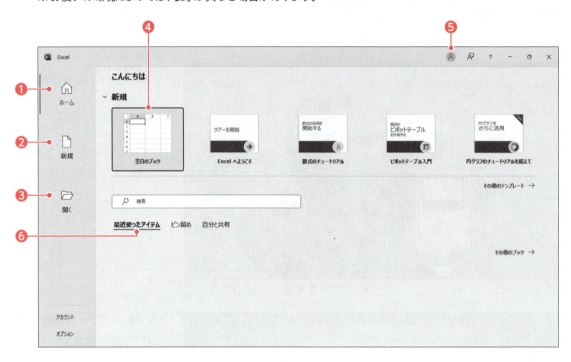

❶ホーム
Excelを起動したときに表示されます。
新しいブックを作成したり、最近開いたブックを簡単に開いたりできます。

❷新規
新しいブックを作成します。
空白のブックを作成したり、数式や書式が設定されたテンプレートを検索したりできます。

❸開く
すでに保存済みのブックを開く場合に使います。

❹空白のブック
新しいブックを作成します。
何も入力されていない白紙のブックが表示されます。

❺Microsoftアカウントのユーザー情報
Microsoftアカウントでサインインしている場合、ポイントするとアカウント名やメールアドレスなどが表示されます。

❻最近使ったアイテム
最近開いたブックがある場合、その一覧が表示されます。
一覧から選択すると、ブックが開かれます。

3 ブックを開く

すでに保存済みのブックをExcelのウィンドウに表示することを**「ブックを開く」**といいます。スタート画面からフォルダー**「第5章」**のブック**「さあ、はじめよう（Excel2024）」**を開きましょう。

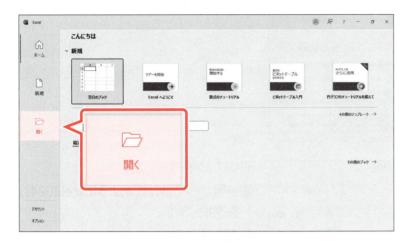

①スタート画面が表示されていることを確認します。
②**《開く》**をクリックします。

ブックが保存されている場所を選択します。
③**《参照》**をクリックします。

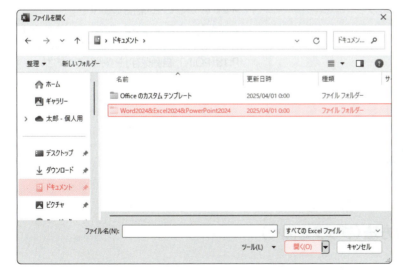

《ファイルを開く》ダイアログボックスが表示されます。
④左側の一覧から**《ドキュメント》**を選択します。
⑤一覧から「**Word2024&Excel2024&PowerPoint2024**」を選択します。
⑥**《開く》**をクリックします。

107

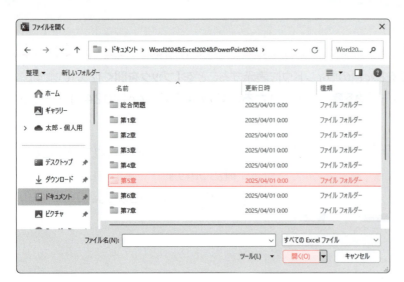

⑦一覧から「**第5章**」を選択します。
⑧《**開く**》をクリックします。

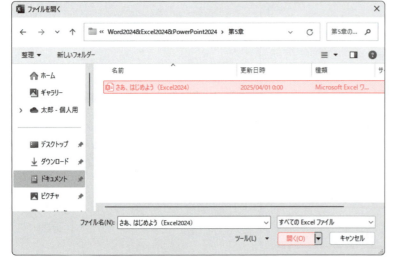

開くブックを選択します。
⑨一覧から「**さあ、はじめよう（Excel2024）**」を選択します。
⑩《**開く**》をクリックします。

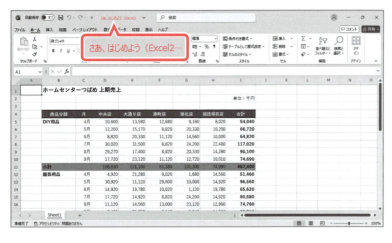

ブックが開かれます。
⑪タイトルバーにブックの名前が表示されていることを確認します。

※画面左上の自動保存がオンになっている場合は、オフにしておきましょう。自動保存については、P.18「POINT 自動保存」を参照してください。

STEP UP **その他の方法（ブックを開く）**

◆《ファイル》タブ→《開く》
◆ [Ctrl] + [O]

4 Excelの基本要素

Excelの基本的な要素を確認しましょう。

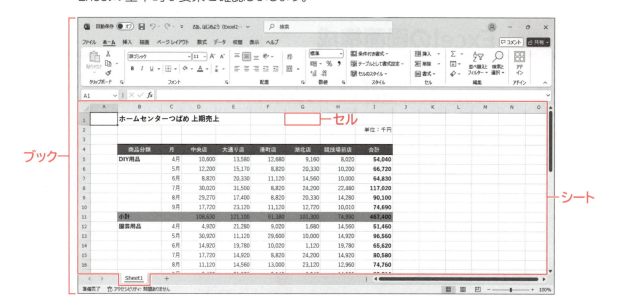

●ブック
Excelでは、ファイルのことを**「ブック」**といいます。
複数のブックを開いて、ウィンドウを切り替えながら作業できます。処理の対象になっているウィンドウを**「アクティブウィンドウ」**といいます。

●シート
表やグラフなどを作成する領域を**「ワークシート」**または**「シート」**といいます（以降、**「シート」**と記載）。
ブック内には、1枚のシートがあり、必要に応じて新しいシートを挿入してシートの枚数を増やしたり、削除したりできます。シート1枚の大きさは、1,048,576行×16,384列です。処理の対象になっているシートを**「アクティブシート」**といい、一番手前に表示されます。

●セル
データを入力する最小単位を**「セル」**といいます。
処理の対象になっているセルを**「アクティブセル」**といい、緑色の太線で囲まれて表示されます。アクティブセルの列番号と行番号の文字の色は緑色になります。

POINT 行と列

Excelのシートは「行」と「列」で構成されています。

STEP 3 Excelの画面構成

1 Excelの画面構成

Excelの画面構成を確認しましょう。
※お使いの環境によっては、表示が異なる場合があります。

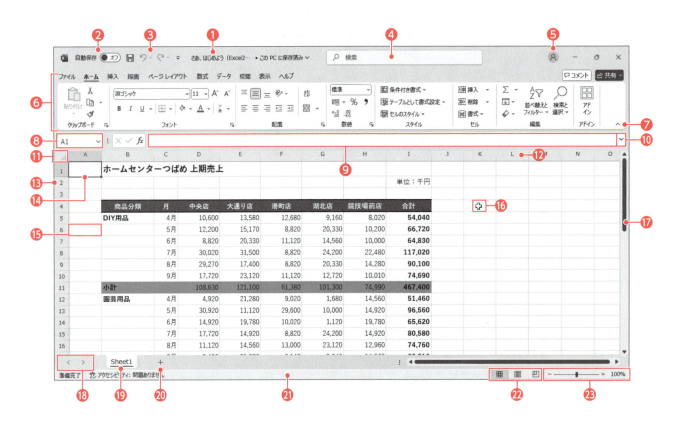

❶タイトルバー
ファイル名やアプリ名、保存状態などが表示されます。

❷自動保存
自動保存のオンとオフを切り替えます。
※お使いの環境によっては、表示されない場合があります。

❸クイックアクセスツールバー
よく使うコマンド（作業を進めるための指示）を登録できます。初期の設定では、《上書き保存》、《元に戻す》、《やり直し》の3つのコマンドが登録されています。
※OneDriveと同期しているフォルダー内のブックを表示している場合、《上書き保存》は、《保存》と表示されます。

❹Microsoft Search
機能や用語の意味を調べたり、リボンから探し出せないコマンドをダイレクトに実行したりするときに使います。

❺Microsoftアカウントのユーザー情報
Microsoftアカウントでサインインしている場合、ポイントするとアカウント名やメールアドレスなどが表示されます。

❻リボン
コマンドを実行するときに使います。関連する機能ごとに、タブに分類されています。
※お使いの環境によっては、表示が異なる場合があります。

❼リボンを折りたたむ
リボンの表示方法を変更するときに使います。クリックすると、リボンが折りたたまれます。再度表示する場合は、《ファイル》タブ以外のタブをダブルクリックします。

❽名前ボックス
アクティブセルの位置などが表示されます。

❾ 数式バー
アクティブセルの内容などが表示されます。

❿ 数式バーの展開
数式バーを展開し、表示領域を拡大します。
※数式バーを展開すると、⌄から⌃に切り替わります。⌃をクリックすると、数式バーが折りたたまれて、表示領域が元のサイズに戻ります。

⓫ 全セル選択ボタン
シート内のすべてのセルを選択するときに使います。

⓬ 列番号
シートの列番号を示します。列番号【A】から列番号【XFD】まで16,384列あります。

⓭ 行番号
シートの行番号を示します。行番号【1】から行番号【1048576】まで1,048,576行あります。

⓮ アクティブセル
処理の対象になっているセルのことです。

⓯ セル
列と行が交わるマス目のことです。
列番号と行番号で位置を表します。
例えば、A列の6行目のセルは【A6】と表します。

⓰ マウスポインター
マウスの動きに合わせて移動します。画面の位置や選択するコマンドによって形が変わります。

⓱ スクロールバー
シートの表示領域を移動するときに使います。

⓲ 見出しスクロールボタン
シート見出しの表示領域を移動するときに使います。

⓳ シート見出し
シートを識別するための見出しです。

⓴ 新しいシート
新しいシートを挿入するときに使います。

㉑ ステータスバー
現在の作業状況や処理手順が表示されます。

㉒ 表示選択ショートカット
画面の表示モードを切り替えるときに使います。

㉓ ズーム
シートの表示倍率を変更するときに使います。

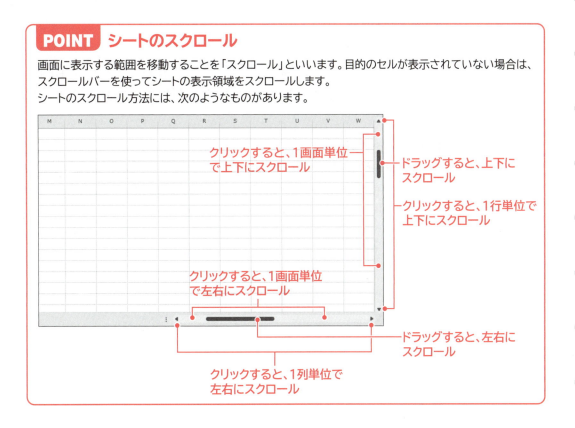

POINT シートのスクロール

画面に表示する範囲を移動することを「スクロール」といいます。目的のセルが表示されていない場合は、スクロールバーを使ってシートの表示領域をスクロールします。
シートのスクロール方法には、次のようなものがあります。

111

2 Excelの表示モード

Excelには、次のような表示モードが用意されています。
表示モードを切り替えるには、表示選択ショートカットのボタンをそれぞれクリックします。

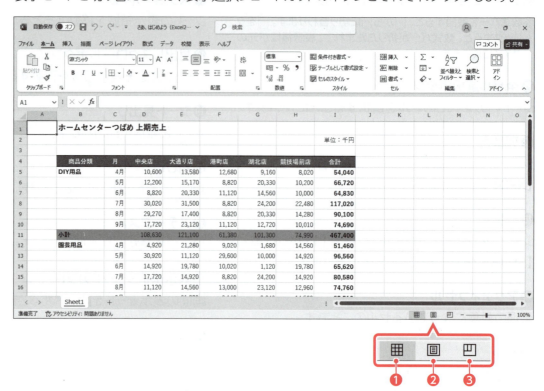

❶標準
標準の表示モードです。文字を入力したり、表やグラフを作成したりする場合に使います。通常、この表示モードでブックを作成します。

❷ページレイアウト
印刷結果に近いイメージで表示するモードです。用紙にどのように印刷されるかを確認したり、ページの上部または下部の余白領域に日付やページ番号などを入れたりする場合に使います。

❸改ページプレビュー
印刷範囲や改ページ位置を表示するモードです。1ページに印刷する範囲を調整したり、区切りのよい位置で改ページされるように位置を調整したりする場合に使います。

3 シートの挿入

シートは必要に応じて挿入したり、削除したりできます。
新しいシートを挿入しましょう。

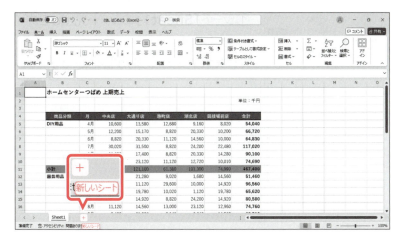

①《新しいシート》をクリックします。

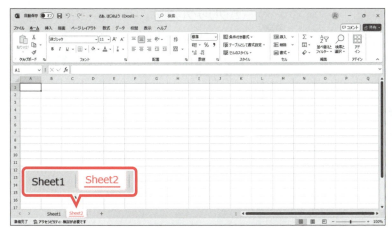

新しいシート「Sheet2」が挿入されます。

STEP UP その他の方法（シートの挿入）

◆《ホーム》タブ→《セル》グループの《セルの挿入》の▼→《シートの挿入》
◆シート見出しを右クリック→《挿入》→《標準》タブ→《ワークシート》
◆ [Shift]+[F11]

POINT シートの削除

シートを削除する方法は、次のとおりです。
◆削除するシートのシート見出しを右クリック→《削除》

4 シートの切り替え

シートを切り替えるには、シート見出しをクリックします。
シート「Sheet1」に切り替えましょう。

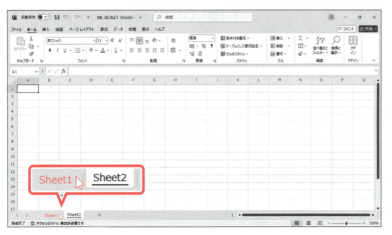

①シート「Sheet1」のシート見出しをポイントします。
マウスポインターの形が ↘ に変わります。

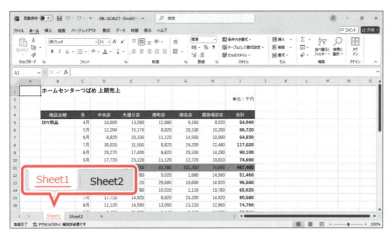

②クリックします。
シート「Sheet1」に切り替わります。
※ブックを保存せずに閉じ、Excelを終了しておきましょう。

STEP UP その他の方法（シートの切り替え）

◆ Ctrl + Page Up
◆ Ctrl + Page Down

STEP UP シートの選択

《シートの選択》ダイアログボックスを使うと、シートの一覧から表示したいシートを選択できます。シートの数が多い場合など、横にスクロールしなくても簡単にシートを切り替えることができます。
《シートの選択》ダイアログボックスを使ってシートを選択する方法は、次のとおりです。

◆見出しスクロールボタンを右クリック→表示するシートを選択

第6章

データを入力しよう
Excel 2024

この章で学ぶこと	116
STEP 1 作成するブックを確認する	117
STEP 2 新しいブックを作成する	118
STEP 3 データを入力する	119
STEP 4 オートフィルを利用する	127
練習問題	130

この章で学ぶこと

学習前に習得すべきポイントを理解しておき、
学習後には確実に習得できたかどうかを振り返りましょう。

■ 新しいブックを作成できる。　→ P.118

■ 文字列と数値の違いを理解し、セルにデータを入力できる。　→ P.119

■ 演算記号を使って、数式を入力できる。　→ P.122

■ 修正内容や入力状況に応じて、データの修正方法を使い分けることができる。　→ P.124

■ セルのデータをクリアできる。　→ P.125

■ オートフィルを利用して、連続データを入力できる。　→ P.127

■ オートフィルを利用して、数式をコピーできる。　→ P.128

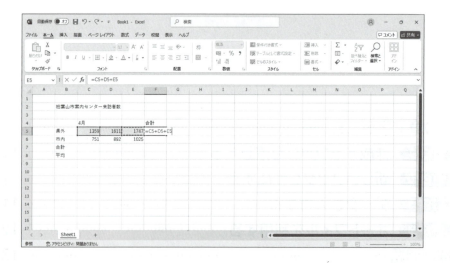

STEP 1 作成するブックを確認する

1 作成するブックの確認

次のようなブックを作成しましょう。

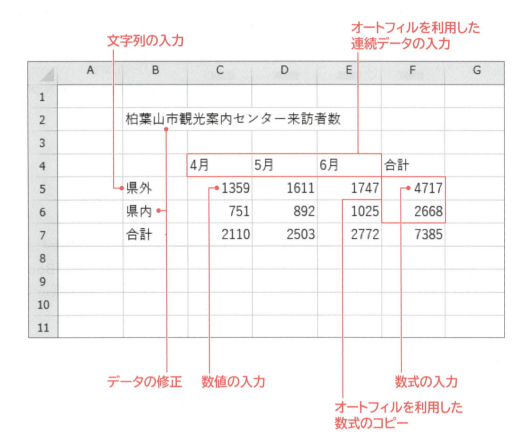

STEP 2 新しいブックを作成する

1 ブックの新規作成

Excelを起動し、新しいブックを作成しましょう。

①Excelを起動し、Excelのスタート画面を表示します。
※《スタート》→《ピン留め済み》の《Excel》をクリックします。
②《空白のブック》をクリックします。

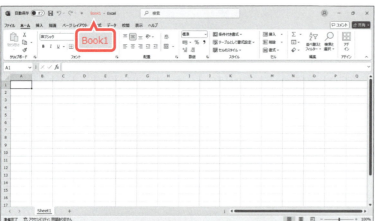

新しいブックが開かれます。
③タイトルバーに「Book1」と表示されていることを確認します。

> **POINT** 新しいブックの作成
>
> Excelのブックを開いた状態で、新しいブックを作成する方法は、次のとおりです。
> ◆《ファイル》タブ→《ホーム》または《新規》→《空白のブック》

STEP 3 データを入力する

1 データの種類

Excelで扱うデータには「**文字列**」と「**数値**」があります。

種類	計算対象	セル内の配置
文字列	計算対象にならない	左揃えで表示
数値	計算対象になる	右揃えで表示

※日付や数式は「数値」に含まれます。
※文字列は計算対象になりませんが、文字列を使った数式を入力することもあります。

2 データの入力手順

データを入力する基本的な手順は、次のとおりです。

1 セルをアクティブセルにする

データを入力するセルをクリックし、アクティブセルにします。

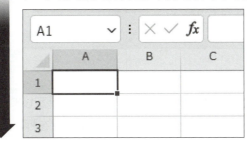

2 データを入力する

入力モードを確認し、キーボードからデータを入力します。

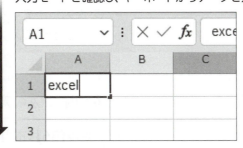

3 データを確定する

[Enter]を押して、入力したデータを確定します。

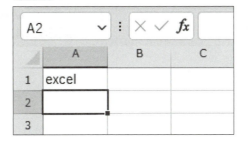

3 文字列の入力

セル【B5】に「県外」と入力しましょう。

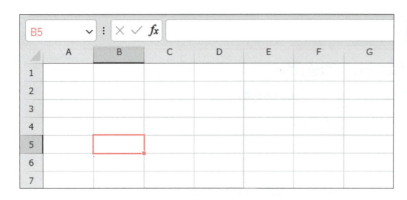

データを入力するセルをアクティブセルにします。
①セル【B5】をクリックします。
名前ボックスに「B5」と表示されます。

②入力モードを あ にします。
※入力モードは [半角/全角 漢字] で切り替えます。

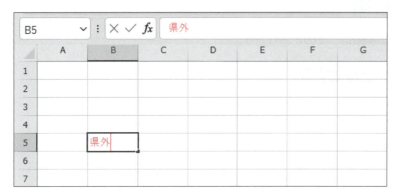

データを入力します。
③「県外」と入力します。
セルが編集状態になり、カーソルが表示されます。
数式バーにデータが表示されます。

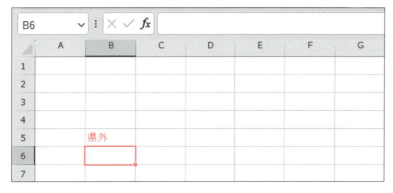

データを確定します。
④[Enter]を押します。
アクティブセルがセル【B6】に移動します。
※[Enter]を押してデータを確定すると、アクティブセルが下に移動します。
⑤入力した文字列が左揃えで表示されることを確認します。

⑥同様に、次のデータを入力します。

> セル【B6】：市内
> セル【B7】：合計
> セル【B8】：平均
> セル【B2】：柏葉山市案内センター来訪者数
> セル【C4】：4月

STEP UP アクティブセルの位置指定

キー操作で、アクティブセルの位置を指定することができます。

位置	キー操作
セル単位の移動（上下左右）	↑ ↓ ← →
1画面単位の移動（上下）	Page Up　Page Down
1画面単位の移動（左右）	Alt + Page Up　Alt + Page Down
シートの先頭のセルに移動（セル【A1】）	Ctrl + Home
データが入力されている最終セルに移動	Ctrl + End

STEP UP データの確定

次のキー操作で、入力したデータを確定できます。
キー操作によって、確定後にアクティブセルが移動する方向は異なります。

アクティブセルの移動方向	キー操作
下へ	Enter または ↓
上へ	Shift + Enter または ↑
右へ	Tab または →
左へ	Shift + Tab または ←

Let's Try ためしてみよう

セル【B7】の「合計」をセル【F4】にコピーしましょう。

HINT Wordと同様に、《コピー》と《貼り付け》を組み合わせて使います。

Let's Try Answer

① セル【B7】をクリック
②《ホーム》タブを選択
③《クリップボード》グループの《コピー》をクリック
※セル【B7】が点線で囲まれます。

④ セル【F4】をクリック
⑤《クリップボード》グループの《貼り付け》をクリック
※ Esc を押して、点線と《貼り付けのオプション》を非表示にしておきましょう。

4 数値の入力

数値を入力するとき、キーボードにテンキー（キーボード右側の数字がまとめられた箇所）がある場合は、テンキーを使うと効率的です。
セル【C5】に「1359」と入力しましょう。

データを入力するセルをアクティブセルにします。
①セル【C5】をクリックします。
名前ボックスに「C5」と表示されます。

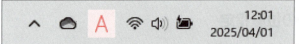

②入力モードを A にします。

データを入力します。
③「1359」と入力します。
数式バーにデータが表示されます。
データを確定します。
④ Enter を押します。
アクティブセルがセル【C6】に移動します。
⑤入力した数値が右揃えで表示されることを確認します。

⑥同様に、次のデータを入力します。

| セル【C6】：751 |
| セル【D5】：1611 |
| セル【D6】：892 |
| セル【E5】：1747 |
| セル【E6】：1025 |

> **POINT　入力モードの切り替え**
> 半角英数字を入力するときは A （半角英数字）、ひらがな・カタカナ・漢字などを入力するときは あ （ひらがな）に切り替えます。入力モードは [半角/全角] で切り替えます。

> **POINT　日付の入力**
> 「4/1」のように「/（スラッシュ）」または「−（ハイフン）」で区切って月日を入力すると、「4月1日」の形式で表示されます。日付をこの規則で入力しておくと、「2025年4月1日」のように表示形式を変更したり、日付をもとに計算したりできます。

5　数式の入力

「数式」を使うと、入力されている値をもとに計算を行い、計算結果を表示できます。数式は先頭に「＝（等号）」を入力し、続けてセルを参照しながら演算記号を使って入力します。
セル【F5】に「県外」の数値を合計する数式を入力しましょう。

①セル【F5】をクリックします。
②「＝」を入力します。
③セル【C5】をクリックします。
セル【C5】が点線で囲まれ、数式バーに「＝C5」と表示されます。

④続けて「+」を入力します。
⑤セル【D5】をクリックします。
セル【D5】が点線で囲まれ、数式バーに「=C5+D5」と表示されます。
⑥続けて「+」を入力します。
⑦セル【E5】をクリックします。
セル【E5】が点線で囲まれ、数式バーに「=C5+D5+E5」と表示されます。

⑧ Enter を押します。
セル【F5】に計算結果「4717」が表示されます。
※セルを選択すると、数式バーに数式が表示されます。

POINT 数式の再計算

セルを参照して数式を入力しておくと、セルの数値を変更したとき、再計算されて自動的に計算結果も更新されます。

POINT 演算記号

数式で使う演算記号は、次のとおりです。

演算記号	読み	計算方法	一般的な数式	入力する数式
+	プラス	たし算	2+3	=2+3
−	マイナス	ひき算	2−3	=2−3
*	アスタリスク	かけ算	2×3	=2*3
/	スラッシュ	わり算	2÷3	=2/3
^	キャレット	べき乗	2^3	=2^3

Let's Try ためしてみよう

セル【C7】に「4月」の合計を求める数式を入力しましょう。

Let's Try Answer

① セル【C7】をクリック
② 「=」を入力
③ セル【C5】をクリック
④ 「+」を入力
⑤ セル【C6】をクリック
⑥ Enter を押す
※セル【C7】に計算結果「2110」が表示されます。

6 データの修正

セルに入力したデータを修正する方法には、次の2つがあります。修正内容や入力状況に応じて使い分けます。

●上書きして修正する
セルの内容を大幅に変更する場合は、入力したデータの上から新しいデータを入力しなおします。

●編集状態にして修正する
セルの内容を部分的に変更する場合は、対象のセルを編集できる状態にしてデータを修正します。

1 上書きして修正

データを上書きして、セル【B6】の「市内」を「県内」に修正しましょう。

	A	B	C	D	E	F	G
1							
2		柏葉山市案内センター来訪者数					
3							
4			4月			合計	
5		県外	1359	1611	1747	4717	
6		県内	751	892	1025		
7		合計	2110				
8		平均					

①セル【B6】をクリックします。
②「県内」と入力します。
③ Enter を押します。
データが修正されます。

POINT　入力中の修正

データの入力中に、修正することもできます。
Back Space で、間違えた部分まで削除して再入力します。
Esc で、入力途中のすべてのデータを取り消して再入力します。

---

2 編集状態にして修正

セルを編集状態にして、セル【B2】の「**柏葉山市案内センター来訪者数**」を「**柏葉山市観光案内センター来訪者数**」に修正しましょう。

	A	B	C	D	E	F	G
1							
2		柏葉山市案内センター来訪者数					
3							
4			4月			合計	
5		県外	1359	1611	1747	4717	
6		県内	751	892	1025		
7		合計	2110				
8		平均					

①セル【B2】をダブルクリックします。
編集状態になり、セル内にカーソルが表示されます。
②「案内センター…」の左側をクリックします。
※編集状態では、←→でカーソルを移動することもできます。

③「観光」と入力します。
④ Enter を押します。
データが修正されます。

> **STEP UP** その他の方法（編集状態）

◆セルを選択→数式バーをクリック
◆セルを選択→ F2

7 データのクリア

セルのデータや書式を消去することを「**クリア**」といいます。
セル【B8】の「平均」をクリアしましょう。

データをクリアするセルをアクティブセルにします。
①セル【B8】をクリックします。
② Delete を押します。

データがクリアされます。

> **STEP UP** その他の方法（データのクリア）

◆セルを選択→《ホーム》タブ→《編集》グループの《クリア》→《数式と値のクリア》
◆セルを右クリック→《数式と値のクリア》

> **STEP UP** すべてクリア

Delete では入力したデータ（数値や文字列）だけがクリアされます。セルに設定された書式（罫線や塗りつぶしの色など）はクリアされません。
入力したデータや書式などセルの内容をすべてクリアする方法は、次のとおりです。
◆セルを選択→《ホーム》タブ→《編集》グループの《クリア》→《すべてクリア》

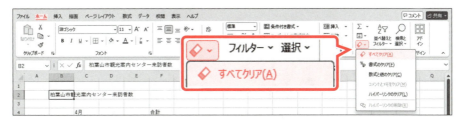

125

POINT　セル範囲の選択

セルの集まりを「セル範囲」または「範囲」といいます。セル範囲を対象に操作するには、対象となるセル範囲を選択しておきます。

セル範囲の選択

セル範囲を選択するには、始点となるセルから終点となるセルまでドラッグします。

複数のセル範囲を選択するには、まず1つ目のセル範囲を選択したあとに、Ctrlを押しながら2つ目以降のセル範囲を選択します。

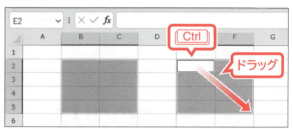

行単位の選択

行単位で選択するには、行番号をクリックします。

複数行をまとめて選択するには、行番号をドラッグします。

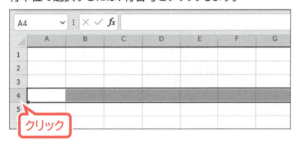
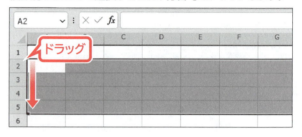

列単位の選択

列単位で選択するには、列番号をクリックします。

複数列をまとめて選択するには、列番号をドラッグします。

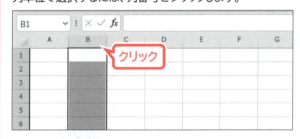
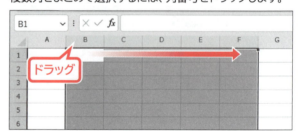

シート全体の選択

シート全体を選択するには、全セル選択ボタンをクリックします。

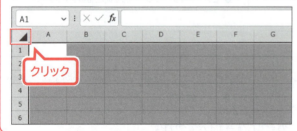

STEP 4 オートフィルを利用する

1 連続データの入力

「オートフィル」は、セル右下の■（フィルハンドル）を使って連続性のあるデータを隣接するセルに入力する機能です。
オートフィルを使って、セル範囲【D4:E4】に「5月」「6月」と入力しましょう。
※本書では、セル【D4】からセル【E4】までのセル範囲を、セル範囲【D4:E4】と記載しています。

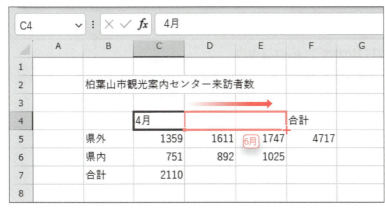

①セル【C4】をクリックします。
②セル【C4】の右下の■（フィルハンドル）をポイントします。
マウスポインターの形が**+**に変わります。

③セル【E4】までドラッグします。
ドラッグ中、入力されるデータがポップヒントで表示されます。

「5月」「6月」が入力され、《オートフィルオプション》が表示されます。

《オートフィルオプション》

POINT その他の連続データの入力
同様の手順で、「1月1日」～「12月31日」、「月曜日」～「日曜日」、「第1四半期」～「第4四半期」なども連続データとして入力できます。

POINT オートフィルオプション

オートフィルを実行すると、《オートフィルオプション》が表示されます。
クリックすると表示される一覧から、書式の有無を指定したり、日付の単位を変更したりできます。

POINT オートフィルのドラッグの方向

■（フィルハンドル）を上下左右にドラッグして、データを入力できます。

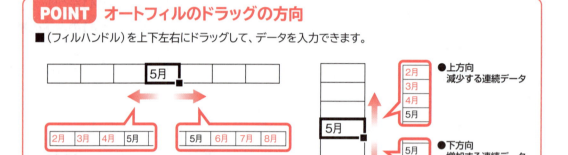

POINT フィルハンドルのダブルクリック

表の下方向に連続データを入力する場合、■（フィルハンドル）をダブルクリックして、オートフィルを実行できます。■（フィルハンドル）をダブルクリックすると、表内のデータの最終行を自動的に認識し、データが入力されます。

2 数式のコピー

オートフィルを使って数式をコピーすることもできます。
セル【F5】とセル【C7】に入力されている数式をコピーし、それぞれの合計を求めましょう。

セル【F5】に入力されている数式を確認します。

① セル【F5】をクリックします。
② 数式バーに「=C5+D5+E5」と表示されていることを確認します。
③ セル【F5】の右下の■（フィルハンドル）をポイントします。
マウスポインターの形が╋に変わります。
④ セル【F6】までドラッグします。

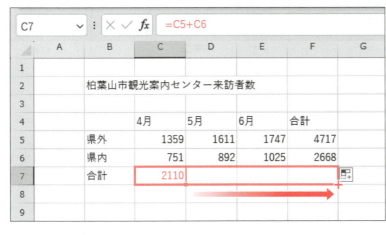

数式がコピーされます。

※数式をコピーすると、コピー先に応じて数式のセル参照は自動的に調整されます。

セル【F6】に入力されている数式を確認します。

⑤セル【F6】をクリックします。

⑥数式バーに「=C6+D6+E6」と表示されていることを確認します。

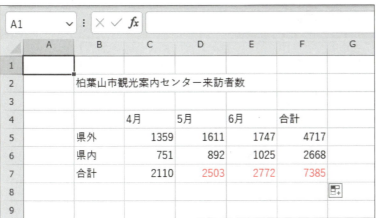

セル【C7】に入力されている数式を確認します。

⑦セル【C7】をクリックします。

⑧数式バーに「=C5+C6」と表示されていることを確認します。

⑨セル【C7】の右下の■(フィルハンドル)をポイントします。

⑩マウスポインターの形が+に変わったら、セル【F7】までドラッグします。

数式がコピーされます。

※コピー先の数式のセル参照が調整されていることを確認しておきましょう。

※ブックに「データを入力しよう完成」と名前を付けて、フォルダー「第6章」に保存し、Excelを終了しておきましょう。

> **POINT** Excelのブックの保存
>
> 作成したブックを残しておくには、ブックに名前を付けて保存します。
> ブックを保存すると、アクティブシートとアクティブセルの位置もあわせて保存されます。次に作業するときに便利なセルを選択して、ブックを保存しましょう。
> ブックに名前を付けて保存する方法は、次のとおりです。
> ◆アクティブシートとアクティブセルの位置を選択→《ファイル》タブ→《名前を付けて保存》→《参照》→保存先を選択→《ファイル名》を入力→《保存》

129

 # 練習問題

あなたは、デザインスクールに勤務しており、次年度のコース別の募集人数の集計表を作成することになりました。
完成図のような表を作成しましょう。

●完成図

	A	B	C	D	E	F	G
1							
2		F&Mデザインスクール　コース別募集定員					
3							
4						単位：人	
5			東京校	大阪校	福岡校	合計	
6		動画制作	80	65	45	190	
7		CG制作	60	50	40	150	
8		Web制作	70	55	50	175	
9		合計	210	170	135	515	
10							

① Excelを起動し、新しいブックを作成しましょう。

② 次のようにデータを入力しましょう。

	A	B	C	D	E	F	G
1							
2		F&Mデザインスクール　募集定員					
3							
4						単位：人	
5			東京校	大阪校	福岡校	合計	
6		動画制作	80	65	45		
7		CG制作	60	50	40		
8		Web制作	70	55	50		
9		合計					
10							

③ セル【F6】に「**動画制作**」の数値を合計する数式を入力しましょう。

④ セル【C9】に「**東京校**」の数値を合計する数式を入力しましょう。

⑤ オートフィルを使って、セル【F6】の数式をセル範囲【F7:F8】にコピーしましょう。

⑥ オートフィルを使って、セル【C9】の数式をセル範囲【D9:F9】にコピーしましょう。

⑦ セル【B2】の「F＆Mデザインスクール　募集定員」を「F＆Mデザインスクール　コース別募集定員」に修正しましょう。

※ブックに「第6章練習問題完成」と名前を付けて、フォルダー「第6章」に保存し、閉じておきましょう。

第7章

表を作成しよう
Excel 2024

この章で学ぶこと	132
STEP 1 作成するブックを確認する	133
STEP 2 関数を入力する	134
STEP 3 セルを参照する	139
STEP 4 表の書式を設定する	142
STEP 5 表の行や列を操作する	151
STEP 6 表を印刷する	155
練習問題	158

この章で学ぶこと

学習前に習得すべきポイントを理解しておき、
学習後には確実に習得できたかどうかを振り返りましょう。

- ■ 関数を使って、データの合計を求めることができる。　→ P.134
- ■ 関数を使って、データの平均を求めることができる。　→ P.137
- ■ セルの参照方法を理解し、絶対参照で数式を入力できる。　→ P.139
- ■ セルに罫線を引いたり、色を付けたりできる。　→ P.142
- ■ フォントやフォントサイズ、フォントの色を設定できる。　→ P.145
- ■ 3桁区切りカンマを付けて、数値を読み取りやすくできる。　→ P.147
- ■ 数値をパーセント表示に変更できる。　→ P.147
- ■ 小数点以下の桁数の表示を調整できる。　→ P.148
- ■ セル内のデータの配置を設定できる。　→ P.149
- ■ 複数のセルをひとつに結合して、セル内の中央にデータを配置できる。　→ P.150
- ■ 列の幅を設定できる。　→ P.151
- ■ セル内のデータの長さに合わせて、列の幅を調整できる。　→ P.152
- ■ 行を挿入できる。　→ P.153
- ■ 印刷イメージを確認できる。　→ P.155
- ■ 印刷の向きや用紙サイズなどを設定できる。　→ P.156
- ■ ブックを印刷できる。　→ P.157

STEP 1 作成するブックを確認する

1 作成するブックの確認

次のようなブックを作成しましょう。

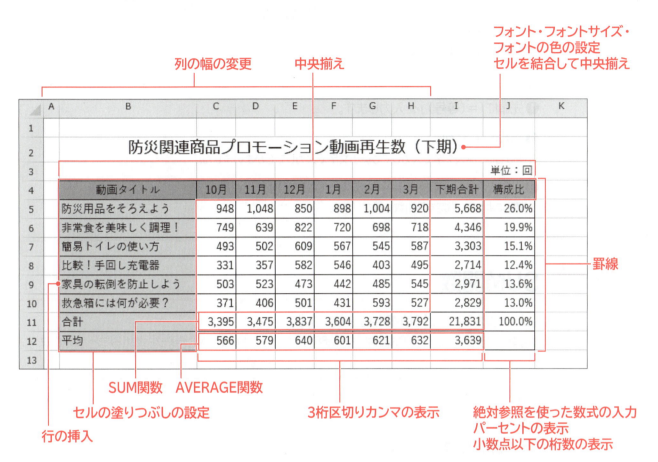

STEP 2 関数を入力する

1 関数

「関数」を使うと、よく使う計算や処理を簡単に行うことができます。演算記号を使って数式を入力する代わりに、括弧内に必要な「引数」を指定することによって計算を行います。

```
＝関数名（引数1,引数2,・・・）
 ❶  ❷    ❸
```

❶先頭に「＝（等号）」を入力します。

❷関数名を入力します。
※関数名は、英大文字で入力しても英小文字で入力してもかまいません。

❸引数を「（　）」で囲み、各引数は「,（カンマ）」で区切ります。
※関数によって、指定する引数は異なります。

2 SUM関数

合計を求めるには、「SUM関数」を使います。
《**合計**》ボタンを使うと、自動的にSUM関数が入力され、簡単に合計を求めることができます。

●**SUM関数**
数値を合計します。

＝SUM（数値1,数値2,・・・）
　　　　引数1　引数2

例：
=SUM(A1:A10)　　　　セル範囲【A1:A10】を合計する
=SUM(A1,A3:A10)　　 セル【A1】とセル範囲【A3:A10】を合計する

※引数には、合計する対象のセル、セル範囲、数値などを指定します。
※引数の「:（コロン）」は連続したセル、「,（カンマ）」は離れたセルを表します。

OPEN 表を作成しよう

I列に「**下期合計**」、10行目にそれぞれの月の「**合計**」を求めましょう。

計算結果を表示するセルを選択します。
①セル【I5】をクリックします。
②《ホーム》タブを選択します。
③《編集》グループの《合計》をクリックします。

合計するセル範囲が自動的に認識され、点線で囲まれます。
④数式バーに「=SUM(C5:H5)」と表示されていることを確認します。

数式を確定します。
⑤ Enter を押します。
※《合計》を再度クリックして確定することもできます。
合計が求められます。

数式をコピーします。
⑥セル【I5】をクリックします。
⑦セル【I5】の右下の■(フィルハンドル)をセル【I9】までドラッグします。
※セル範囲【I6:I9】のそれぞれのセルをアクティブセルにして、数式バーで数式の内容を確認しておきましょう。

計算結果を表示するセルを選択します。
⑧セル【C10】をクリックします。
⑨《編集》グループの《合計》をクリックします。

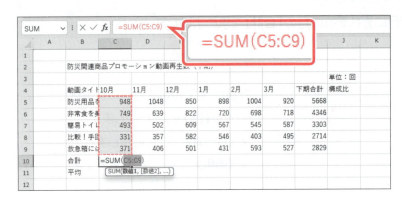

合計するセル範囲が自動的に認識され、点線で囲まれます。

⑩ 数式バーに「=SUM(C5:C9)」と表示されていることを確認します。

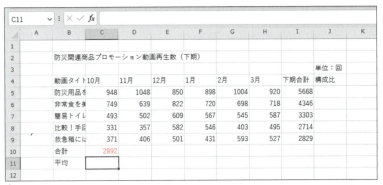

数式を確定します。
⑪ [Enter]を押します。
合計が求められます。

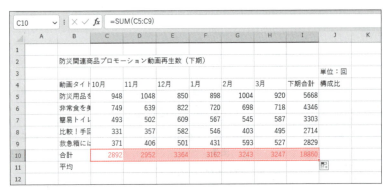

数式をコピーします。
⑫ セル【C10】をクリックします。
⑬ セル【C10】の右下の■（フィルハンドル）をセル【I10】までドラッグします。

※セル範囲【D10:I10】のそれぞれのセルをアクティブセルにして、数式バーで数式の内容を確認しておきましょう。

STEP UP　その他の方法（合計）

◆《数式》タブ→《関数ライブラリ》グループの《合計》
◆ [Alt] + [Shift] + [=]

STEP UP　縦横の合計を一度に求める

《合計》ボタンを使うと、I列と10行目の合計を一度に求めることができます。
縦横の合計を一度に求める方法は、次のとおりです。

◆合計する数値と合計を表示するセル範囲を選択→《ホーム》タブ→《編集》グループの《合計》

3 AVERAGE関数

平均を求めるには、「AVERAGE関数」を使います。
《合計》ボタンの▼から《平均》を選択すると、自動的にAVERAGE関数が入力され、簡単に平均を求めることができます。

●AVERAGE関数
数値の平均値を求めます。

$$=\text{AVERAGE}(\text{数値1}, \text{数値2}, \cdots)$$

引数1　引数2

例：
=AVERAGE(A1:A10)　　　セル範囲【A1:A10】の平均を求める
=AVERAGE(A1,A3:A10)　　セル【A1】とセル範囲【A3:A10】の平均を求める

※引数には、平均する対象のセル、セル範囲、数値などを指定します。空のセルが含まれている場合は無視されます。
※引数の「：（コロン）」は連続したセル、「，（カンマ）」は離れたセルを表します。

11行目にそれぞれの月の「**平均**」を求めましょう。

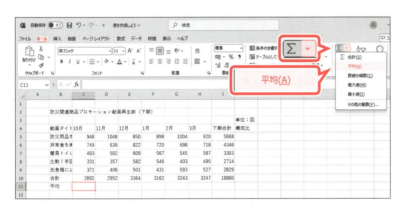

計算結果を表示するセルを選択します。
①セル【C11】をクリックします。
②《ホーム》タブを選択します。
③《編集》グループの《合計》の▼をクリックします。
④《平均》をクリックします。

平均するセル範囲が点線で囲まれます。
⑤数式バーに「=AVERAGE(C5:C10)」と表示されていることを確認します。

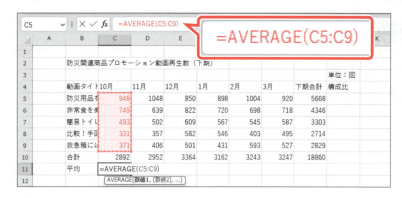

自動的に認識されたセル範囲を、平均するセル範囲に修正します。

⑥セル範囲【C5:C9】を選択します。
⑦数式バーに「=AVERAGE(C5:C9)」と表示されていることを確認します。

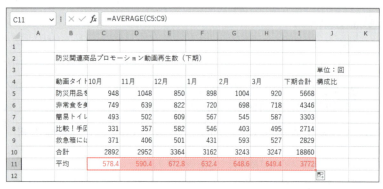

数式を確定します。
⑧ Enter を押します。
平均が求められます。
数式をコピーします。
⑨セル【C11】をクリックします。
⑩セル【C11】の右下の■(フィルハンドル)をセル【I11】までドラッグします。

※セル範囲【D11:I11】のそれぞれのセルをアクティブセルにして、数式バーで数式の内容を確認しておきましょう。

POINT 引数の自動認識

《合計》ボタンを使ってSUM関数やAVERAGE関数を入力すると、セルの上側または左側の数値が引数として自動的に認識されます。

※データによっては、自動的に認識されない場合があります。

STEP UP MAX関数・MIN関数

最大値を求めるには「MAX関数」、最小値を求めるには「MIN関数」を使います。

●MAX関数

引数の数値の中から最大値を求めます。

=MAX(数値1, 数値2, ···)
　　　　引数1　　引数2

※引数には、対象のセル、セル範囲、数値などを指定します。

●MIN関数

引数の数値の中から最小値を求めます。

=MIN(数値1, 数値2, ···)
　　　　引数1　　引数2

※引数には、対象のセル、セル範囲、数値などを指定します。

STEP3 セルを参照する

1 相対参照と絶対参照

数式は「=A1*A2」のように、セルを参照して入力するのが一般的です。
セル参照には、「相対参照」と「絶対参照」があります。

●相対参照

「相対参照」は、セルの位置を相対的に参照する形式です。数式をコピーすると、セル参照が
自動的に調整されます。

図のセル【D2】に入力されている「=B2*C2」の「B2」や「C2」は相対参照です。数式を
コピーすると、コピーの方向に応じて「=B3*C3」「=B4*C4」のように自動的に調整さ
れます。

	A	B	C	D	E
1	商品名	価格	値引き率	値引き額	販売価格
2	スーツ	¥56,000	10%	¥5,600	=B2*C2
3	コート	¥75,000	20%		ドラッグして コピー
4	シャツ	¥15,000	20%		

	D
1	値引き額
2	¥5,600
3	¥15,000 =B3*C3
4	¥3,000 =B4*C4

行番号が調整される

●絶対参照

「絶対参照」は、特定の位置にあるセルを必ず参照する形式です。数式をコピーしても、セル
参照は固定されたままで調整されません。セルを絶対参照にするには、「$」を付けます。

図のセル【C4】に入力されている「=B4*$B$1」の「$B$1」は絶対参照です。数式をコ
ピーしても、「=B5*$B$1」「=B6*$B$1」のように「$B$1」は調整されません。

	A	B	C	D
1	値引き率	20%		
2				
3	商品名	価格	値引き額	販売価格
4	スーツ	¥56,000	¥11,200	=B4*$B$1
5	コート	¥75,000		ドラッグして コピー
6	シャツ	¥15,000		

	C
	値引き額
	¥11,200
	¥15,000 =B5*$B$1
	¥3,000 =B6*$B$1

セル参照は固定

139

絶対参照を使って、「**構成比**」を求める数式を入力し、コピーしましょう。
「**構成比**」は、「**各動画の下期合計÷下期総合計**」で求めます。

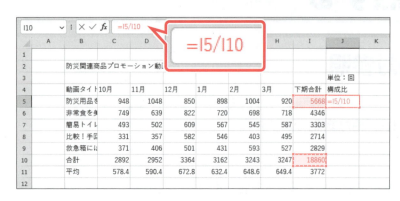

① セル【J5】をクリックします。
② 「=」を入力します。
③ セル【I5】をクリックします。
④ 「/」を入力します。
⑤ セル【I10】をクリックします。
⑥ 数式バーに「=I5/I10」と表示されていることを確認します。

⑦ [F4]を押します。
※数式の入力中に[F4]を押すと、自動的に「$」が付きます。
⑧ 数式バーに「=I5/$I$10」と表示されていることを確認します。

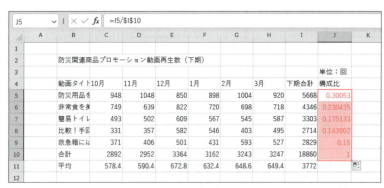

⑨ [Enter]を押します。
「**構成比**」が求められます。
数式をコピーします。
⑩ セル【J5】をクリックします。
⑪ セル【J5】の右下の■（フィルハンドル）をセル【J10】までドラッグします。
※セル範囲【J6:J10】のそれぞれのセルをアクティブセルにして、数式バーで数式の内容を確認しておきましょう。

POINT $の入力

「$」は、[F4]を使うと簡単に入力できます。
[F4]を連続して押すと、「$I$10」（列行ともに固定）、「I$10」（行だけ固定）、「$I10」（列だけ固定）、「I10」（固定しない）の順番で切り替わります。「$」は直接入力してもかまいません。

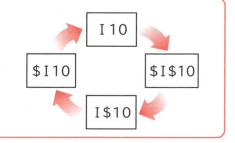

STEP UP 複合参照

相対参照と絶対参照を組み合わせることができます。このようなセル参照を「複合参照」といいます。

例：列は絶対参照、行は相対参照

| $A1 | コピーすると、「$A2」「$A3」「$A4」・・・のように、列は固定され、行は自動調整されます。 |

例：列は相対参照、行は絶対参照

| A$1 | コピーすると、「B$1」「C$1」「D$1」・・・のように、列は自動調整され、行は固定されます。 |

STEP UP スピル

「スピル」とは、ひとつの数式を入力するだけで隣接するセル範囲にも結果を表示する機能です。
セル範囲を参照する数式を入力すると、数式をコピーしなくても結果が表示されるので、効率的です。
スピルを使った数式の入力方法は、次のとおりです。
ここでは、各区の「人口密度」を求める数式を入力しています。人口密度は「全人口÷面積」で求めます。

① セル【G5】をクリックします。
②「=」を入力します。
③ セル範囲【E5:E10】を選択します。
④「/」を入力します。
⑤ セル範囲【F5:F10】を選択します。
⑥ 数式バーに「=E5:E10/F5:F10」と表示されていることを確認します。

⑦ Enter を押します。
セル範囲【G5:G10】に結果が表示されます。
スピルによって結果が表示された範囲は、青い枠線で囲まれます。
※「数式がスピルされています…」のメッセージが表示された場合、《OK》をクリックしておきましょう。

スピルされた結果の数式を確認します。
⑧ セル【G6】をクリックします。
数式を入力したセル以外のセルを選択すると、数式バーに薄い灰色で数式が表示されます。
※ 数式を入力したセル以外のセルは編集できません。

スピルを利用するときには、次のような点に注意するとよいでしょう。

・スピルに対応していないExcel 2019以前のバージョンでスピルを使った数式を含むブックを開くと、数式ではなく結果だけが表示される場合があります。
・スピルを含む表は、テーブル、並べ替えなどの一部の機能を使用することができません。

※ テーブルについては、第9章で学習します。

STEP 4　表の書式を設定する

1　罫線を引く

セルに罫線を設定できます。罫線を使うと、セルとセルに区切りをつけたり、データのないセルに斜線を引いたりできます。罫線には、実線・点線・破線・太線・二重線など、様々なスタイルがあります。
《ホーム》タブの《下罫線》には、よく使う罫線のパターンが用意されています。
表全体に格子の罫線を引きましょう。

①セル範囲【B4:J11】を選択します。
※選択したセル範囲の右下に《クイック分析》が表示されます。

―《クイック分析》

②《ホーム》タブを選択します。
③《フォント》グループの《下罫線》の▼をクリックします。
④《格子》をクリックします。

格子の罫線が引かれます。
※ボタンが直前に選択した罫線の種類に変わります。
※セル範囲の選択を解除して、罫線を確認しておきましょう。

> **POINT　罫線の解除**
>
> 罫線を解除する方法は、次のとおりです。
> ◆セル範囲を選択→《ホーム》タブ→《フォント》グループの《格子》の▼→《枠なし》
> ※ボタンは直前に選択した罫線の種類が表示されています。

POINT 罫線の詳細設定

《セルの書式設定》ダイアログボックスを使うと、実線・点線・破線・太線・二重線などの線のスタイルを選択したり、罫線を引く位置を設定したり、斜線を引いたりできます。
罫線の詳細を設定する方法は、次のとおりです。

◆《ホーム》タブ→《フォント》グループの《格子》の▼→《その他の罫線》

※ボタンは直前に選択した罫線の種類が表示されています。

STEP UP クイック分析

データが入力されているセル範囲を選択すると、《クイック分析》が表示されます。クリックすると表示される一覧から、数値の大小関係が視覚的にわかるように書式を設定したり、グラフを作成したり、合計を求めたりすることができます。

《クイック分析》

STEP UP シートの枠線の非表示

Excelのシートには、行と行の間、列と列の間を区切る枠線が引かれています。データを入力するときは目安になり便利ですが、罫線を引いたあとは罫線と重なって表がわかりにくいこともあります。
シートの枠線を非表示にする方法は、次のとおりです。

◆《ページレイアウト》タブ→《シートのオプション》グループの《枠線》の《☐表示》

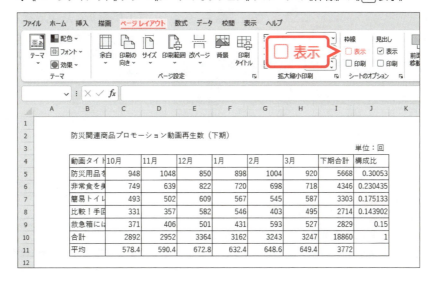

2 セルの塗りつぶしの設定

セルを色で塗りつぶして、表の見栄えを整えることができます。
4行目の表の項目名を「**濃い青、テキスト2、白+基本色75%**」、B列の各動画のタイトルを「**濃い青、テキスト2、白+基本色90%**」で塗りつぶしましょう。

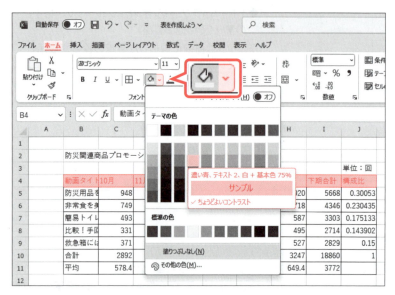

①セル範囲【B4:J4】を選択します。
②《ホーム》タブを選択します。
③《フォント》グループの《塗りつぶしの色》の▼をクリックします。
④《テーマの色》の《濃い青、テキスト2、白+基本色75%》をクリックします。
※一覧をポイントすると、設定後のイメージを画面で確認できます。

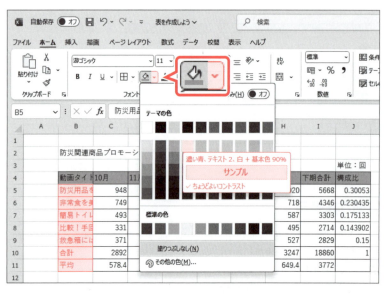

⑤セル範囲【B5:B11】を選択します。
⑥《フォント》グループの《塗りつぶしの色》の▼をクリックします。
⑦《テーマの色》の《濃い青、テキスト2、白+基本色90%》をクリックします。
※一覧をポイントすると、設定後のイメージを画面で確認できます。

セルが選択した色で塗りつぶされます。
※ボタンが直前に選択した色に変わります。
※セル範囲の選択を解除して、塗りつぶしの色を確認しておきましょう。

> **POINT** セルの塗りつぶしの解除
> セルの塗りつぶしを解除する方法は、次のとおりです。
> ◆セル範囲を選択→《ホーム》タブ→《フォント》グループの《塗りつぶしの色》の▼→《塗りつぶしなし》

3 フォント・フォントサイズ・フォントの色の設定

セルには、フォントやフォントサイズ、フォントの色などの書式を設定できます。
タイトルを目立たせるため、セル【B2】に次の書式を設定しましょう。

```
フォント      ：メイリオ
フォントサイズ：16
フォントの色  ：濃い青、テキスト2
```

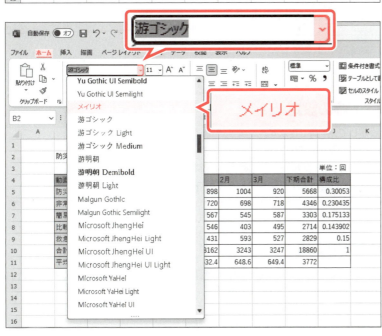

①セル【B2】をクリックします。

②《ホーム》タブを選択します。
③《フォント》グループの《フォント》の▼をクリックします。
④《メイリオ》をクリックします。
※一覧に表示されていない場合は、スクロールして調整します。
※一覧をポイントすると、設定後のイメージを画面で確認できます。

フォントが変更されます。
⑤《フォント》グループの《フォントサイズ》の▼をクリックします。
⑥《16》をクリックします。
※一覧をポイントすると、設定後のイメージを画面で確認できます。

145

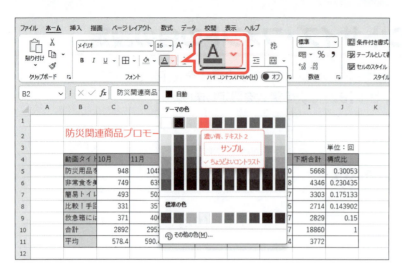

フォントサイズが変更されます。

⑦《フォント》グループの《フォントの色》の▼をクリックします。

⑧《テーマの色》の《濃い青、テキスト2》をクリックします。

※一覧をポイントすると、設定後のイメージを画面で確認できます。

フォントの色が変更されます。

※ボタンが直前に選択した色に変わります。

POINT　太字・斜体・下線の設定

データに太字や斜体、下線を設定して、強調できます。
太字・斜体・下線を設定する方法は、次のとおりです。

◆セルを選択→《ホーム》タブ→《フォント》グループの《太字》／《斜体》／《下線》

※設定した太字・斜体・下線を解除するには、《太字》・《斜体》・《下線》を再度クリックします。

STEP UP　セルのスタイルの適用

フォントやフォントサイズ、フォントの色など複数の書式をまとめて登録し、名前を付けたものを「スタイル」といいます。Excelでは、セルに適用できるスタイルが用意されています。
セルのスタイルを適用する方法は、次のとおりです。

◆セルを選択→《ホーム》タブ→《スタイル》グループの《セルのスタイル》

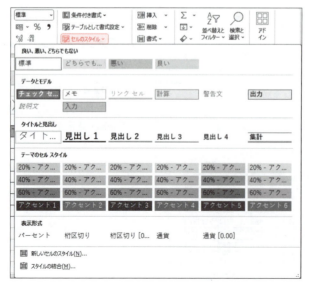

4 表示形式の設定

セルに「**表示形式**」を設定すると、データの見た目を変更できます。
数値に3桁区切りカンマを付けて表示したり、パーセントで表示したりして、数値を読み取りやすくできます。表示形式を設定しても、セルに格納されている数値は変更されません。

1 3桁区切りカンマの表示

「**構成比**」以外の数値に3桁区切りカンマを付けましょう。

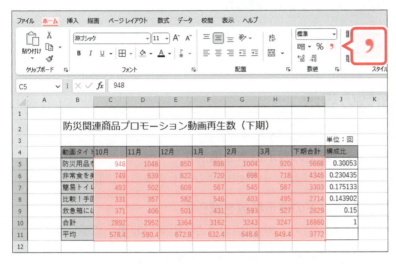

①セル範囲【C5:I11】を選択します。
②《ホーム》タブを選択します。
③《数値》グループの《桁区切りスタイル》をクリックします。

4桁以上の数値に3桁区切りカンマが付きます。

※「平均」の小数点以下は四捨五入され、整数で表示されます。
※セル範囲の選択を解除しておきましょう。

2 パーセントの表示

「**構成比**」を「**%（パーセント）**」で表示しましょう。

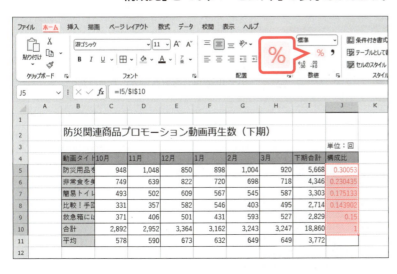

①セル範囲【J5:J10】を選択します。
②《ホーム》タブを選択します。
③《数値》グループの《パーセントスタイル》をクリックします。

パーセントで表示されます。

※「構成比」の小数点以下は四捨五入され、整数で表示されます。
※セル範囲の選択を解除しておきましょう。

STEP UP その他の方法（パーセントの表示）

◆セル範囲を選択→《ホーム》タブ→《数値》グループの《数値の書式》の▼→《パーセンテージ》
◆ Ctrl + Shift + ％

3 小数点以下の桁数の表示

小数点以下の表示桁数は、次のボタンを使って調整します。

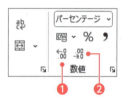

❶ **小数点以下の表示桁数を増やす**
クリックするたびに、小数点以下が1桁ずつ表示されます。

❷ **小数点以下の表示桁数を減らす**
クリックするたびに、小数点以下が1桁ずつ非表示になります。

「構成比」の小数点以下の表示桁数を変更し、小数第1位まで表示しましょう。

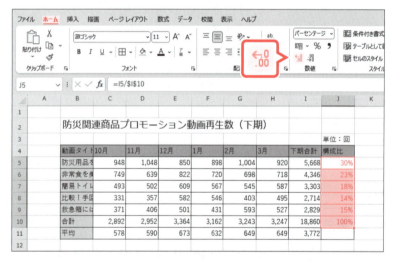

①セル範囲【J5:J10】を選択します。
②《ホーム》タブを選択します。
③《数値》グループの《小数点以下の表示桁数を増やす》をクリックします。

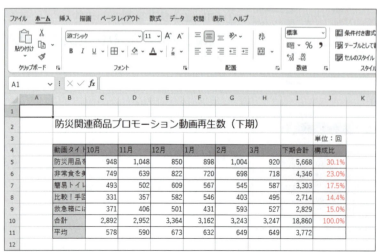

小数第1位までの表示になります。

※小数第2位で四捨五入されます。
※セル範囲の選択を解除しておきましょう。

POINT 表示形式の解除

3桁区切りカンマ、パーセント、小数点以下の表示などの表示形式を解除する方法は、次のとおりです。

◆セル範囲を選択→《ホーム》タブ→《数値》グループの《数値の書式》の▼→《標準》

※《数値の書式》は、設定されている表示形式によって、表示が異なります。

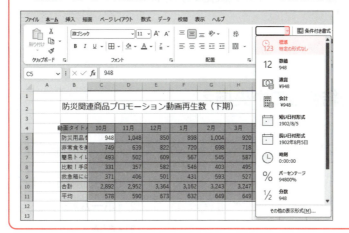

5 セル内の配置の設定

データを入力すると、文字列はセル内で左揃え、数値はセル内で右揃えで表示されます。《ホーム》タブの《左揃え》《中央揃え》《右揃え》を使うと、データの横方向の配置を変更できます。

1 中央揃え

4行目の表の項目名をセル内で中央揃えにしましょう。

①セル範囲【B4:J4】を選択します。
②《ホーム》タブを選択します。
③《配置》グループの《中央揃え》をクリックします。

項目名がセル内で中央揃えになります。
※ボタンが濃い灰色になります。

POINT 中央揃えの解除

中央揃えを解除するには、セル範囲を選択し、《中央揃え》を再度クリックします。
ボタンが標準の色に戻ります。

STEP UP 垂直方向の配置

データの垂直方向の配置を設定するには、《ホーム》タブ→《配置》グループの《上揃え》《上下中央揃え》《下揃え》を使います。行の高さを大きくした場合やセルを結合して縦方向に拡張したときに使います。

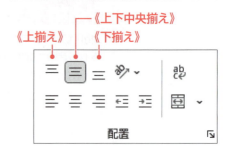

2 セルを結合して中央揃え

複数のセルを結合して、ひとつのセルにできます。
セル範囲【B2:J2】を結合し、結合したセルの中央にタイトルを配置しましょう。

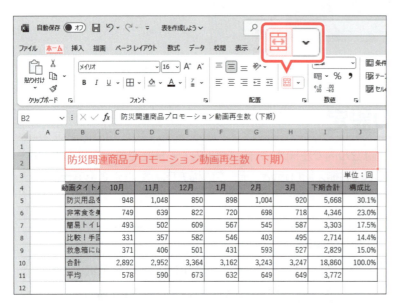

①セル範囲【B2:J2】を選択します。
②《ホーム》タブを選択します。
③《配置》グループの《セルを結合して中央揃え》をクリックします。

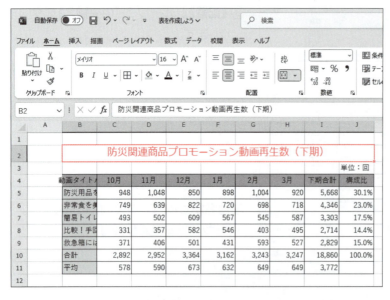

セルが結合され、文字列が結合したセルの中央に配置されます。
※《セルを結合して中央揃え》と《中央揃え》の各ボタンが濃い灰色になります。

STEP UP セルの結合

セルを結合するだけで中央揃えは設定しない場合は、《セルを結合して中央揃え》の▼をクリックし、一覧から《セルの結合》を選択します。

POINT セルの結合の解除

セルの結合を解除するには、セル範囲を選択し、《セルを結合して中央揃え》を再度クリックします。
ボタンが標準の色に戻ります。

STEP 5 表の行や列を操作する

1 列の幅の変更

初期の設定では、列の幅は半角英数字で約8文字分です。列の幅は自由に変更できます。
C～H列の列の幅を「6」、A列の列の幅を「2」に変更しましょう。

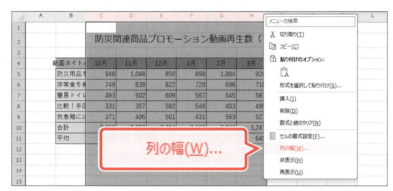

①列番号【C】から列番号【H】までをドラッグします。
列が選択されます。
②選択した列番号を右クリックします。
ショートカットメニューが表示されます。
③《列の幅》をクリックします。

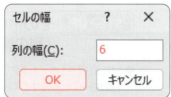

《セルの幅》ダイアログボックスが表示されます。
④《列の幅》に「6」と入力します。
⑤《OK》をクリックします。

列の幅が「6」に変更されます。
⑥同様に、A列の列の幅を「2」に変更します。
※列の選択を解除して、列の幅を確認しておきましょう。

STEP UP その他の方法（列の幅の変更）

◆列を選択→《ホーム》タブ→《セル》グループの《書式》→《列の幅》
◆列番号の右側の境界線をポイント→マウスポインターの形が ✛ に変わったら、ドラッグ

STEP UP 行の高さの変更

行の高さは、行内の文字の大きさなどによって自動的に変わります。行の高さは自由に変更できます。
行の高さを変更する方法は、次のとおりです。
◆行番号を右クリック→《行の高さ》

STEP UP 列の幅や行の高さの確認

列の幅や行の高さは、列番号の右側の境界線や行番号の下側の境界線をポイントして、マウスポインターの形が ✛ や ✛ に変わったらマウスの左ボタンを押したままにすると、ポップヒントに表示されます。

151

2 列の幅の自動調整

列番号の右側の境界線をダブルクリックすると、列内の最長のデータに合わせて、列の幅を自動的に調整できます。
B列の列の幅を自動調整しましょう。

①列番号【B】の右側の境界線をポイントします。
マウスポインターの形が✥に変わります。
②ダブルクリックします。

最長のデータ「非常食を美味しく調理！」（セル【B6】）に合わせて、列の幅が自動的に調整されます。

STEP UP その他の方法（列の幅の自動調整）

◆列を選択→《ホーム》タブ→《セル》グループの《書式》→《セルのサイズ》の《列の幅の自動調整》

STEP UP 文字列全体の表示

列の幅より長い文字列をセル内に表示するには、次のような方法があります。

折り返して全体を表示する

列の幅を変更せずに、文字列を折り返して全体を表示します。
◆《ホーム》タブ→《配置》グループの《折り返して全体を表示する》

《折り返して全体を表示する》

縮小して全体を表示する

列の幅を変更せずに、文字列を縮小して全体を表示します。
◆《ホーム》タブ→《配置》グループの □ (配置の設定)→《配置》タブ→《☑縮小して全体を表示する》

STEP UP 文字列の強制改行

セル内の文字列を強制的に改行するには、改行する位置にカーソルを表示して、[Alt]+[Enter]を押します。

3 行の挿入

表を作成したあとに、項目を追加する場合は、表内に新しい行や列を挿入できます。
8行目と9行目の間に1行挿入して、データを入力しましょう。

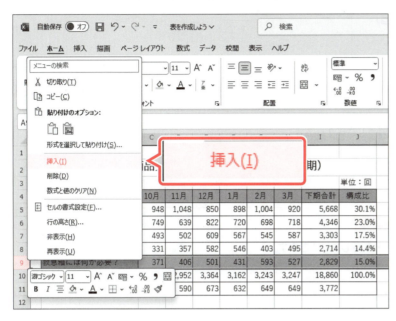

①行番号【9】を右クリックします。
9行目が選択され、ショートカットメニューが表示されます。
②《挿入》をクリックします。

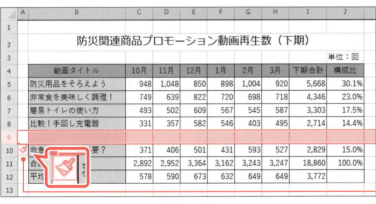

行が挿入され、《挿入オプション》が表示されます。

③挿入した行に、次のデータを入力します。

セル【B9】	：家具の転倒を防止しよう
セル【C9】	：503
セル【D9】	：523
セル【E9】	：473
セル【F9】	：442
セル【G9】	：485
セル【H9】	：545

※「下期合計」「構成比」の数式が自動的に入力され、計算結果が表示されます。
※「合計」「平均」の数式は自動的に再計算されます。

STEP UP　その他の方法（行の挿入）

◆行を選択→《ホーム》タブ→《セル》グループの《セルの挿入》
◆ Ctrl + +

STEP UP 挿入オプション

表内に挿入した行には、上の行と同じ書式が自動的に適用されます。行を挿入した直後に表示される《挿入オプション》を使うと、書式をクリアしたり、下の行の書式を適用したりできます。

POINT 行の削除

行は必要に応じて、あとから削除できます。
行を削除する方法は、次のとおりです。
◆行番号を右クリック→《削除》

POINT 列の挿入・削除

行と同じように、列も挿入したり削除したりできます。

列の挿入
◆列番号を右クリック→《挿入》

列の削除
◆列番号を右クリック→《削除》

Let's Try ためしてみよう

セル【J3】の「単位：回」を右揃えに設定しましょう。

	A	B	C	D	E	F	G	H	I	J	K
1											
2		防災関連商品プロモーション動画再生数（下期）									
3										単位：回	
4		動画タイトル	10月	11月	12月	1月	2月	3月	下期合計	構成比	
5		防災用品をそろえよう	948	1,048	850	898	1,004	920	5,668	26.0%	
6		非常食を美味しく調理！	749	639	822	720	698	718	4,346	19.9%	
7		簡易トイレの使い方	493	502	609	567	545	587	3,303	15.1%	
8		比較！手回し充電器	331	357	582	546	403	495	2,714	12.4%	
9		家具の転倒を防止しよう	503	523	473	442	485	545	2,971	13.6%	
10		救急箱には何が必要？	371	406	501	431	593	527	2,829	13.0%	
11		合計	3,395	3,475	3,837	3,604	3,728	3,792	21,831	100.0%	
12		平均	566	579	640	601	621	632	3,639		
13											

①セル【J3】をクリック
②《ホーム》タブを選択
③《配置》グループの《右揃え》をクリック

STEP 6 表を印刷する

1 印刷の手順

作成した表を印刷する手順は、次のとおりです。

2 印刷イメージの確認

表が用紙に収まるかどうかなど、印刷する前に、表の印刷イメージを確認しましょう。

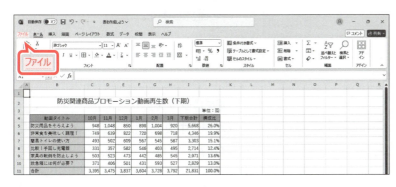

①《ファイル》タブを選択します。

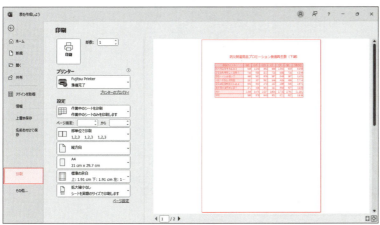

②《印刷》をクリックします。
③印刷イメージを確認します。

3 ページ設定

印刷イメージでレイアウトが整っていない場合、「ページ設定」を使って、ページのレイアウトを調整します。次のようにページのレイアウトを設定しましょう。

> 印刷の向き ：横
> 拡大/縮小　：130％
> 用紙サイズ ：A4
> ページ中央 ：水平

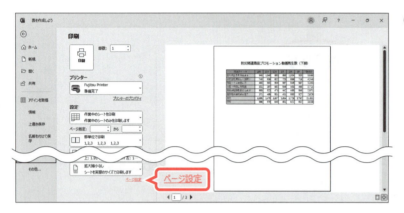

①《ページ設定》をクリックします。

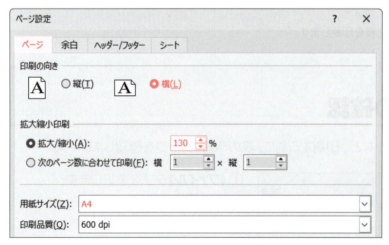

《ページ設定》ダイアログボックスが表示されます。

②《ページ》タブを選択します。
③《印刷の向き》の《横》を●にします。
④《拡大縮小印刷》の《拡大/縮小》を「130」％に設定します。
⑤《用紙サイズ》が《A4》になっていることを確認します。

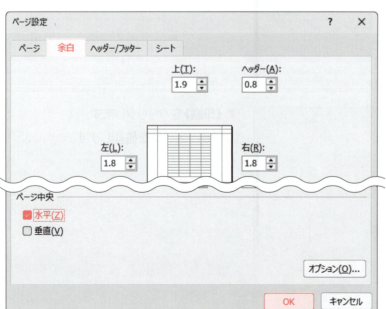

⑥《余白》タブを選択します。
⑦《ページ中央》の《水平》を☑にします。
⑧《OK》をクリックします。

⑨印刷イメージが変更されていることを確認します。

4 印刷

表を1部印刷しましょう。

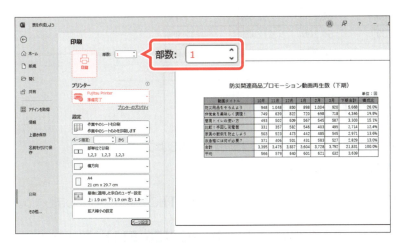

①《部数》が「1」になっていることを確認します。
②《プリンター》に出力するプリンターの名前が表示されていることを確認します。
※表示されていない場合は、▼をクリックし、一覧から選択します。
③《印刷》をクリックします。
※ブックに「表を作成しよう完成」と名前を付けて、フォルダー「第7章」に保存し、閉じておきましょう。

STEP UP 改ページの挿入

印刷が複数ページになるときに、思った位置でページが区切られない場合があります。その場合は、改ページを挿入して、ページを区切る位置を指定します。
改ページを挿入する方法は、次のとおりです。
◆改ページを挿入する行番号または列番号を選択→《ページレイアウト》タブ→《ページ設定》グループの《改ページ》→《改ページの挿入》

POINT ページ設定の保存

ブックを保存すると、ページ設定の内容も含めて保存されます。

 # 練習問題

あなたは、営業管理部に所属しており、各地区の売上実績を集計することになりました。完成図のような表を作成しましょう。

●完成図

	A	B	C	D	E	F	G
1							
2		地区別売上実績					
3							
4		地区	予算（万円）	実績（万円）	予算達成率	地区別構成比	
5		東北	85,000	86,100	101.3%	20.6%	
6		関東	107,300	104,550	97.4%	25.0%	
7		東海	65,400	68,200	104.3%	16.3%	
8		北陸	23,100	24,500	106.1%	5.9%	
9		関西	87,400	81,120	92.8%	19.4%	
10		九州	48,200	54,200	112.4%	12.9%	
11		全社合計	416,400	418,670	100.5%	100.0%	
12							

① セル【B2】のフォントサイズを「16」に変更しましょう。

② C～F列の列の幅を、最長のデータに合わせて自動調整しましょう。
次に、A列の列の幅を「2」に変更しましょう。

③ セル【C11】に「予算」の合計を求める数式を入力し、セル【D11】に数式をコピーしましょう。

④ セル【E5】に「予算達成率」を求める数式を入力し、セル範囲【E6:E11】に数式をコピーしましょう。

HINT　「予算達成率」は、「実績÷予算」で求めます。

⑤ セル【F5】に「地区別構成比」を求める数式を入力し、セル範囲【F6:F11】に数式をコピーしましょう。

HINT　「地区別構成比」は、「各地区の実績÷全社合計」で求めます。

⑥ セル範囲【C5:D11】に3桁区切りカンマを付けましょう。

⑦ セル範囲【E5:F11】を「%（パーセント）」で表示し、小数第1位まで表示しましょう。

⑧ セル範囲【B4:F11】に格子の罫線を引きましょう。

⑨ セル範囲【B4:F4】とセル【B11】に、次の書式を設定しましょう。

> 塗りつぶしの色：濃い緑、アクセント3、白+基本色80%
> 中央揃え

※ブックに「第7章練習問題完成」と名前を付けて、フォルダー「第7章」に保存し、閉じておきましょう。

第 8 章

グラフを作成しよう
Excel 2024

この章で学ぶこと	160
STEP 1 作成するグラフを確認する	161
STEP 2 グラフ機能の概要	162
STEP 3 円グラフを作成する	163
STEP 4 縦棒グラフを作成する	173
練習問題	184

この章で学ぶこと

学習前に習得すべきポイントを理解しておき、
学習後には確実に習得できたかどうかを振り返りましょう。

- ■ グラフの作成手順を説明できる。 → P.162
- ■ 円グラフを作成できる。 → P.163
- ■ グラフタイトルを入力できる。 → P.166
- ■ グラフの位置やサイズを調整できる。 → P.167
- ■ グラフにスタイルを適用して、グラフ全体のデザインを変更できる。 → P.169
- ■ 円グラフから要素を切り離して強調できる。 → P.170
- ■ 縦棒グラフを作成できる。 → P.173
- ■ グラフの場所を変更できる。 → P.176
- ■ グラフに必要な要素を、個別に配置できる。 → P.177
- ■ グラフの要素に対して、書式を設定できる。 → P.178
- ■ グラフフィルターを使って、グラフのデータ系列を絞り込むことができる。 → P.182

STEP 1 作成するグラフを確認する

1 作成するグラフの確認

次のようなグラフを作成しましょう。

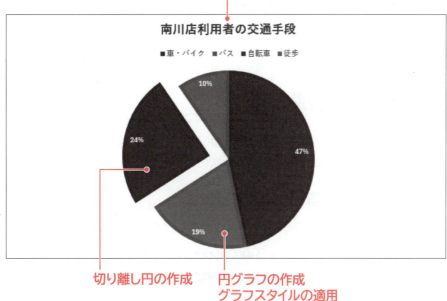

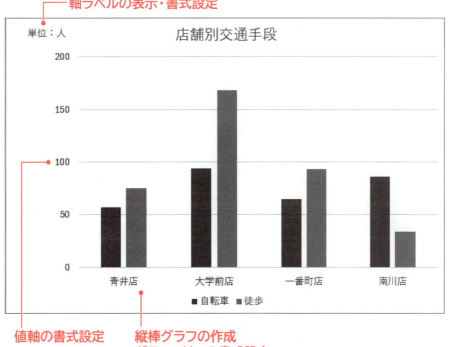

STEP 2 グラフ機能の概要

1 グラフ機能

表のデータをもとに、簡単に「**グラフ**」を作成できます。グラフはデータを視覚的に表現できるため、データを比較したり傾向を分析したりするのに適しています。
Excelには、縦棒・横棒・折れ線・円などの基本のグラフが用意されています。さらに、基本の各グラフには、形状をアレンジしたパターンが複数用意されています。

2 グラフの作成手順

グラフは、グラフのもとになるセル範囲とグラフの種類を選択するだけで作成できます。
グラフを作成する基本的な手順は、次のとおりです。

1 もとになるセル範囲を選択する

グラフのもとになるデータが入力されているセル範囲を選択します。

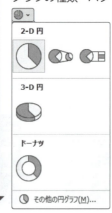

2 グラフの種類を選択する

グラフの種類・パターンを選択して、グラフを作成します。

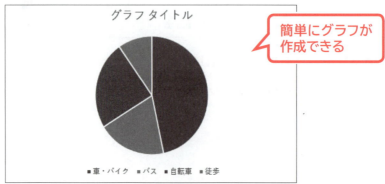

簡単にグラフが作成できる

STEP 3 円グラフを作成する

1 円グラフの作成

「円グラフ」は、全体に対して各項目がどれくらいの割合を占めるかを表現するときに使います。全体に対する各項目の割合が視覚的にわかるため、商品の売れ筋を把握したり、全体の傾向を確認したりするのに適しています。
円グラフを作成しましょう。

1 セル範囲の選択

グラフを作成する場合、まず、グラフのもとになるセル範囲を選択します。
円グラフの場合、次のように項目と数値が入力されたセル範囲を選択します。

●「南川店」の交通手段の構成比を表す円グラフを作成する場合

交通手段	青井店	大学前店	一番町店	南川店	合計
車・バイク	63	18	111	165	357
バス	49	20	93	69	231
自転車	57	94	65	86	302
徒歩	75	168	93	34	370
合計	244	300	362	354	1,260

扇型の割合を説明する項目

扇型の割合のもとになる数値

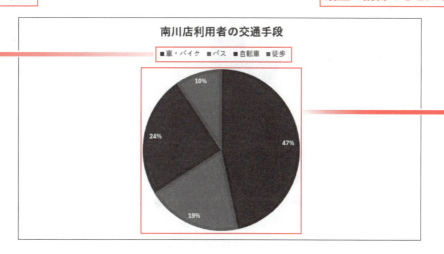

2 円グラフの作成

表のデータをもとに、「南川店の交通手段の構成比」を表す円グラフを作成しましょう。

OPEN　グラフを作成しよう

① セル範囲【B4:B7】を選択します。
② [Ctrl]を押しながら、セル範囲【F4:F7】を選択します。

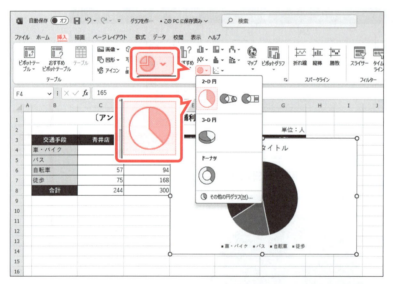

③ 《挿入》タブを選択します。
④ 《グラフ》グループの《円またはドーナツグラフの挿入》をクリックします。
⑤ 《2-D円》の《円》をクリックします。

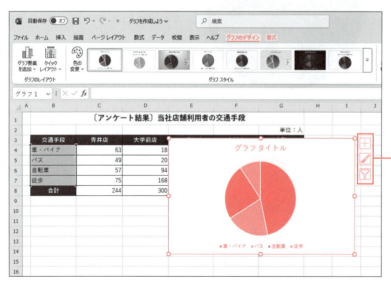

円グラフが作成されます。
グラフの右側に「ショートカットツール」が表示され、リボンに《グラフのデザイン》タブと《書式》タブが表示されます。

※《グラフのデザイン》タブと《書式》タブが表示されない場合は、グラフをクリックして選択しましょう。

ショートカットツール

グラフが選択された状態になっているので、選択を解除します。
⑥任意のセルをクリックします。
グラフの選択が解除されます。

> **POINT** 《グラフのデザイン》タブと《書式》タブ
>
> グラフを選択すると、リボンに《グラフのデザイン》タブと《書式》タブが表示され、グラフに関するコマンドが使用できる状態になります。

> **POINT** 円グラフの構成要素
>
> 円グラフを構成する要素は、次のとおりです。
>
>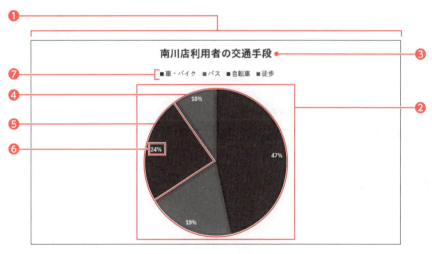
>
> ❶グラフエリア
> グラフ全体の領域です。グラフのタイトルや凡例などのすべての要素が含まれます。
>
> ❷プロットエリア
> 円グラフの領域です。
>
> ❸グラフタイトル
> グラフのタイトルです。
>
> ❹データ系列
> もとになる数値を視覚的に表すすべての扇型です。
>
> ❺データ要素
> もとになる数値を視覚的に表す個々の扇型です。
>
> ❻データラベル
> データ要素を説明する文字列です。
>
> ❼凡例
> データ要素に割り当てられた色を識別するための情報です。

2 グラフタイトルの入力

グラフタイトルに「**南川店利用者の交通手段**」と入力しましょう。

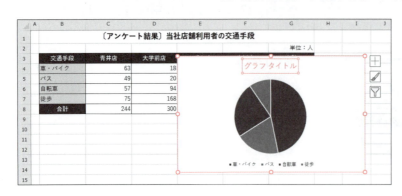

① グラフをクリックします。
グラフが選択されます。
② グラフタイトルをクリックします。
※ポップヒントに《グラフタイトル》と表示されることを確認してクリックしましょう。
グラフタイトルが選択されます。

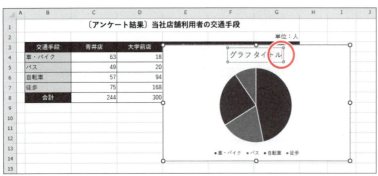

③ グラフタイトルを再度クリックします。
グラフタイトルが編集状態になり、カーソルが表示されます。

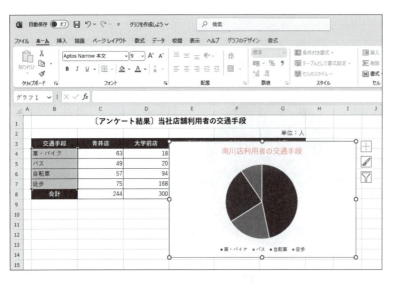

④「**グラフタイトル**」を削除し、「**南川店利用者の交通手段**」と入力します。
⑤ グラフタイトル以外の場所をクリックします。
グラフタイトルが確定されます。

POINT　グラフ要素の選択

グラフを編集する場合、まず対象となる要素を選択し、次にその要素に対して処理を行います。グラフ上の要素は、クリックすると選択できます。
要素をポイントすると、ポップヒントに要素名が表示されます。複数の要素が重なっている箇所や要素の面積が小さい箇所は、選択するときにポップヒントで確認するようにしましょう。要素の選択ミスを防ぐことができます。

3 グラフの移動とサイズ変更

グラフは、作成後に位置やサイズを調整できます。
グラフの位置とサイズを調整しましょう。

1 グラフの移動

表と重ならないように、グラフをシート上の適切な位置に移動しましょう。

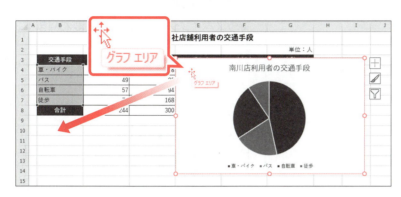

①グラフを選択します。
②グラフエリアをポイントします。
マウスポインターの形が に変わります。
③ポップヒントに《**グラフエリア**》と表示されていることを確認します。
※ポップヒントに《プロットエリア》や《系列1》など《グラフエリア》以外が表示されている状態では正しく移動できません。
④図のようにドラッグします。
（目安：セル【B10】）

ドラッグ中、マウスポインターの形が に変わります。

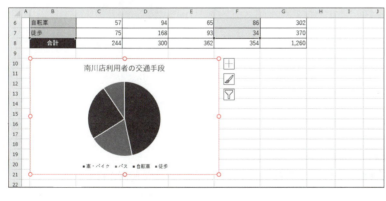

グラフが移動します。

2 グラフのサイズ変更

グラフのサイズを変更しましょう。

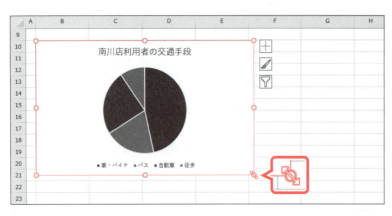

①グラフが選択されていることを確認します。
※グラフがすべて表示されていない場合は、スクロールして調整します。
②グラフエリアの右下の〇（ハンドル）をポイントします。
マウスポインターの形が に変わります。

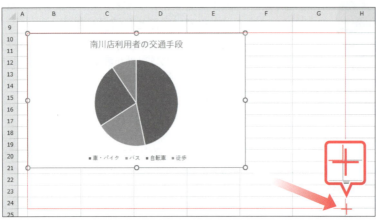

③図のようにドラッグします。
　（目安：セル【G24】）
ドラッグ中、マウスポインターの形が＋に変わります。

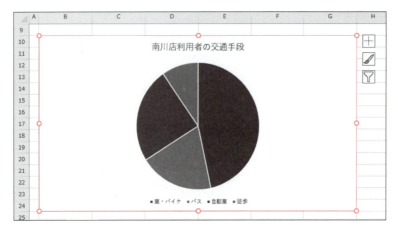

グラフのサイズが変更されます。

POINT　グラフの配置

Alt を押しながら、グラフの移動やサイズ変更を行うと、セルの枠線に合わせて配置されます。

4 グラフスタイルの適用

グラフには、グラフ要素の配置や背景の色、効果などの組み合わせが**「スタイル」**として用意されています。一覧から選択するだけで、グラフ全体のデザインを変更できます。
円グラフに、グラフスタイル**「スタイル8」**を適用しましょう。

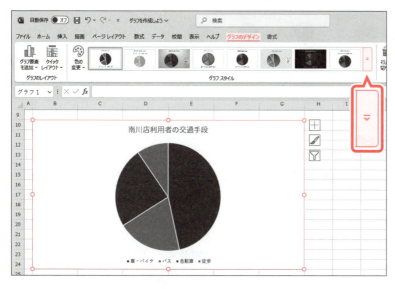

①グラフを選択します。
②《**グラフのデザイン**》タブを選択します。
③《**グラフスタイル**》グループの ▼ をクリックします。

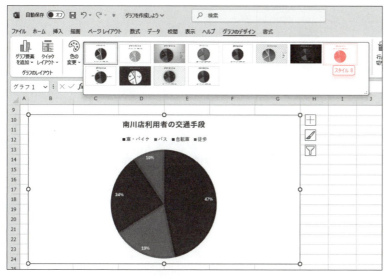

グラフスタイルが一覧で表示されます。
④《**スタイル8**》をクリックします。
※一覧をポイントすると、設定後のイメージを画面で確認できます。

グラフスタイルが適用されます。

STEP UP その他の方法（グラフスタイルの適用）

◆グラフを選択→ショートカットツールの《グラフスタイル》→《スタイル》→一覧から選択

169

STEP UP グラフの色の変更

Excelのグラフには、データ要素ごとの配色が用意されており、グラフの色を瞬時に変更できます。
グラフの色を変更する方法は、次のとおりです。

◆グラフを選択→《グラフのデザイン》タブ→《グラフスタイル》グループの《グラフクイックカラー》

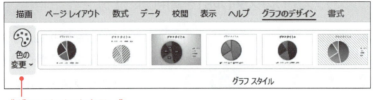

《グラフクイックカラー》

5 切り離し円の作成

円グラフの一部を切り離すことで、円グラフの中で特定のデータ要素を強調できます。
データ要素「**自転車**」を切り離して、強調しましょう。

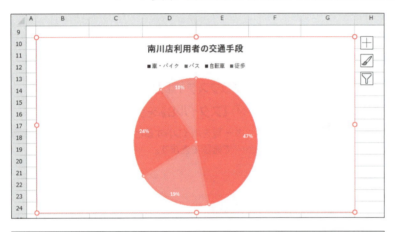

①グラフを選択します。
②円の部分をクリックします。
データ系列が選択されます。

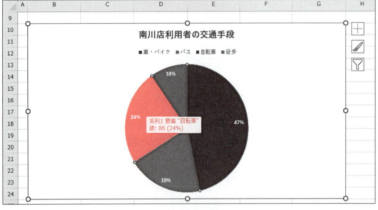

③図の扇型の部分をクリックします。
※ポップヒントに《系列1 要素"自転車"…》と表示されることを確認してクリックしましょう。

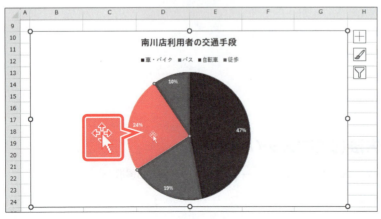

データ要素「**自転車**」が選択されます。
④図の扇型の部分をポイントします。
マウスポインターの形が に変わります。

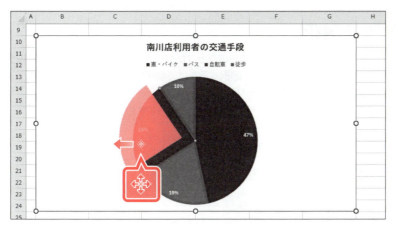

⑤図のように円の外側にドラッグします。ドラッグ中、マウスポインターの形が✥に変わります。

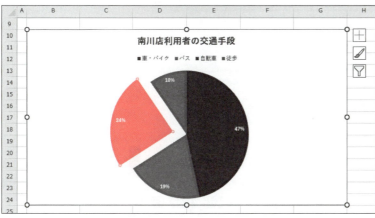

データ要素「**自転車**」が切り離されます。

POINT	データ要素の選択

円グラフの円の部分をクリックすると、データ系列が選択されます。続けて、円の中の扇型をクリックすると、データ系列の中のデータ要素がひとつだけ選択されます。

POINT	グラフの更新・印刷・削除

●グラフの更新
グラフは、もとになるセル範囲と連動しています。もとになるデータを変更すると、グラフも自動的に更新されます。

●グラフの印刷
グラフを選択した状態で印刷を実行すると、グラフだけが用紙いっぱいに印刷されます。
セルを選択した状態で印刷を実行すると、シート上の表とグラフが印刷されます。

●グラフの削除
シート上に作成したグラフを削除するには、グラフを選択して Delete を押します。

POINT	グラフの項目の並び順

グラフのデータは、グラフのもとになるセル範囲の先頭から順に表示されます。グラフをデータの大きい順に表示する場合は、表を降順に並べ替えておく必要があります。
並べ替えについては、P.195「第9章 STEP4 データを並べ替える」を参照してください。

STEP UP　おすすめグラフの利用

「おすすめグラフ」を使うと、選択しているデータに適した数種類のグラフが表示されます。選択したデータでどのようなグラフを作成できるか確認することができ、一覧から選択するだけで簡単にグラフを作成できます。
おすすめグラフを使って、グラフを作成する方法は、次のとおりです。

◆グラフのもとになるセル範囲を選択→《挿入》タブ→《グラフ》グループの《おすすめグラフ》

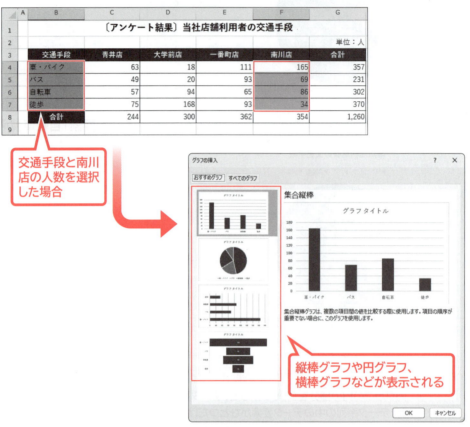

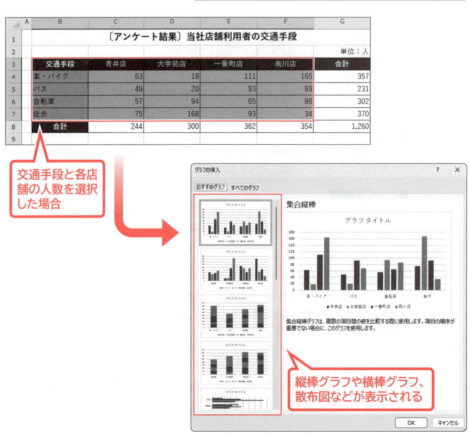

STEP 4 縦棒グラフを作成する

1 縦棒グラフの作成

「縦棒グラフ」は、データの大小関係を表現するときに使います。例えば、棒の長さを比較すれば、項目ごとの売上金額の大小が直感的にわかります。
縦棒グラフを作成しましょう。

1 セル範囲の選択

グラフを作成する場合、まず、グラフのもとになるセル範囲を選択します。
縦棒グラフの場合、次のように項目と数値が入力されたセル範囲を選択します。

●縦棒がひとつの場合

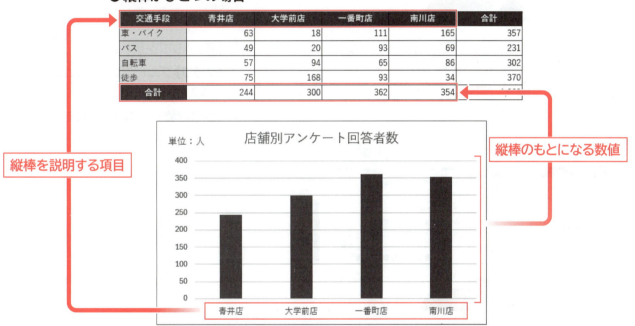

●縦棒が複数の場合

2 縦棒グラフの作成

表のデータをもとに、**「店舗別の交通手段」**を表す集合縦棒グラフを作成しましょう。

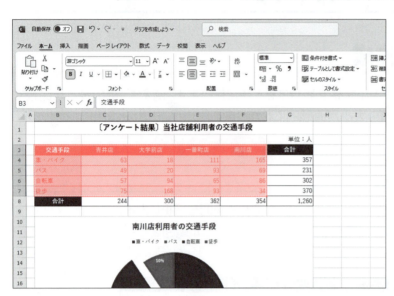

①セル範囲**【B3:F7】**を選択します。

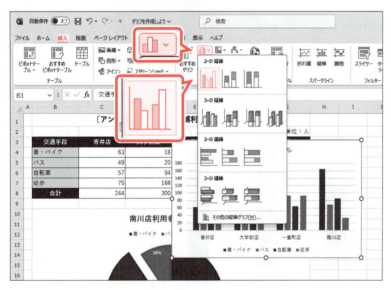

②《**挿入**》タブを選択します。
③《**グラフ**》グループの《**縦棒/横棒グラフの挿入**》をクリックします。
④《**2-D縦棒**》の《**集合縦棒**》をクリックします。

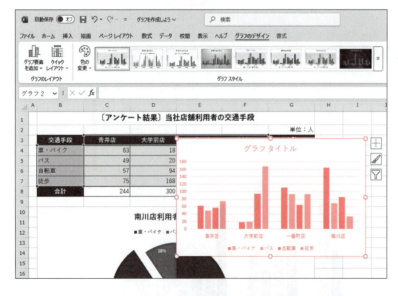

縦棒グラフが作成されます。

POINT 縦棒グラフの構成要素

縦棒グラフを構成する要素は、次のとおりです。

[縦棒グラフの図（店舗別交通手段）]

❶ **グラフエリア**
グラフ全体の領域です。グラフのタイトルや凡例などのすべての要素が含まれます。

❷ **プロットエリア**
縦棒グラフの領域です。

❸ **グラフタイトル**
グラフのタイトルです。

❹ **データ系列**
もとになる数値を視覚的に表す棒です。

❺ **値軸**
データ系列の数値を表す軸です。

❻ **項目軸**
データ系列の項目を表す軸です。

❼ **凡例**
データ系列に割り当てられた色を識別するための情報です。

❽ **軸ラベル**
軸を説明する文字列です。

Let's Try　ためしてみよう

グラフタイトルに「店舗別交通手段」と入力しましょう。

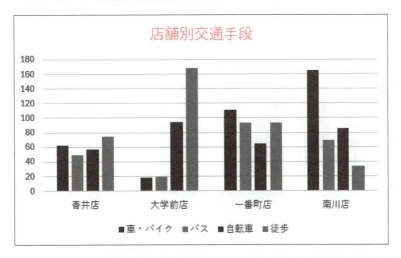

① 縦棒グラフを選択
② グラフタイトルをクリック
③ グラフタイトルを再度クリック
④ 「グラフタイトル」を削除し、「店舗別交通手段」と入力
※グラフタイトル以外の場所をクリックし、選択を解除しておきましょう。

2 グラフの場所の変更

シート上に作成したグラフを、グラフ専用の**「グラフシート」**に移動できます。グラフシートでは、シート全体にグラフが表示されます。データが入力されているシートとは別に、グラフを見やすく管理できます。
シート上の縦棒グラフをグラフシートに移動しましょう。

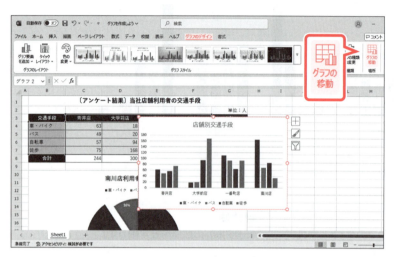

① 縦棒グラフを選択します。
②**《グラフのデザイン》**タブを選択します。
③**《場所》**グループの**《グラフの移動》**をクリックします。

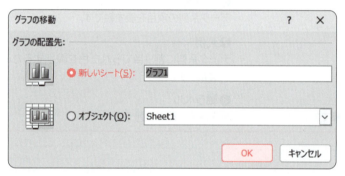

《グラフの移動》ダイアログボックスが表示されます。
④**《新しいシート》**を◉にします。
⑤**《OK》**をクリックします。

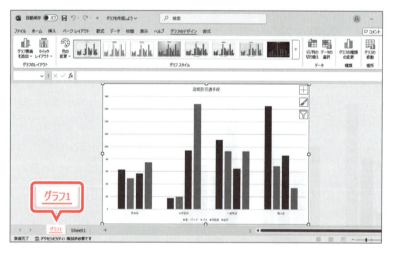

グラフシート**「グラフ1」**が挿入され、グラフの場所が移動します。

STEP UP その他の方法（グラフの場所の変更）

◆グラフエリアを右クリック→《グラフの移動》

3 グラフ要素の表示

グラフに、必要な情報が表示されていない場合は、グラフ要素を追加します。
値軸の軸ラベルを表示しましょう。

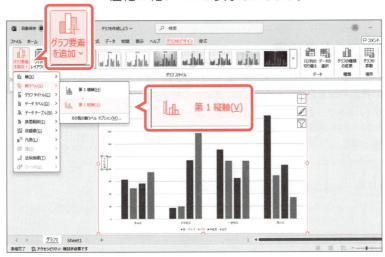

① グラフを選択します。
②《グラフのデザイン》タブを選択します。
③《グラフのレイアウト》グループの《グラフ要素を追加》をクリックします。
④《軸ラベル》をポイントします。
⑤《第1縦軸》をクリックします。

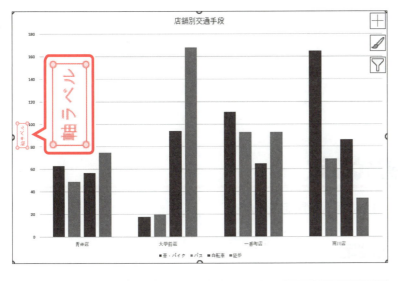

軸ラベルが表示されます。
⑥ 軸ラベルが選択されていることを確認します。

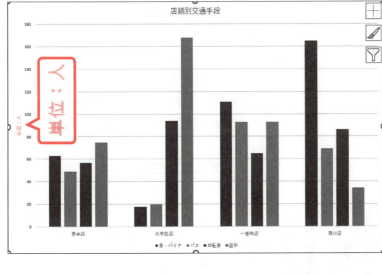

⑦ 軸ラベルをクリックします。
軸ラベルが編集状態になり、カーソルが表示されます。
⑧「**軸ラベル**」を削除し、「**単位：人**」と入力します。
⑨ 軸ラベル以外の場所をクリックします。
軸ラベルが確定されます。

STEP UP その他の方法（軸ラベルの表示）

◆ グラフを選択→ショートカットツールの《グラフ要素》→《軸ラベル》→▶をクリック→《第1横軸》／《第1縦軸》

> **POINT　グラフ要素の非表示**
>
> グラフ要素を非表示にする方法は、次のとおりです。
>
> ◆グラフを選択→《グラフのデザイン》タブ→《グラフのレイアウト》グループの《グラフ要素を追加》→グラフ要素名をポイント→一覧から非表示にするグラフ要素を選択／《なし》

STEP UP　グラフのレイアウトの設定

グラフには、いくつかのレイアウトが用意されており、それぞれ表示される要素やその配置が異なります。
レイアウトを使って、グラフ要素の表示や配置を設定する方法は、次のとおりです。

◆グラフを選択→《グラフのデザイン》タブ→《グラフのレイアウト》グループの《クイックレイアウト》

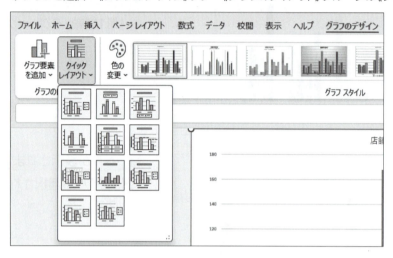

4　グラフ要素の書式設定

グラフの各要素に対して、個々に書式を設定できます。

1　軸ラベルの書式設定

値軸の軸ラベルは、初期の設定では、左に90度回転した状態で表示されます。
値軸の軸ラベルの「**左へ90度回転**」を解除し、グラフの左上に移動しましょう。

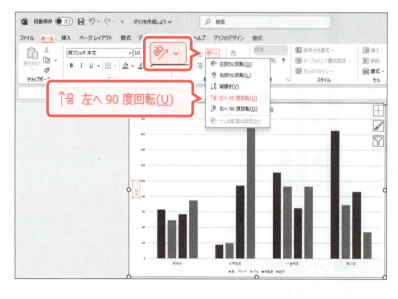

①軸ラベルをクリックします。
軸ラベルが選択されます。
②《**ホーム**》タブを選択します。
③《**配置**》グループの《**方向**》をクリックします。
④《**左へ90度回転**》をクリックします。

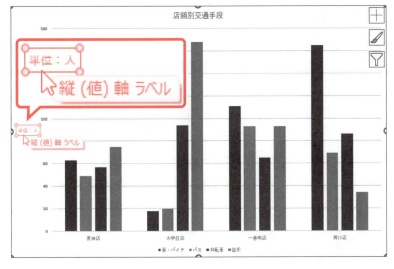

軸ラベルが横書きに変更されます。

⑤軸ラベルの枠線をポイントします。
マウスポインターの形が ↘ に変わります。

⑥ポップヒントに《縦(値)軸ラベル》と表示されていることを確認します。

※軸ラベルの枠線内をポイントすると、マウスポインターの形が I になり、文字列の選択になるので注意しましょう。

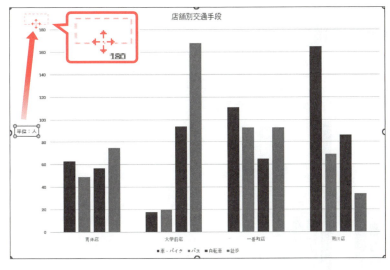

⑦図のように、軸ラベルの枠線をドラッグします。
ドラッグ中、マウスポインターの形が ✥ に変わります。

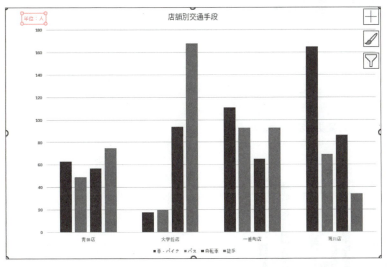

軸ラベルが移動します。

179

2 グラフエリアの書式設定

グラフエリアのフォントサイズを「16」に変更しましょう。
グラフエリアのフォントサイズを変更すると、グラフエリア内の凡例や軸ラベルなどのフォントサイズが変更されます。

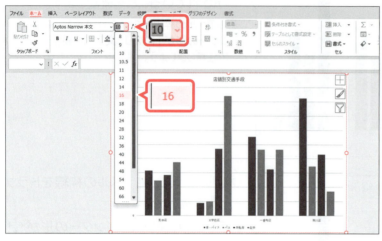

①グラフエリアをクリックします。
グラフエリアが選択されます。
②《ホーム》タブを選択します。
③《フォント》グループの《フォントサイズ》の▼をクリックします。
④《16》をクリックします。

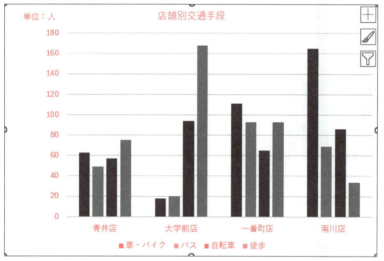

グラフエリアのフォントサイズが変更されます。

Let's Try ためしてみよう

グラフタイトルのフォントサイズを「24」に変更しましょう。

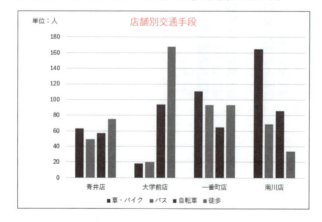

Let's Try Answer

① グラフタイトルをクリック
②《ホーム》タブを選択
③《フォント》グループの《フォントサイズ》の▼をクリック
④《24》をクリック

3 値軸の書式設定

値軸の目盛間隔を「50」に変更しましょう。

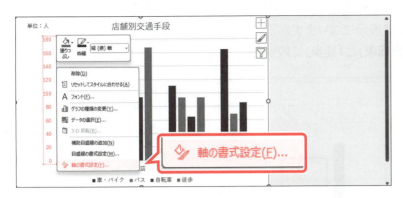

①値軸を右クリックします。
②《軸の書式設定》をクリックします。

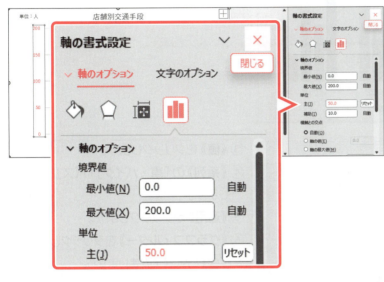

《軸の書式設定》作業ウィンドウが表示されます。
③《軸のオプション》をクリックします。
④ (軸のオプション)をクリックします。
⑤《軸のオプション》の詳細が表示されていることを確認します。
※表示されていない場合は、《軸のオプション》をクリックします。
⑥《単位》の《主》に「50」と入力します。
⑦ Enter を押します。
※「50.0」と表示されます。
目盛間隔が50になります。
⑧《閉じる》をクリックします。

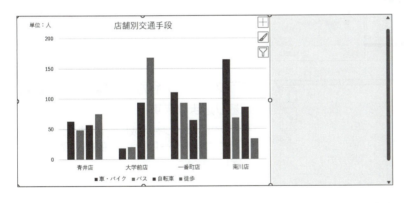

《軸の書式設定》作業ウィンドウが閉じられます。
※値軸以外の場所をクリックし、選択を解除しておきましょう。

STEP UP その他の方法（グラフ要素の書式設定）

◆グラフ要素を選択→《書式》タブ→《現在の選択範囲》グループの《選択対象の書式設定》
◆グラフ要素をダブルクリック

181

5 グラフフィルターの利用

「グラフフィルター」を使うと、作成したグラフのデータを絞り込んで表示できます。条件に合わないデータは一時的に非表示になります。
グラフのデータ系列を**「自転車」**と**「徒歩」**に絞り込みましょう。

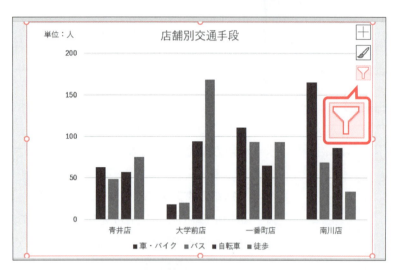

①グラフを選択します。
②ショートカットツールの《**グラフフィルター**》をクリックします。

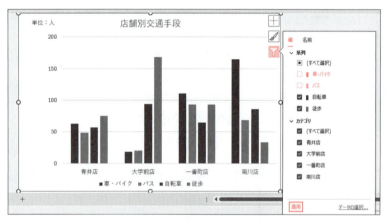

③《**値**》をクリックします。
④《**系列**》の**「車・バイク」「バス」**を☐にします。
⑤《**適用**》をクリックします。
⑥《**グラフフィルター**》をクリックします。
※[Esc]を押してもかまいません。

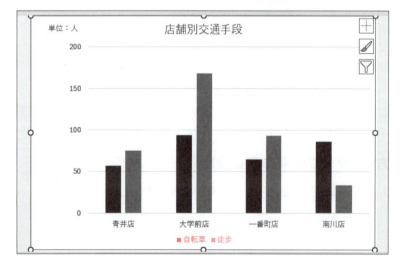

グラフのデータ系列が**「自転車」**と**「徒歩」**に絞り込まれます。

※ブックに「グラフを作成しよう完成」と名前を付けて、フォルダー「第8章」に保存し、閉じておきましょう。

POINT ショートカットツール

グラフを選択すると、グラフの右側に3つのボタンが表示されます。
ボタンの名称と役割は、次のとおりです。

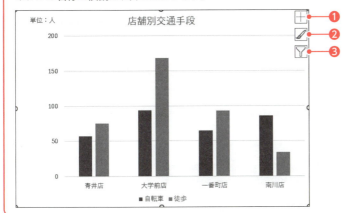

❶ **グラフ要素**
グラフのタイトルや凡例などのグラフ要素の表示・非表示を切り替えたり、表示位置を変更したりします。

❷ **グラフスタイル**
グラフのスタイルや配色を変更します。

❸ **グラフフィルター**
グラフに表示するデータを絞り込みます。

STEP UP スパークライン

「スパークライン」とは、複数のセルに入力された数値の傾向を視覚的に表現するために、別のセル内に作成する小さなグラフのことです。スパークラインを使うと、月ごとの売上増減や季節ごとの景気循環など、数値の傾向を把握するためのグラフを表内に作成できます。
スパークラインには、次の3種類があります。

●折れ線スパークライン
時間の経過によるデータの推移を表現します。

A市の年間気温　　　　　　　　　　　　　　　　　　　　　　　　　　単位：℃

月	1月	2月	3月	4月	5月	6月	7月	8月	9月	10月	11月	12月	年間推移
最高気温	6	4	9	16	23	28	34	36	30	24	17	8	
最低気温	-5	-10	4	11	17	19	21	24	17	15	12	1	

●縦棒スパークライン
データの大小関係を表現します。

雑誌広告掲載によるWebサイトアクセス効果　　　　　　　　　　　単位：回

日付	10月1日	10月2日	10月3日	10月4日	10月5日	10月6日	10月7日	傾向
商品案内	1,459	1,643	1,325	1,216	1,154	1,084	1,253	
店舗案内	677	623	387	423	254	351	266	
イベント案内	241	198	145	228	241	111	90	

●勝敗スパークライン
数値の正負をもとにデータの勝敗を表現します。

人口増減数より「転入－転出」比較　　　　　　　　　　　　　　　単位：人

年	2020年	2021年	2022年	2023年	2024年	2025年	増減
A市	364	-89	289	432	367	-84	
B市	367	684	4	-20	384	566	
C市	-43	-16	-98	43	-102	33	

スパークラインを作成する方法は、次のとおりです。

◆スパークラインのもとになるセル範囲を選択→《挿入》タブ→《スパークライン》グループの《折れ線スパークライン》／《縦棒スパークライン》／《勝敗スパークライン》→《場所の範囲》にスパークラインを作成するセルを指定

練習問題

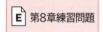

あなたは、展示会の各ブースの来場者数を報告する資料を作成することになりました。完成図のようなグラフを作成しましょう。

●完成図

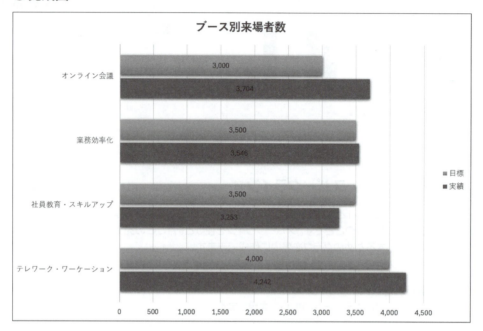

① セル範囲【B4:D13】をもとに、集合横棒グラフを作成しましょう。

② 作成したグラフをグラフシートに移動しましょう。

③ グラフタイトルに「ブース別来場者数」と入力しましょう。

④ グラフスタイルを「スタイル12」、グラフの色を「カラフルなパレット3」に変更しましょう。

HINT グラフの色を変更するには、《グラフのデザイン》タブ→《グラフスタイル》グループの《グラフクイックカラー》を使います。

⑤ 凡例をグラフの右に配置しましょう。

HINT 凡例の配置を変更するには、《グラフのデザイン》タブ→《グラフのレイアウト》グループの《グラフ要素を追加》を使います。

⑥ データラベルを表示しましょう。データラベルの位置は中央にします。

HINT データラベルを表示して、配置を設定するには、《グラフのデザイン》タブ→《グラフのレイアウト》グループの《グラフ要素を追加》を使います。

⑦ グラフエリアのフォントサイズを「12」に変更しましょう。
次に、グラフタイトルのフォントサイズを「18」に変更しましょう。

⑧ 「テレワーク・ワーケーション」「社員教育・スキルアップ」「業務効率化」「オンライン会議」のデータに絞り込んでグラフに表示しましょう。

※ブックに「第8章練習問題完成」と名前を付けて、フォルダー「第8章」に保存し、閉じておきましょう。

第 9 章

データを分析しよう
Excel 2024

この章で学ぶこと	186
STEP 1 作成するブックを確認する	187
STEP 2 データベース機能の概要	188
STEP 3 表をテーブルに変換する	190
STEP 4 データを並べ替える	195
STEP 5 データを抽出する	198
STEP 6 条件付き書式を設定する	201
練習問題	204

この章で学ぶこと

学習前に習得すべきポイントを理解しておき、
学習後には確実に習得できたかどうかを振り返りましょう。

- ■ データベース機能を利用するときの表の構成や、表を作成するときの注意点を説明できる。 → P.188 ☑☑☑
- ■ テーブルで何ができるかを説明できる。 → P.190 ☑☑☑
- ■ 表をテーブルに変換できる。 → P.191 ☑☑☑
- ■ テーブルスタイルを適用できる。 → P.192 ☑☑☑
- ■ テーブルに集計行を表示できる。 → P.194 ☑☑☑
- ■ テーブルのデータを並べ替えることができる。 → P.195 ☑☑☑
- ■ 複数の条件を組み合わせて、テーブルのデータを並べ替えることができる。 → P.196 ☑☑☑
- ■ 条件を指定して、テーブルからデータを抽出できる。 → P.198 ☑☑☑
- ■ 数値フィルターを使って、テーブルからデータを抽出できる。 → P.200 ☑☑☑
- ■ 条件付き書式を使って、条件に合致するデータを強調できる。 → P.202 ☑☑☑
- ■ 数値の大小を比較するデータバーを設定できる。 → P.203 ☑☑☑

STEP 1 作成するブックを確認する

1 作成するブックの確認

次のように、ブックを作成しましょう。

条件付き書式の設定

No.	開講日	講座名	区分	定員	受講者数	受講率	受講料	売上
		FOM芸術大学連携 市民向け講座 実施報告						
1	2025/4/5	油絵超入門	美術	30	30	100.0%	¥10,000	¥300,000
2	2025/4/12	七宝でマグカップを作ってみよう	美術	30	25	83.3%	¥9,000	¥225,000
3	2025/4/19	はじめてのソルフェージュ	音楽	50	50	100.0%	¥4,000	¥200,000
4	2025/4/26	はじめての作曲	音楽	50	40	80.0%	¥6,000	¥240,000
5	2025/5/10	世界各地の演劇を知ろう	舞台	40	25	62.5%	¥2,000	¥50,000
6	2025/5/17	文化財の保存と修復	美術	40	24	60.0%	¥5,000	¥120,000
7	2025/5/24	舞台のウラガワ1 ～衣装を作ろう～	舞台	40	34	85.0%	¥2,000	¥68,000
8	2025/5/31	舞台のウラガワ2 ～舞台美術って？～	舞台	40	25	62.5%	¥2,000	¥50,000
9	2025/6/7	親子でリトミックを楽しもう	音楽	40	40	100.0%	¥4,000	¥160,000
10	2025/6/14	ヴァイオリンを体験してみよう	音楽	50	42	84.0%	¥6,000	¥252,000
11	2025/6/21	舞台のウラガワ3 ～音響・照明～	舞台	40	20	50.0%	¥2,000	¥40,000
12	2025/6/28	チャイコフスキーの魅力に迫る！	音楽	50	30	60.0%	¥3,000	¥90,000
13	2025/7/5	低音で和楽器合奏を支える十七絃	音楽	50	36	72.0%	¥3,000	¥108,000
14	2025/7/12	シンセサイザーを体験してみよう	音楽	40	39	97.5%	¥6,000	¥234,000
15	2025/7/19	観劇＆解説 シェイクスピア作品の魅力	舞台	40	40	100.0%	¥2,000	¥80,000
16	2025/7/26	日本の舞台芸術「人形浄瑠璃」に触れる	舞台	30	19	63.3%	¥5,000	¥95,000
17	2025/8/2	親子で銅版画体験を楽しもう	美術	30	28	93.3%	¥10,000	¥280,000
18	2025/8/9	虚無僧尺八の世界	音楽	50	26	52.0%	¥4,000	¥104,000
19	2025/8/16	チェンバロとバロック音楽	音楽	50	50	100.0%	¥2,500	¥125,000
20	2025/8/23	北欧の民族楽器「ニッケルハルパ」	音楽	50	41	82.0%	¥2,500	¥102,500
21	2025/8/30	アイヌの伝統 トンコリとムックリを知る	音楽	50	44	88.0%	¥3,000	¥132,000
22	2025/9/6	親子でかんたん木工作！	美術	30	30	100.0%	¥8,000	¥240,000
23	2025/9/13	音声合成ソフトで歌を作ってみよう	音楽	40	34	85.0%	¥5,500	¥187,000
24	2025/9/20	実践！親子で舞台に立ってみよう！	舞台	20	20	100.0%	¥5,000	¥100,000
25	2025/9/27	伝統技術「金継ぎ」を体験してみよう	美術	30	25	83.3%	¥10,000	¥250,000
集計					817			¥3,832,500

テーブルに変換
テーブルスタイルの適用
並べ替え

集計行の表示

No.	開講日	講座名	区分	定員	受講者数	受講率	受講料	売上
		FOM芸術大学連携 市民向け講座 実施報告						
13	2025/7/5	低音で和楽器合奏を支える十七絃	音楽	50	36	72.0%	¥3,000	¥108,000
14	2025/7/12	シンセサイザーを体験してみよう	音楽	40	39	97.5%	¥6,000	¥234,000
15	2025/7/19	観劇＆解説 シェイクスピア作品の魅力	舞台	40	40	100.0%	¥2,000	¥80,000
16	2025/7/26	日本の舞台芸術「人形浄瑠璃」に触れる	舞台	30	19	63.3%	¥5,000	¥95,000
集計					134			¥517,000

「区分」が「音楽」または「舞台」で、
さらに「開講日」が「7月」のデータを抽出

No.	開講日	講座名	区分	定員	受講者数	受講率	受講料	売上
		FOM芸術大学連携 市民向け講座 実施報告						
1	2025/4/5	油絵超入門	美術	30	30	100.0%	¥10,000	¥300,000
10	2025/6/14	ヴァイオリンを体験してみよう	音楽	50	42	84.0%	¥6,000	¥252,000
17	2025/8/2	親子で銅版画体験を楽しもう	美術	30	28	93.3%	¥10,000	¥280,000
集計					100			¥832,000

「売上」が高い上位3件のデータを抽出

187

STEP 2 データベース機能の概要

1 データベース機能

住所録や社員名簿、商品台帳、売上台帳などのように関連するデータをまとめたものを
「**データベース**」といいます。このデータベースを管理・運用する機能が「**データベース機能**」
です。
データベース機能を使うと、大量のデータを効率よく管理できます。
データベース機能には、主に次のようなものがあります。

●並べ替え

指定した基準に従って、データを並べ替えます。

●フィルター

データベースから条件を満たすデータだけを抽出します。

2 データベース用の表

データベース機能を利用するには、表を「**フィールド**」と「**レコード**」から構成されるデータ
ベースにする必要があります。

1 表の構成

データベース用の表では、1件分のデータを横1行で管理します。

No.	開講日	講座名	区分	定員	受講者数	受講率	受講料	売上
1	2025/4/5	油絵超入門	美術	30	30	100.0%	¥10,000	¥300,000
2	2025/4/12	七宝でマグカップを作ってみよう	美術	30	25	83.3%	¥9,000	¥225,000
3	2025/4/19	はじめてのソルフェージュ	音楽	50	50	100.0%	¥4,000	¥200,000
4	2025/4/26	はじめての作曲	音楽	50	40	80.0%	¥6,000	¥240,000
5	2025/5/10	世界各地の演劇を知ろう	舞台	40	25	62.5%	¥2,000	¥50,000
6	2025/5/17	文化財の保存と修復	美術	40	24	60.0%	¥5,000	¥120,000
7	2025/5/24	舞台のウラガワ1〜衣装を作ろう〜	舞台	40	34	85.0%	¥2,000	¥68,000
8	2025/5/31	舞台のウラガワ2〜舞台美術って?〜	舞台	40	25	62.5%	¥2,000	¥50,000
9	2025/6/7	親子でリトミックを楽しもう	音楽	40	40	100.0%	¥4,000	¥160,000
10	2025/6/14	ヴァイオリンを体験してみよう	音楽	50	42	84.0%	¥6,000	¥252,000
11	2025/6/21	舞台のウラガワ3〜音響・照明〜	舞台	40	20	50.0%	¥2,000	¥40,000
12	2025/6/28	チャイコフスキーの魅力に迫る!	音楽	50	30	60.0%	¥3,000	¥90,000
13	2025/7/5	低音で和楽器合奏を支える十七絃	音楽	50	36	72.0%	¥3,000	¥108,000
14	2025/7/12	シンセサイザーを体験してみよう	音楽	40	39	97.5%	¥6,000	¥234,000

❶列見出し(フィールド名)

データを分類する項目名です。列見出しを必ず設定し、レコード部分と異なる書式にします。

❷フィールド

列単位のデータです。列見出しに対応した同じ種類のデータを入力します。

❸レコード

行単位のデータです。1件分のデータを入力します。

2 表作成時の注意点

データベース用の表を作成するときには、次のような点に注意します。

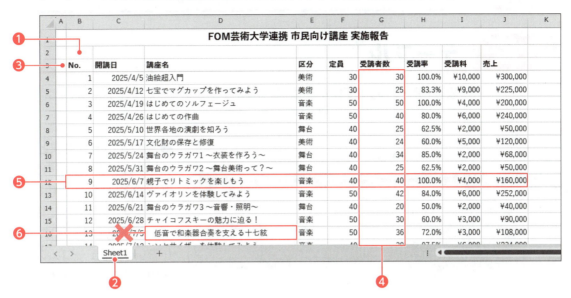

❶表に隣接するセルには、データを入力しない
データベースのセル範囲を自動的に認識させるには、表に隣接するセルを空白にしておきます。セル範囲を手動で選択する手間が省けるので、効率的に操作できます。

❷1枚のシートにひとつの表を作成する
1枚のシートに複数の表が作成されている場合、一方の抽出結果が、もう一方に影響することがあります。できるだけ、1枚のシートにひとつの表を作成するようにしましょう。

❸先頭行は列見出しにする
表の先頭行には、必ず列見出しを入力します。列見出しをもとに、並べ替えやフィルターが実行されます。レコードと異なる書式を設定するとよいでしょう。

❹フィールドには同じ種類のデータを入力する
それぞれのフィールドには、同じ種類のデータを入力します。文字列と数値を混在させないようにしましょう。

❺1件分のデータは横1行で入力する
1件分のデータを横1行に入力します。複数行に分けて入力すると、意図したとおりに並べ替えやフィルターが行われません。

❻セルの先頭に余分な空白は入力しない
セルの先頭に余分な空白を入力してはいけません。余分な空白が入力されていると、意図したとおりに並べ替えやフィルターが行われません。

STEP UP　インデント

セルの先頭を字下げする場合、空白を入力せずにインデントを設定します。インデントを設定しても、実際のデータは変わらないので、並べ替えやフィルターに影響しません。
インデントを設定するには、セルを選択し、《ホーム》タブ→《配置》グループの《インデントを増やす》を使います。

《インデントを増やす》

STEP 3 表をテーブルに変換する

1 テーブル

表を「**テーブル**」に変換すると、書式設定やデータベース管理が簡単に行えるようになります。テーブルには、次のような特長があります。

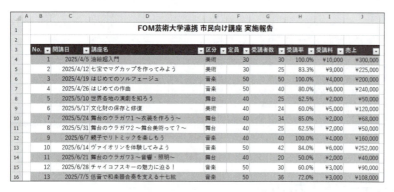

●**見やすい書式をまとめて設定できる**
テーブルスタイルが自動的に適用され、罫線や塗りつぶしの色などの書式が設定されます。1行おきに縞模様になるなどデータが見やすくなり、表全体の見栄えが整います。テーブルスタイルはあとから変更することもできます。

●**フィルターモードになる**
列見出しに▼が表示され「フィルターモード」になります。
▼を使うと、並べ替えやフィルターを簡単に実行できます。

●**いつでも列見出しを確認できる**
シートをスクロールすると列番号の部分に列見出しが表示されます。
大きな表をスクロールして確認するとき、上の行まで戻って列見出しを確認する手間が省けます。

●**集計行を追加できる**
数式や関数を入力しなくても、「**集計行**」を追加して、簡単に合計や平均などの集計ができます。

2 テーブルへの変換

OPEN データを分析しよう

表をテーブルに変換すると、自動的に**「テーブルスタイル」**が適用されます。テーブルスタイルは、罫線や塗りつぶしの色などの書式を組み合わせたもので、表全体の見栄えを整えることができます。

表をテーブルに変換しましょう。

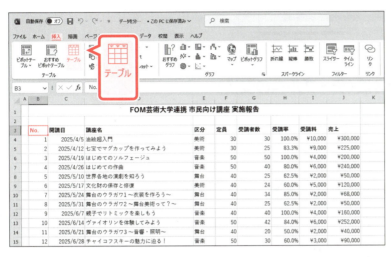

①セル【B3】をクリックします。
※表内のセルであれば、どこでもかまいません。
②《挿入》タブを選択します。
③《テーブル》グループの《テーブル》をクリックします。

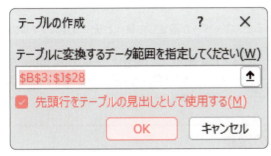

《テーブルの作成》ダイアログボックスが表示されます。
④《テーブルに変換するデータ範囲を指定してください》が「$B$3:$J$28」になっていることを確認します。
⑤《先頭行をテーブルの見出しとして使用する》を✓にします。
⑥《OK》をクリックします。

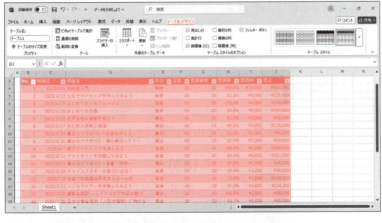

セル範囲がテーブルに変換され、テーブルスタイルが適用されます。
リボンに《テーブルデザイン》タブが表示されます。

テーブルの選択を解除します。
⑦セル【A1】をクリックします。
※テーブル以外のセルであれば、どこでもかまいません。
テーブルの選択が解除されます。

191

⑧セル【B3】をクリックします。

※テーブル内のセルであれば、どこでもかまいません。

⑨シートを下方向にスクロールし、列番号が列見出しに置き換わって、▼が表示されていることを確認します。

STEP UP その他の方法（テーブルへの変換）

◆ Ctrl + T

POINT 《テーブルデザイン》タブ

テーブルが選択されているとき、リボンに《テーブルデザイン》タブが表示され、テーブルに関するコマンドが使用できる状態になります。

POINT テーブルスタイルのクリア

もとになるセル範囲に書式を設定していると、ユーザーが設定した書式とテーブルスタイルの書式が重なって、見栄えが悪くなることがあります。
ユーザーが設定した書式を優先し、テーブルスタイルを適用しない場合は、テーブル変換後にテーブル内のセルを選択→《テーブルデザイン》タブ→《テーブルスタイル》グループの▼→《クリア》を選択します。

POINT 通常のセル範囲への変換

テーブルを通常のセル範囲に戻す方法は、次のとおりです。
◆ テーブル内のセルを選択→《テーブルデザイン》タブ→《ツール》グループの《範囲に変換》
※セル範囲に変換しても、テーブルスタイルの書式は残ります。

---

3 テーブルスタイルの適用

テーブルに、テーブルスタイル「**濃い青緑, テーブルスタイル（中間）16**」を適用しましょう。

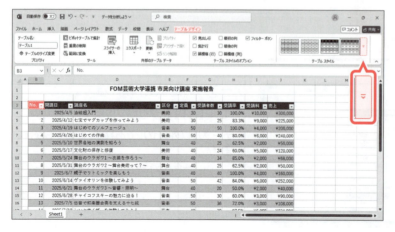

①セル【B3】をクリックします。

※テーブル内のセルであれば、どこでもかまいません。

②《テーブルデザイン》タブを選択します。

③《テーブルスタイル》グループの▼をクリックします。

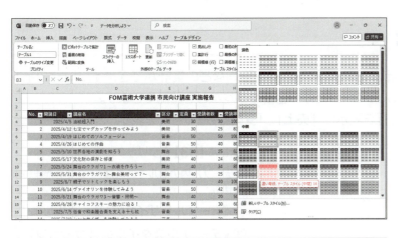

④《中間》の《濃い青緑, テーブルスタイル（中間）16》をクリックします。

※一覧をポイントすると、設定後のイメージを画面で確認できます。

テーブルスタイルが適用されます。

STEP UP その他の方法（テーブルスタイルの適用）

◆テーブル内のセルを選択→《ホーム》タブ→《スタイル》グループの《テーブルとして書式設定》

STEP UP テーブルの利用

テーブルを利用すると、レコードや列見出しを追加したときに自動的にテーブルスタイルが適用されたり、テーブル用の数式が入力されたりします。

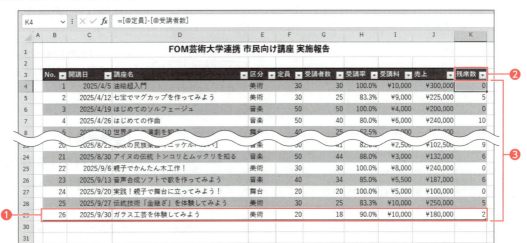

❶ レコードの追加
テーブルの最終行にレコードを追加すると、自動的にテーブル範囲が拡大され、テーブルスタイルが適用されます。

❷ 列見出しの追加
テーブルに列見出しを追加すると、自動的にテーブル範囲が拡大され、テーブルスタイルが適用されます。

❸ 数式の入力
数式を入力するときに、テーブル内のセルを選択して参照すると、「@」のうしろに列見出しが自動的に入力されます。この参照を「構造化参照」といいます。また、テーブル内のセルに数式を入力すると、自動的にそのフィールド全体に数式がコピーされます。
例えば、セル【K4】にセルを参照して「=F4-G4」と入力すると、フィールド全体に数式「=[@定員]-[@受講者数]」が入力されます。
※セルをクリックしてセル位置を入力した場合、テーブル用の数式になります。セル位置を手入力した場合は、通常の数式になります。

4 集計行の表示

テーブルの最終行に集計行を表示して、合計や平均などの集計ができます。また、フィルターで抽出すると、抽出したレコードだけの合計や平均などを確認できます。
テーブルの最終行に集計行を表示し、「売上」と「受講者数」の合計を表示しましょう。

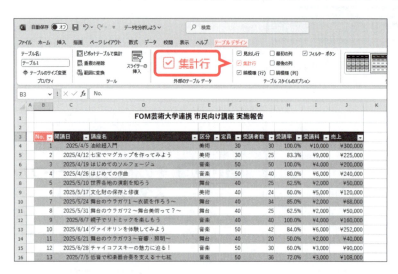

①セル【B3】をクリックします。
※テーブル内のセルであれば、どこでもかまいません。
②《テーブルデザイン》タブを選択します。
③《テーブルスタイルのオプション》グループの《集計行》を ✓ にします。

シートが自動的にスクロールされ、テーブルの最終行に集計行が表示されます。
④集計行の「売上」のセル(セル【J29】)に合計が表示されていることを確認します。
※テーブルの右端のフィールドには、自動的に集計結果が表示されます。

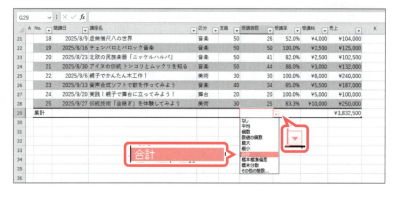

「受講者数」の合計を表示します。
⑤集計行の「受講者数」のセル(セル【G29】)をクリックします。
⑥▼をクリックします。
⑦《合計》をクリックします。

「受講者数」の合計が表示されます。

STEP 4 データを並べ替える

1 並べ替え

「並べ替え」を使うと、指定したキー（基準）に従って、レコードを並べ替えることができます。並べ替えの順序には、**「昇順」**と**「降順」**があります。

データ	昇順	降順
数値	0→9	9→0
英字	A→Z	Z→A
日付	古→新	新→古
かな	あ→ん	ん→あ

※空白セルは、昇順でも降順でも表の末尾に並びます。
※漢字を入力すると、入力した内容が「ふりがな情報」として一緒にセルに格納されます。漢字は、ふりがな情報をもとに並び替わります。

2 ひとつのキーによる並べ替え

並べ替えのキーがひとつの場合には、列見出しの▼を使うと簡単です。
「売上」が大きい順に並べ替えましょう。

①「売上」の▼をクリックします。

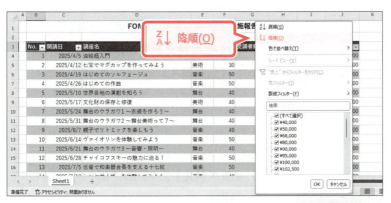

②《降順》をクリックします。

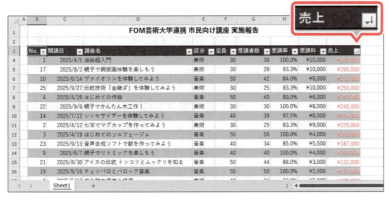

「売上」が大きい順に並び替わります。
※▼に「↓」が表示されます。
※「No.」の昇順に並べ替えておきましょう。

STEP UP その他の方法（昇順・降順で並べ替え）

◆キーとなるセルを選択→《データ》タブ→《並べ替えとフィルター》グループの《昇順》/《降順》
◆キーとなるセルを選択→《ホーム》タブ→《編集》グループの《並べ替えとフィルター》→《昇順》/《降順》
◆キーとなるセルを右クリック→《並べ替え》→《昇順》/《降順》

STEP UP 表を元の順序に戻す

並べ替えを実行したあと、表を元の順序に戻す可能性がある場合、連番を入力したフィールドを事前に用意しておきます。また、並べ替えを実行した直後であれば、クイックアクセスツールバーの《元に戻す》で元に戻ります。

STEP UP 表の並べ替え

テーブルに変換していない表でも、データを並べ替えることができます。
テーブルに変換していない表を並べ替えるには、並べ替えのキーとなる表内のセルを選択してから、《データ》タブ→《並べ替えとフィルター》グループの《昇順》または《降順》をクリックします。

《昇順》《降順》

3 複数のキーによる並べ替え

複数のキーで並べ替えるには、《並べ替え》ダイアログボックスを使います。
「**定員**」が多い順に並べ替え、「**定員**」が同じ場合は「**受講者数**」が多い順に並べ替えましょう。

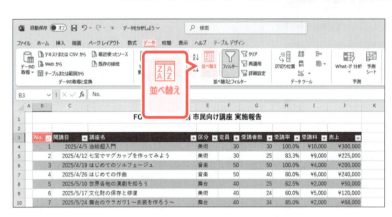

①セル【B3】をクリックします。
※テーブル内のセルであれば、どこでもかまいません。
②《データ》タブを選択します。
③《並べ替えとフィルター》グループの《並べ替え》をクリックします。

《並べ替え》ダイアログボックスが表示されます。
1番目に優先されるキーを設定します。
④《最優先されるキー》の《列》の▼をクリックします。
⑤「**定員**」をクリックします。
⑥《並べ替えのキー》が《セルの値》になっていることを確認します。
⑦《順序》の▼をクリックします。
⑧《大きい順》をクリックします。

2番目に優先されるキーを設定します。
⑨《レベルの追加》をクリックします。

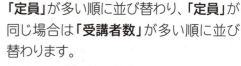

⑩《次に優先されるキー》の《列》の▼をクリックします。
⑪「受講者数」をクリックします。
⑫《並べ替えのキー》が《セルの値》になっていることを確認します。
⑬《順序》の▼をクリックします。
⑭《大きい順》をクリックします。
⑮《OK》をクリックします。

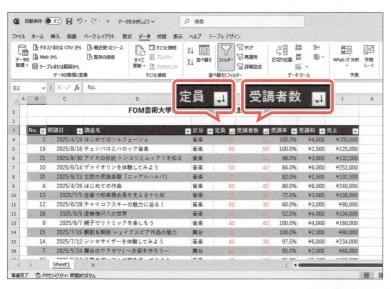

「定員」が多い順に並び替わり、「定員」が同じ場合は「受講者数」が多い順に並び替わります。
※▼に「↓」が表示されます。
※「No.」の昇順に並べ替えておきましょう。

> **POINT** 並べ替えのキー
> 1回の並べ替えで指定できるキーは、最大64レベルです。

> **STEP UP** その他の方法（複数のキーによる並べ替え）
> ◆テーブルまたは表内のセルを選択→《ホーム》タブ→《編集》グループの《並べ替えとフィルター》→《ユーザー設定の並べ替え》
> ◆テーブルまたは表内のセルを右クリック→《並べ替え》→《ユーザー設定の並べ替え》

197

STEP 5 データを抽出する

1 フィルターの実行

「フィルター」を使うと、データベースから条件を満たすレコードだけを抽出できます。条件を満たすレコードだけが表示され、条件を満たさないレコードは一時的に非表示になります。
テーブルには、自動的にフィルターモードが適用され、列見出しに▼が表示されています。
テーブルから「**区分**」が「**音楽**」または「**舞台**」のレコードを抽出しましょう。

①「**区分**」の▼をクリックします。

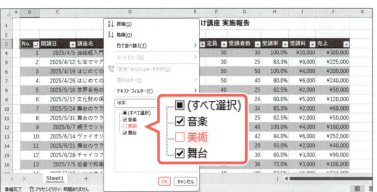

②「**美術**」を☐にします。
※「音楽」と「舞台」が☑になります。
③《**OK**》をクリックします。

指定した条件でレコードが抽出されます。
※抽出されたレコードの行番号が青色になります。また、ステータスバーに条件を満たすレコードの個数が表示されます。19件のレコードが抽出されます。

④「**区分**」の▼にフィルターマークが表示されていることを確認します。

⑤「**区分**」の▼をポイントします。
マウスポインターの形が変わり、ポップヒントに指定した条件が表示されます。

STEP UP フィルターモード

テーブルに変換していない表でも、フィルターモードにすると列見出しに▼が付き、抽出ができます。
フィルターモードにしたり、解除したりする方法は、次のとおりです。

◆表内のセルを選択→《**データ**》タブ→《**並べ替えとフィルター**》グループの《**フィルター**》

2 抽出結果の絞り込み

現在の抽出結果を、さらに「開講日」が「7月」のレコードに絞り込みましょう。

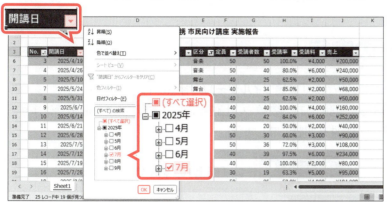

① 「開講日」の▼をクリックします。
② 《(すべて選択)》を□にします。
※下位の項目がすべて□になります。
③ 「7月」を☑にします。
④ 《OK》をクリックします。

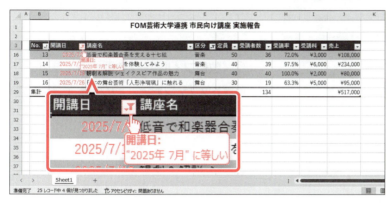

指定した条件でレコードが抽出されます。
※4件のレコードが抽出されます。
⑤ 「開講日」の▼にフィルターマークが表示されていることを確認します。
⑥ 「開講日」の▼をポイントします。
マウスポインターの形が🖑に変わり、ポップヒントに指定した条件が表示されます。

3 条件のクリア

フィルターの条件をすべてクリアして、非表示になっているレコードを再表示しましょう。

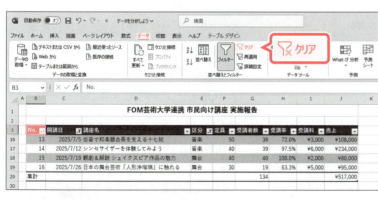

① セル【B3】をクリックします。
※テーブル内のセルであれば、どこでもかまいません。
② 《データ》タブを選択します。
③ 《並べ替えとフィルター》グループの《クリア》をクリックします。

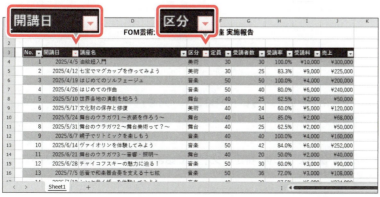

「開講日」と「区分」の条件が両方ともクリアされ、すべてのレコードが表示されます。
④ 「開講日」と「区分」の▼のフィルターマークが非表示になっていることを確認します。

STEP UP 列見出しごとの条件のクリア

列見出しごとに条件をクリアするには、列見出しの▼→《"列見出し"からフィルターをクリア》を選択します。

4　数値フィルターの実行

データの種類が数値のフィールドでは、「**数値フィルター**」が用意されています。
「～以上」「～から～まで」のように範囲のある数値や、上位または下位の数値を抽出できます。
「**売上**」が大きいレコードの上位3件を抽出しましょう。

①「**売上**」の▼をクリックします。

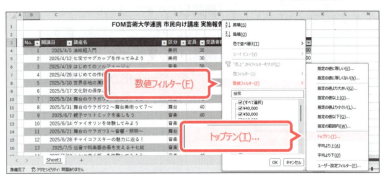

②《**数値フィルター**》をポイントします。
③《**トップテン**》をクリックします。

《**トップテンオートフィルター**》ダイアログボックスが表示されます。
④左側のボックスが《**上位**》になっていることを確認します。
⑤中央のボックスを「**3**」に設定します。
⑥右側のボックスが《**項目**》になっていることを確認します。
⑦《**OK**》をクリックします。

「**売上**」が大きいレコードの上位3件が抽出されます。

※テーブル内のセルをクリック→《クリア》をクリックして、条件をクリアしておきましょう。

POINT その他の詳細フィルター

●日付フィルター
データの種類が日付のフィールドで使用できます。「今日」や「昨日」、「先週」「今年」などのレコードや、任意の期間を指定した抽出などができます。

●テキストフィルター
データの種類が文字列のフィールドで使用できます。特定の文字列で始まるレコードや特定の文字列を一部に含むレコードを抽出できます。

STEP 6 条件付き書式を設定する

1 条件付き書式

「**条件付き書式**」を使うと、ルール（条件）に基づいてセルに特定の書式を設定したり、数値の大小関係が視覚的にわかるように装飾したりできます。
条件付き書式には、次のようなものがあります。

●セルの強調表示ルール

「**指定の値より大きい**」「**指定の値に等しい**」「**重複する値**」などのルールに基づいて、該当するセルに特定の書式を設定します。

●上位/下位ルール

「**上位10項目**」「**下位10%**」「**平均より上**」などのルールに基づいて、該当するセルに特定の書式を設定します。

●データバー

選択したセル範囲内で数値の大小関係を比較して、バーの長さで表示します。

地区	4月	5月	6月	合計
札幌	9,120	8,150	8,550	25,820
仙台	11,670	10,030	11,730	33,430
東京	25,930	22,820	23,970	72,720
名古屋	11,840	11,380	10,950	34,170
大阪	19,460	17,120	17,970	54,550
高松	9,950	9,640	10,130	29,720
広島	10,930	10,540	11,060	32,530
福岡	13,240	12,120	12,730	38,090
合計	112,140	101,800	107,090	321,030

●カラースケール

選択したセル範囲内で数値の大小関係を比較して、段階的に色分けして表示します。

地区	4月	5月	6月	合計
札幌	9,120	8,150	8,550	25,820
仙台	11,670	10,030	11,730	33,430
東京	25,930	22,820	23,970	72,720
名古屋	11,840	11,380	10,950	34,170
大阪	19,460	17,120	17,970	54,550
高松	9,950	9,640	10,130	29,720
広島	10,930	10,540	11,060	32,530
福岡	13,240	12,120	12,730	38,090
合計	112,140	101,800	107,090	321,030

●アイコンセット

選択したセル範囲内で数値の大小関係を比較して、アイコンの図柄と色で表示します。

地区	4月	5月	6月	合計
札幌	9,120	8,150	8,550	25,820
仙台	11,670	10,030	11,730	33,430
東京	25,930	22,820	23,970	72,720
名古屋	11,840	11,380	10,950	34,170
大阪	19,460	17,120	17,970	54,550
高松	9,950	9,640	10,130	29,720
広島	10,930	10,540	11,060	32,530
福岡	13,240	12,120	12,730	38,090
合計	112,140	101,800	107,090	321,030

2 条件に合致するデータの強調

セルの強調表示ルールを設定して、該当するセルに書式を設定できます。
「受講率」が90％より大きいセルが強調されるように、「濃い赤の文字、明るい赤の背景」の書式を設定しましょう。

書式を設定するセル範囲を選択します。
①セル範囲【H4:H28】を選択します。
②《ホーム》タブを選択します。
③《スタイル》グループの《条件付き書式》をクリックします。
④《セルの強調表示ルール》をポイントします。
⑤《指定の値より大きい》をクリックします。

《指定の値より大きい》ダイアログボックスが表示されます。
⑥《次の値より大きいセルを書式設定》に「90%」と入力します。
※「0.9」と入力してもかまいません。
⑦《書式》が《濃い赤の文字、明るい赤の背景》になっていることを確認します。
⑧《OK》をクリックします。

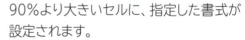

90％より大きいセルに、指定した書式が設定されます。
※セル範囲の選択を解除して、書式を確認しておきましょう。

> **POINT** ルールのクリア
>
> セル範囲に設定されているすべてのルールをクリアする方法は、次のとおりです。
> ◆セル範囲を選択→《ホーム》タブ→《スタイル》グループの《条件付き書式》→《ルールのクリア》→《選択したセルからルールをクリア》

> **STEP UP** 上位/下位ルール
>
> 上位/下位ルールを使って、ルールに該当するセルに特定の書式を設定する方法は、次のとおりです。
> ◆セル範囲を選択→《ホーム》タブ→《スタイル》グループの《条件付き書式》→《上位/下位ルール》

3 データバーの設定

「データバー」を使うと、数値の大小がバーの長さで表示されます。
「売上」に、グラデーションの緑のデータバーを設定しましょう。

書式を設定するセル範囲を選択します。
①セル範囲【J4:J28】を選択します。
②《ホーム》タブを選択します。
③《スタイル》グループの《条件付き書式》をクリックします。
④《データバー》をポイントします。
⑤《塗りつぶし（グラデーション）》の《緑のデータバー》をクリックします。

※一覧をポイントすると、設定後のイメージを画面で確認できます。

選択したセル範囲内で数値の大小が比較されて、データバーが表示されます。

※セル範囲の選択を解除して、書式を確認しておきましょう。
※ブックに「データを分析しよう完成」と名前を付けて、フォルダー「第9章」に保存し、閉じておきましょう。

STEP UP カラースケール・アイコンセット

●カラースケール
「カラースケール」を使うと、選択したセル範囲内で数値の大小を比較して、セルが色分けされます。
カラースケールを設定する方法は、次のとおりです。

◆セル範囲を選択→《ホーム》タブ→《スタイル》グループの《条件付き書式》→《カラースケール》

●アイコンセット
「アイコンセット」を使うと、選択したセル範囲内で数値の大小を比較して、データの先頭にアイコンの図柄が表示されます。
アイコンセットを設定する方法は、次のとおりです。

◆セル範囲を選択→《ホーム》タブ→《スタイル》グループの《条件付き書式》→《アイコンセット》

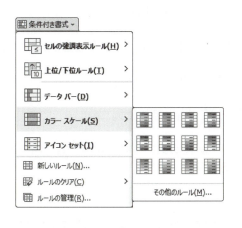
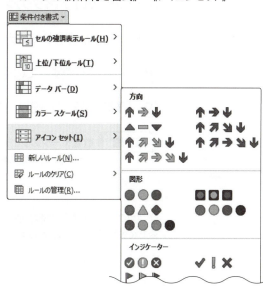

練習問題

あなたは、レストランのリストを整理し、条件に合うレストランの情報をお客様にご案内することになりました。
次のようにデータベースを操作しましょう。

●「ジャンル」が「イタリア料理」で、「テイクアウト」が「あり」のレコードを抽出

No.	店名	沿線	最寄駅	徒歩(分)	オープン年月	定休日	予算	ジャンル	テイクアウト
9	Primavera OKURAYAMA	東横線	大倉山	8	2008年8月	なし	¥15,000	イタリア料理	あり
15	リストランテAZAMINO	田園都市線	あざみ野	18	2013年12月	日曜	¥8,000	イタリア料理	あり
19	RISTRANTE SAITO	根岸線	石川町	6	2005年6月	月曜	¥35,000	イタリア料理	あり
20	ベッキオ・トウキョー	東横線	綱島	17	2009年3月	日曜	¥15,000	イタリア料理	あり
21	リストランテ・ピノキオ	東横線	日吉	14	2006年5月	なし	¥7,000	イタリア料理	あり
26	サローネYOKOHAMA	東横線	綱島	6	2015年1月	なし	¥5,000	イタリア料理	あり

●「予算」が7,000円以下のレコードを抽出

No.	店名	沿線	最寄駅	徒歩(分)	オープン年月	定休日	予算	ジャンル	テイクアウト
4	スパニッシュMORINO	市営地下鉄	新横浜	15	2010年8月	日曜	¥5,000	スペイン料理	あり
6	China虎龍	根岸線	関内	20	2018年1月	水曜	¥5,000	中華料理	あり
8	イベリコ風車	東横線	菊名	2	2014年5月	なし	¥4,500	スペイン料理	あり
11	ガランダ	東横線	綱島	4	2003年9月	なし	¥4,500	インド料理	あり
21	リストランテ・ピノキオ	東横線	日吉	14	2006年5月	なし	¥7,000	イタリア料理	あり
24	アッサム・スラリー	市営地下鉄	センター南	5	2019年9月	水曜	¥6,000	インド料理	あり
26	サローネYOKOHAMA	東横線	綱島	6	2015年1月	なし	¥5,000	イタリア料理	あり

① 表をテーブルに変換しましょう。

② テーブルに、テーブルスタイル「**濃い青緑, テーブルスタイル(淡色)9**」を適用しましょう。

③ 「**徒歩(分)**」を基準に昇順で並べ替えましょう。

④ 「**No.**」を基準に昇順で並べ替えましょう。

⑤ 「**徒歩(分)**」に単色の青のデータバーを設定しましょう。

⑥ 「**ジャンル**」が「**イタリア料理**」のレコードを抽出しましょう。

⑦ ⑥の抽出結果から、「**テイクアウト**」が「**あり**」のレコードを抽出しましょう。

⑧ フィルターのすべての条件をクリアしましょう。

⑨ 「**予算**」が7,000円以下のレコードを抽出しましょう。

(HINT) 数値データのフィールドから「〜以下」のレコードを抽出するには、フィールド名の▼→《数値フィルター》→《指定の値以下》を使います。

※ブックに「第9章練習問題完成」と名前を付けて、フォルダー「第9章」に保存し、閉じておきましょう。
※Excelを終了しておきましょう。

第 10 章

さあ、はじめよう
PowerPoint 2024

この章で学ぶこと	206
STEP 1 PowerPointの概要	207
STEP 2 PowerPointを起動する	210
STEP 3 PowerPointの画面構成	215

この章で学ぶこと

学習前に習得すべきポイントを理解しておき、
学習後には確実に習得できたかどうかを振り返りましょう。

- ■ PowerPointで何ができるかを説明できる。　→ P.207
- ■ PowerPointを起動できる。　→ P.210
- ■ PowerPointのスタート画面の使い方を説明できる。　→ P.211
- ■ 既存のプレゼンテーションを開くことができる。　→ P.212
- ■ プレゼンテーションとスライドの違いを説明できる。　→ P.214
- ■ PowerPointの画面の各部の名称や役割を説明できる。　→ P.215
- ■ 表示モードの違いを説明できる。　→ P.216

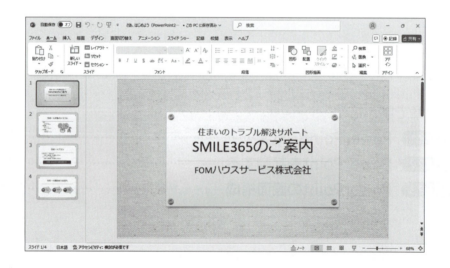

STEP 1 PowerPointの概要

1 PowerPointの概要

企画や商品の説明、研究や調査の発表など、ビジネスの様々な場面でプレゼンテーションは行われています。プレゼンテーションの内容を聞き手にわかりやすく伝えるためには、口頭で説明するだけでなく、スライドを見てもらいながら説明するのが一般的です。
「**PowerPoint**」は、訴求力のあるスライドを簡単に作成し、効果的なプレゼンテーションを行うためのアプリです。
PowerPointには、主に次のような機能があります。

1 効果的なスライドの作成

「プレースホルダー」と呼ばれる領域に文字を入力するだけで、タイトルや箇条書きが配置されたスライドを作成できます。

2 表現力豊かなスライドの作成

SmartArtグラフィックや図形などのオブジェクトを挿入し、視覚的にわかりやすい資料を作成できます。

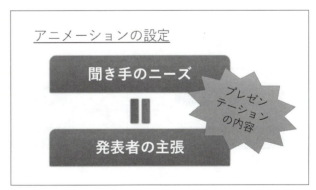

3 洗練されたデザインの利用

「**テーマ**」の機能を使って、すべてのスライドに一貫性のある洗練されたデザインを適用できます。また、「**スタイル**」の機能を使って、SmartArtグラフィックや図形などの各要素に洗練されたデザインを瞬時に適用できます。

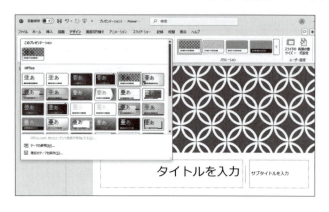
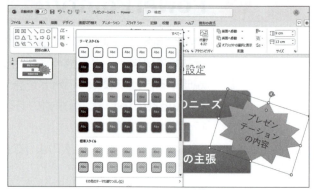

4 特殊効果の設定

「**アニメーション**」や「**画面切り替え**」を使って、スライドに動きを加えることができます。見る人を引きつける効果的なプレゼンテーションを作成できます。

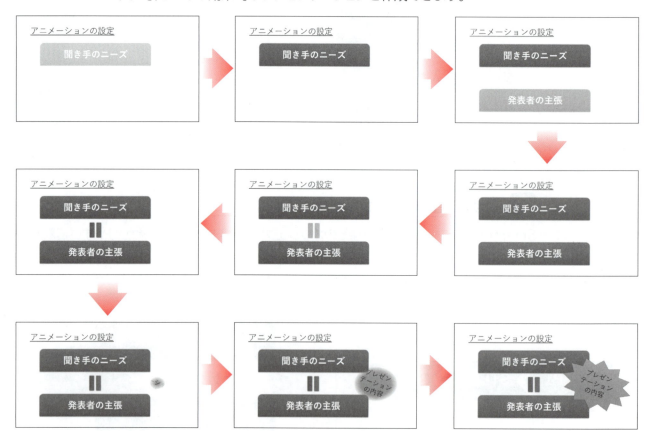

5 プレゼンテーションの実施

「**スライドショー**」の機能を使って、プレゼンテーションを行うことができます。プロジェクターや外部ディスプレイ、パソコンの画面などに表示して、指し示しながら説明できます。

6 発表者用ノートや配布資料の作成

プレゼンテーションを行う際の補足説明を記入した発表者用の**「ノート」**や、聞き手に事前に配布する**「配布資料」**を印刷できます。

●発表者用ノート

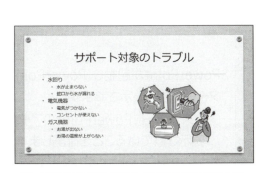

●配布資料

STEP 2 PowerPointを起動する

1 PowerPointの起動

PowerPointを起動しましょう。

①《スタート》をクリックします。

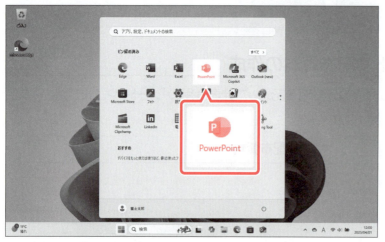

スタートメニューが表示されます。

②《ピン留め済み》の《PowerPoint》をクリックします。

※《ピン留め済み》に《PowerPoint》が登録されていない場合は、《すべて》→《P》の《PowerPoint》をクリックします。

PowerPointが起動し、PowerPointのスタート画面が表示されます。

③タスクバーにPowerPointのアイコンが表示されていることを確認します。

※ウィンドウを最大化しておきましょう。

2 PowerPointのスタート画面

PowerPointが起動すると、「**スタート画面**」が表示されます。
スタート画面では、これから行う作業を選択します。スタート画面を確認しましょう。
※お使いの環境によっては、表示が異なる場合があります。

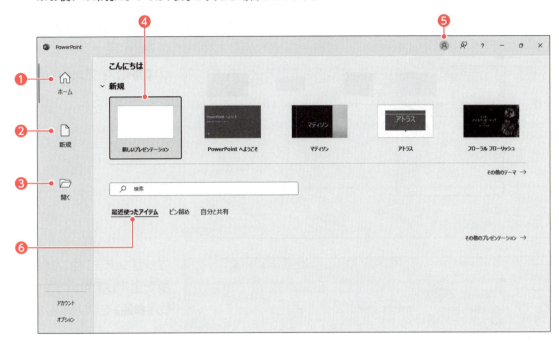

❶ホーム
PowerPointを起動したときに表示されます。
新しいプレゼンテーションを作成したり、最近開いたプレゼンテーションを簡単に開いたりできます。

❷新規
新しいプレゼンテーションを作成します。
白紙のスライドを作成したり、書式が設定されたテンプレートを検索したりできます。

❸開く
すでに保存済みのプレゼンテーションを開く場合に使います。

❹新しいプレゼンテーション
新しいプレゼンテーションを作成します。
入力されていない白紙のスライドが表示されます。

❺Microsoftアカウントのユーザー情報
Microsoftアカウントでサインインしている場合、ポイントするとアカウント名やメールアドレスなどが表示されます。

❻最近使ったアイテム
最近開いたプレゼンテーションがある場合、その一覧が表示されます。
一覧から選択すると、プレゼンテーションが開かれます。

211

3 プレゼンテーションを開く

すでに保存済みのプレゼンテーションをPowerPointのウィンドウに表示することを「**プレゼンテーションを開く**」といいます。
スタート画面からプレゼンテーション「さあ、はじめよう（PowerPoint2024）」を開きましょう。

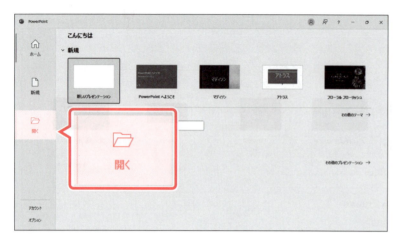

①スタート画面が表示されていることを確認します。
②《開く》をクリックします。

プレゼンテーションが保存されている場所を選択します。
③《参照》をクリックします。

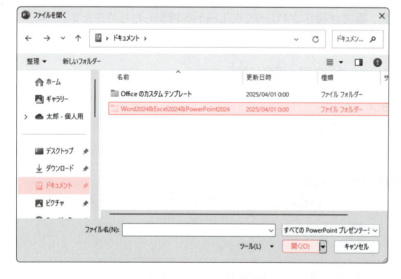

《ファイルを開く》ダイアログボックスが表示されます。
④左側の一覧から《ドキュメント》を選択します。
⑤一覧から「**Word2024&Excel2024&PowerPoint2024**」を選択します。
⑥《開く》をクリックします。

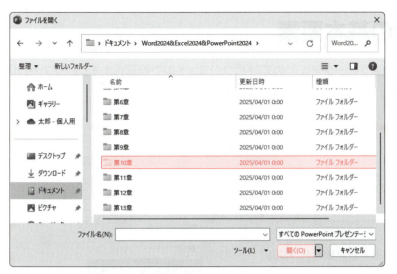

⑦一覧から「**第10章**」を選択します。
⑧《**開く**》をクリックします。

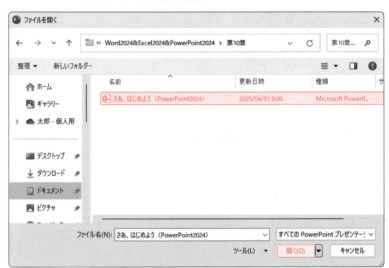

開くプレゼンテーションを選択します。
⑨一覧から「**さあ、はじめよう（PowerPoint 2024）**」を選択します。
⑩《**開く**》をクリックします。

プレゼンテーションが開かれます。
⑪タイトルバーにプレゼンテーションの名前が表示されていることを確認します。

※画面左上の自動保存がオンになっている場合は、オフにしておきましょう。自動保存については、P.18「POINT 自動保存」を参照してください。

STEP UP **その他の方法（プレゼンテーションを開く）**

◆《ファイル》タブ→《開く》
◆ Ctrl + O

4 PowerPointの基本要素

PowerPointでは、発表で使うデータをまとめてひとつのファイルで管理します。このファイルを**「プレゼンテーション」**といい、1枚1枚の資料を**「スライド」**といいます。

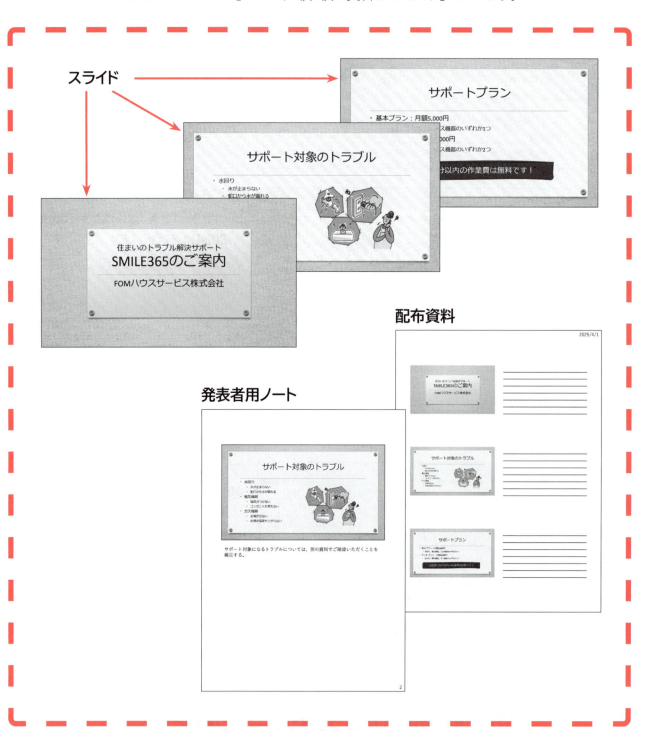

STEP 3 PowerPointの画面構成

1 PowerPointの画面構成

PowerPointの画面構成を確認しましょう。
※お使いの環境によっては、表示が異なる場合があります。

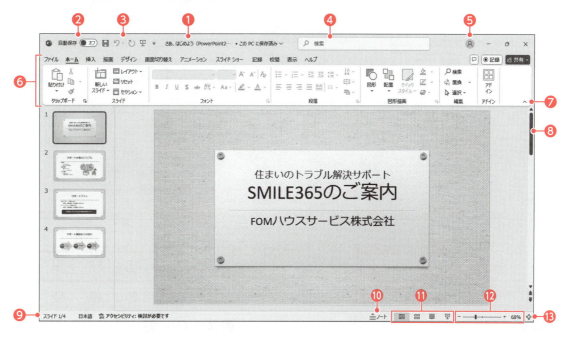

❶タイトルバー
ファイル名やアプリ名、保存状態などが表示されます。

❷自動保存
自動保存のオンとオフを切り替えます。
※お使いの環境によっては、表示されない場合があります。

❸クイックアクセスツールバー
よく使うコマンド（作業を進めるための指示）を登録できます。初期の設定では、《**上書き保存**》、《**元に戻す**》、《**やり直し**》、《**先頭から開始**》の4つのコマンドが登録されています。
※OneDriveと同期しているフォルダー内のプレゼンテーションを表示している場合、《**上書き保存**》は、《**保存**》と表示されます。

❹Microsoft Search
機能や用語の意味を調べたり、リボンから探し出せないコマンドをダイレクトに実行したりするときに使います。

❺Microsoftアカウントのユーザー情報
Microsoftアカウントでサインインしている場合、ポイントするとアカウント名やメールアドレスなどが表示されます。

❻リボン
コマンドを実行するときに使います。関連する機能ごとに、タブに分類されています。
※お使いの環境によっては、表示が異なる場合があります。

❼リボンを折りたたむ
リボンの表示を変更するときに使います。クリックすると、リボンが折りたたまれます。再度表示する場合は、《**ファイル**》タブ以外の任意のタブをダブルクリックします。

❽スクロールバー
プレゼンテーションの表示領域を移動するときに使います。

❾ステータスバー
スライド番号や選択されている言語などが表示されます。

❿ノート
ノートペイン（スライドに補足説明を書き込む領域）の表示・非表示を切り替えます。

⓫表示選択ショートカット
画面の表示モードを切り替えるときに使います。

⓬ズーム
スライドの表示倍率を変更するときに使います。

⓭現在のウィンドウの大きさに合わせてスライドを拡大または縮小します。
ウィンドウのサイズに合わせて、スライドの表示倍率を自動的に調整します。

2 PowerPointの表示モード

PowerPointには、次のような表示モードが用意されています。
表示モードを切り替えるには、表示選択ショートカットのボタンをそれぞれクリックします。

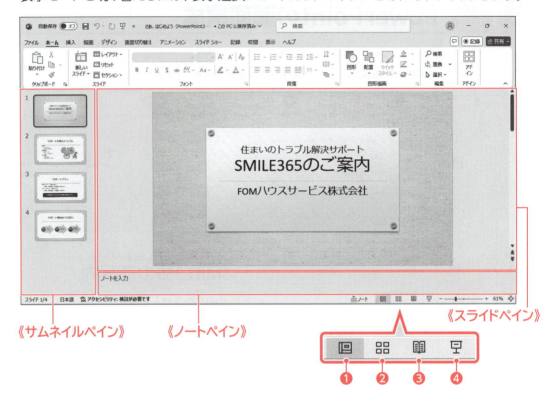

❶標準
標準表示に切り替わります。標準表示は、「ペイン」と呼ばれる複数の領域で構成されており、スライドに文字を入力したりレイアウトを変更したりする場合に使います。通常、この表示モードでプレゼンテーションを作成します。

サムネイルペイン
スライドのサムネイル（縮小版）が表示されます。スライドの選択や移動、コピーなどを行う場合に使います。

スライドペイン
作業中のスライドが1枚ずつ表示されます。スライドのレイアウトを変更したり、図形やグラフなどを挿入したりする場合に使います。

ノートペイン
作業中のスライドに補足説明を書き込む場合に使います。
※ノートペインの表示・非表示は、ステータスバーの《ノート》をクリックして切り替えます。

❷スライド一覧
スライド一覧表示に切り替わります。スライド一覧表示は、すべてのスライドのサムネイルが一覧で表示されます。プレゼンテーション全体の構成やバランスなどを確認できます。スライドの削除や移動、コピーなどにも適しています。

❸閲覧表示
スライドが1枚ずつ画面に大きく表示されます。ステータスバーやタスクバーも表示されるので、ボタンを使ってスライドを切り替えたり、ウィンドウを操作したりすることもできます。設定しているアニメーションや画面切り替えなども確認できます。
主に、パソコンの画面上でプレゼンテーションを行う場合に使います。

❹スライドショー
スライド1枚だけが画面全体に表示され、ステータスバーやタスクバーは表示されません。設定しているアニメーションや画面切り替えなどを確認できます。
主に、外部ディスプレイやプロジェクターにスライドを投影して、聴講形式のプレゼンテーションを行う場合に使います。
※スライドショーから元の表示モードに戻すには、[Esc]を押します。

※プレゼンテーションを保存せずに閉じ、PowerPointを終了しておきましょう。

第 **11** 章

プレゼンテーションを作成しよう PowerPoint 2024

この章で学ぶこと …………………………………………	218
STEP 1 作成するプレゼンテーションを確認する …………	219
STEP 2 新しいプレゼンテーションを作成する …………………	220
STEP 3 テーマを適用する …………………………	221
STEP 4 プレースホルダーを操作する …………………	223
STEP 5 新しいスライドを挿入する …………………	229
STEP 6 図形を作成する …………………………	233
STEP 7 SmartArtグラフィックを作成する ………	239
練習問題 ……………………………………………………	246

この章で学ぶこと

学習前に習得すべきポイントを理解しておき、
学習後には確実に習得できたかどうかを振り返りましょう。

- ■ 新しいプレゼンテーションを作成できる。 → P.220
- ■ プレゼンテーションにテーマを適用できる。 → P.221
- ■ プレゼンテーションのデザインをアレンジできる。 → P.222
- ■ スライドにタイトルやサブタイトルを入力できる。 → P.223
- ■ プレースホルダーに書式を設定できる。 → P.226
- ■ プレゼンテーションに新しいスライドを挿入できる。 → P.229
- ■ 箇条書きテキストを入力できる。 → P.230
- ■ 箇条書きテキストのレベルを変更できる。 → P.232
- ■ 目的に合った図形を作成できる。 → P.233
- ■ 図形内に文字を追加できる。 → P.235
- ■ 図形にスタイルを適用できる。 → P.236
- ■ 図形の枠線にスケッチスタイルを適用できる。 → P.237
- ■ 伝えたい内容に応じてSmartArtグラフィックを作成できる。 → P.239
- ■ テキストウィンドウを使って、SmartArtグラフィックに文字を入力できる。 → P.241
- ■ SmartArtグラフィックにスタイルを適用できる。 → P.243
- ■ SmartArtグラフィック内の文字に書式を設定できる。 → P.244

STEP 1 作成するプレゼンテーションを確認する

1 作成するプレゼンテーションの確認

次のようなプレゼンテーションを作成しましょう。

1枚目

2枚目

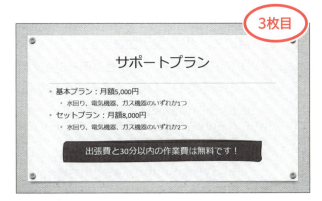

3枚目

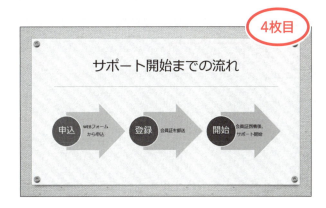

4枚目

STEP 2 新しいプレゼンテーションを作成する

1 プレゼンテーションの新規作成

PowerPointを起動し、新しいプレゼンテーションを作成しましょう。

①PowerPointを起動し、PowerPointのスタート画面を表示します。
※《スタート》→《ピン留め済み》の《PowerPoint》をクリックします。

②《新しいプレゼンテーション》をクリックします。

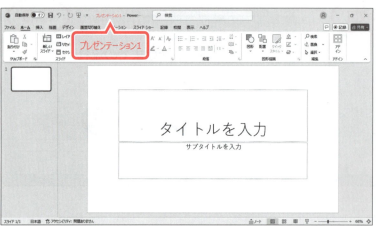

新しいプレゼンテーションが開かれ、1枚目のスライドが表示されます。

③タイトルバーに「プレゼンテーション1」と表示されていることを確認します。

※《ノートペイン》が表示された場合は、ステータスバーの《ノート》をクリックして、《ノートペイン》を非表示にしておきましょう。
※お使いの環境によっては、《Designer（デザイナー）》作業ウィンドウが表示される場合があります。本書の学習中に表示された場合は、《閉じる》をクリックして閉じておきましょう。

> **POINT** 新しいプレゼンテーションの作成
>
> プレゼンテーションを開いた状態で、新しいプレゼンテーションを作成する方法は、次のとおりです。
> ◆《ファイル》タブ→《ホーム》または《新規》→《新しいプレゼンテーション》

STEP UP スライドのサイズ

スライドのサイズには「16：9」のワイドサイズと「4：3」の標準サイズがあります。初期の設定では、「ワイド画面（16：9）」のスライドが作成されます。
どちらのサイズのスライドにするかは、実際にプレゼンテーションで利用するモニターの比率に合わせて選択します。ワイドモニターのパソコンを使用する場合はワイドサイズ、ワイドモニター以外のパソコンやタブレットを使用する場合は標準サイズを選択するとよいでしょう。
スライドのサイズは、あとから変更することもできますが、図形のサイズや位置を調整する必要があるので、スライドを作成する前に選択しておくとよいでしょう。
スライドのサイズを設定する方法は、次のとおりです。
◆《デザイン》タブ→《ユーザー設定》グループの《スライドのサイズ》

STEP 3 テーマを適用する

1 テーマの適用

「**テーマ**」とは、配色・フォント・効果などのデザインを組み合わせたものです。テーマを適用すると、プレゼンテーション全体のデザインを一括して変更できます。スライドごとに書式を設定する手間を省くことができ、統一感のある洗練されたプレゼンテーションを簡単に作成できます。
プレゼンテーションにテーマ「**オーガニック**」を適用しましょう。

① 《**デザイン**》タブを選択します。
② 《**テーマ**》グループの ▽ をクリックします。

③ 《**Office**》の《**オーガニック**》をクリックします。
※一覧をポイントすると、設定後のイメージを画面で確認できます。

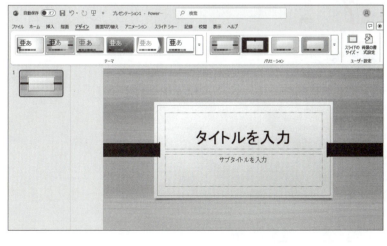

プレゼンテーションにテーマが適用されます。

2 バリエーションによるアレンジ

それぞれのテーマには、いくつかのバリエーションが用意されており、デザインをアレンジできます。また、**「配色」「フォント」「効果」「背景のスタイル」**を個別に設定して、オリジナルのデザインにアレンジすることも可能です。
次のように、プレゼンテーションに適用したテーマのバリエーションとフォントを変更しましょう。

```
バリエーション　：左から3番目
フォント　　　　：Calibri　メイリオ　メイリオ
```

①《デザイン》タブを選択します。
②《バリエーション》グループの左から3番目のバリエーションをクリックします。
※一覧をポイントすると、設定後のイメージを画面で確認できます。

バリエーションが変更されます。
③《バリエーション》グループの ▽ をクリックします。

④《フォント》をポイントします。
⑤《Calibri　メイリオ　メイリオ》をクリックします。
※一覧をポイントすると、設定後のイメージを画面で確認できます。

フォントが変更されます。

STEP 4 プレースホルダーを操作する

1 プレースホルダー

スライドには、様々な要素を配置するための「**プレースホルダー**」と呼ばれる枠が用意されています。
タイトルを入力するプレースホルダーのほかに、箇条書きや表、グラフ、画像などのコンテンツを配置するプレースホルダーもあります。

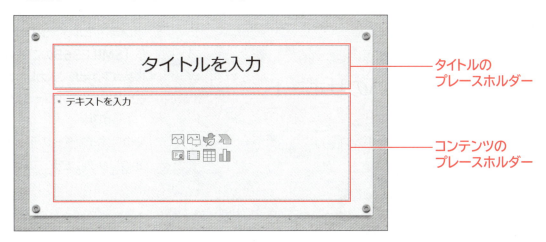

2 タイトルとサブタイトルの入力

新しく作成したプレゼンテーションの1枚目のスライドには、タイトルのスライドが表示されます。この1枚目のスライドを「**タイトルスライド**」といいます。タイトルスライドには、タイトルとサブタイトルを入力するためのプレースホルダーが用意されています。
タイトルのプレースホルダーの1行目に「**住まいのサポート**」、2行目に「**SMILE365のご案内**」、サブタイトルのプレースホルダーに「**FOMハウスサービス株式会社**」と入力しましょう。

① 《タイトルを入力》の文字をポイントします。
マウスポインターの形がIに変わります。
② クリックします。

プレースホルダー内にカーソルが表示されます。

③ 枠線が点線で表示され、周囲に〇（ハンドル）が付いていることを確認します。
④「**住まいのサポート**」と入力します。
⑤ Enter を押します。

プレースホルダー内で改行されます。
⑥「**SMILE365のご案内**」と入力します。
※英数字は半角で入力します。
⑦ プレースホルダー以外の場所をポイントします。

マウスポインターの形が に変わります。
⑧ クリックします。

プレースホルダーの枠線や周囲の〇（ハンドル）が消え、タイトルが確定されます。
⑨《**サブタイトルを入力**》をクリックします。

⑩「**FOMハウスサービス株式会社**」と入力します。
※英字は半角で入力します。
⑪ プレースホルダー以外の場所をクリックします。

プレースホルダーの枠線や周囲の〇（ハンドル）が消え、サブタイトルが確定されます。

POINT 自動調整オプション

プレースホルダー内に多くの文字を入力すると、プレースホルダーの周囲に《自動調整オプション》が表示されます。クリックすると、入力した文字をどのように調整するかを選択できます。また、プレースホルダー内に収まるように自動調整される場合もあります。

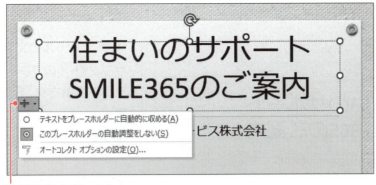

《自動調整オプション》

POINT プレースホルダーの枠線

マウスポインターの形がIの状態でプレースホルダー内の文字をクリックすると、カーソルが表示されます。また、枠線が点線で表示され、周囲に○（ハンドル）が付きます。この状態のとき、文字を入力したり、プレースホルダー内の一部の文字に書式を設定したりできます。
さらに、マウスポインターの形が の状態でプレースホルダーの枠線をクリックすると、プレースホルダーが選択され、枠線が実線で表示されます。この状態のとき、プレースホルダーの移動やサイズ変更をしたり、プレースホルダー内のすべての文字に書式を設定したりできます。

●プレースホルダー内にカーソルがある状態

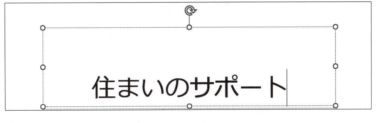

●プレースホルダーが選択されている状態

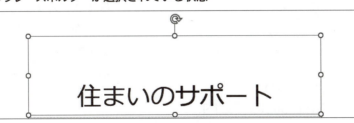

STEP UP プレースホルダーのリセットと削除

文字が入力されているプレースホルダーを選択して、Deleteを押すと、プレースホルダーが初期の状態（「タイトルを入力」「サブタイトルを入力」など）に戻ります。
初期の状態のプレースホルダーを選択して、Deleteを押すと、プレースホルダーそのものが削除されます。

225

3 プレースホルダー全体の書式設定

サブタイトルのフォントサイズを「32」に変更しましょう。
プレースホルダー内のすべての文字のフォントサイズを変更する場合は、プレースホルダーを選択しておきます。

① サブタイトルの文字をクリックします。
サブタイトルのプレースホルダー内にカーソルが表示され、枠線が点線で表示されます。
② プレースホルダーの枠線をポイントします。
マウスポインターの形が に変わります。
③ クリックします。

プレースホルダーが選択されます。
カーソルが消え、プレースホルダーの枠線が実線で表示されます。

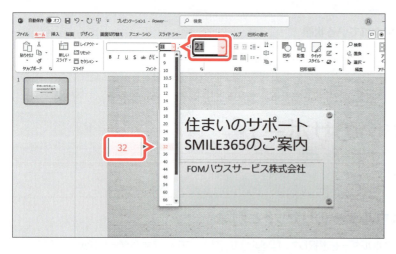

④《ホーム》タブを選択します。
⑤《フォント》グループの《フォントサイズ》の▼をクリックします。
⑥《32》をクリックします。

※一覧をポイントすると、設定後のイメージを画面で確認できます。

サブタイトルのフォントサイズが変更されます。

⑦プレースホルダー以外の場所をクリックします。

プレースホルダーの選択が解除され、枠線と周囲の○（ハンドル）が消えます。

> **POINT** プレースホルダーのサイズ変更
>
> プレースホルダーのサイズを変更する方法は、次のとおりです。
> ◆プレースホルダーを選択→○（ハンドル）をポイント→マウスポインターの形が⇔ ↕ ↖ ↗に変わったらドラッグ

> **POINT** プレースホルダーの移動
>
> プレースホルダーを移動する方法は、次のとおりです。
> ◆プレースホルダーを選択→プレースホルダーの枠線をポイント→マウスポインターの形が✥に変わったらドラッグ

4 プレースホルダーの部分的な書式設定

プレースホルダーを選択した状態で書式を設定すると、プレースホルダー内のすべての文字が設定の対象となります。プレースホルダー内の一部の文字に書式を設定するには、対象の文字を選択しておきます。

タイトル**「住まいのサポート　SMILE365のご案内」**の**「住まいのサポート」**のフォントサイズを**「28」**に変更しましょう。

①タイトルの文字をクリックします。

タイトルのプレースホルダー内にカーソルが表示されます。

②**「住まいのサポート」**を選択します。

※マウスポインターの形がIの状態でドラッグします。このとき、枠線は点線になります。

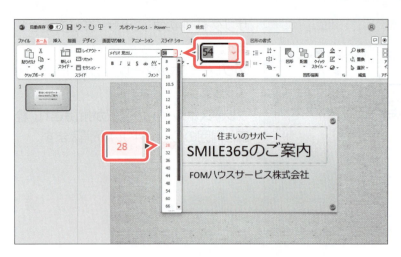

③《ホーム》タブを選択します。
④《フォント》グループの《フォントサイズ》の▼をクリックします。
⑤《28》をクリックします。
※一覧をポイントすると、設定後のイメージを画面で確認できます。

「住まいのサポート」のフォントサイズが変更されます。
※プレースホルダー以外の場所をクリックして、選択を解除しておきましょう。

ためしてみよう

「住まいのサポート」の「サポート」の前に「トラブル解決」と文字を挿入しましょう。

① タイトルの「サポート」の前をクリックしてカーソルを表示
②「トラブル解決」と入力
※プレースホルダー以外の場所をクリックして選択を解除し、入力を確定しておきましょう。

STEP 5 新しいスライドを挿入する

1 新しいスライドの挿入

スライドには、様々な種類のレイアウトが用意されており、スライドを挿入するときに選択できます。新しくスライドを挿入するときは、作成するスライドのイメージに近いレイアウトを選択すると効率的です。
スライド1のうしろに新しいスライドを3枚挿入し、それぞれにタイトルを入力しましょう。
スライドのレイアウトは、タイトルとコンテンツのプレースホルダーが配置された「**タイトルとコンテンツ**」にします。

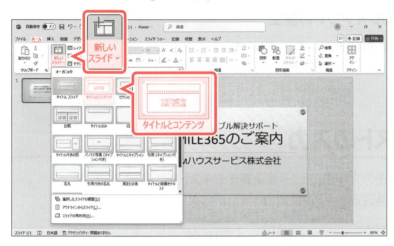

①《**ホーム**》タブを選択します。
②《**スライド**》グループの《**新しいスライド**》の▼をクリックします。
③《**タイトルとコンテンツ**》をクリックします。

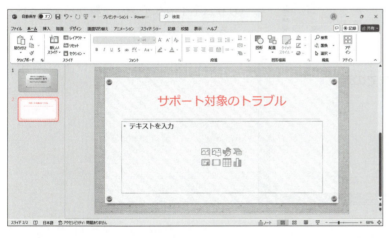

スライド2が挿入されます。
※新しいスライドは、選択されているスライドのうしろに挿入されます。
④《**タイトルを入力**》をクリックします。
⑤「**サポート対象のトラブル**」と入力します。
※プレースホルダー以外の場所をクリックして、入力を確定しておきましょう。

⑥同様に、スライド3を挿入し、タイトルに「**サポートプラン**」と入力します。

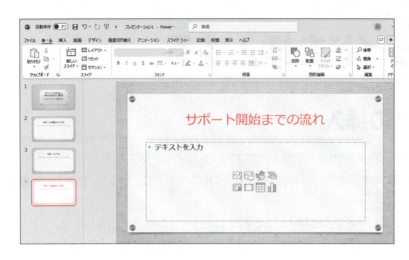

⑦同様に、スライド4を挿入し、タイトルに**「サポート開始までの流れ」**と入力します。

STEP UP スライドのレイアウトの変更

スライドのレイアウトをあとから変更する方法は、次のとおりです。
◆スライドを選択→《ホーム》タブ→《スライド》グループの《スライドのレイアウト》

2 箇条書きテキストの入力

PowerPointでは、箇条書きの文字のことを**「箇条書きテキスト」**といいます。
スライド2とスライド3に箇条書きテキストを入力しましょう。

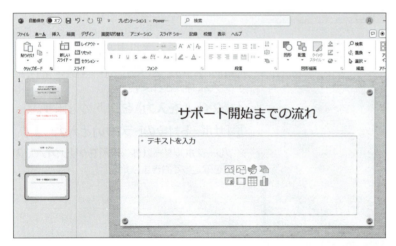

スライド2を選択します。
①サムネイルペインの一覧からスライド2をクリックします。

スライド2が選択され、スライドペインにスライドの内容が表示されます。
②《テキストを入力》をクリックします。
③「水回り」と入力します。
④ Enter を押します。
プレースホルダー内で改行され、行頭文字が自動的に表示されます。

⑤同様に、次の箇条書きテキストを入力します。

```
水が止まらない [Enter]
蛇口から水が漏れる [Enter]
電気機器 [Enter]
電気がつかない [Enter]
コンセントが使えない [Enter]
ガス機器 [Enter]
お湯が出ない [Enter]
お湯の温度が上がらない
```

※[Enter]で改行します。
※《自動調整オプション》が表示され、プレースホルダー内に文字が収まるように、自動調整されます。
※プレースホルダー以外の場所をクリックして選択を解除し、入力を確定しておきましょう。

⑥同様に、スライド3に次の箇条書きテキストを入力します。

```
基本プラン：月額5,000円 [Enter]
水回り、電気機器、ガス機器のいずれか1つ [Enter]
セットプラン：月額8,000円 [Enter]
水回り、電気機器、ガス機器のいずれか2つ
```

※[Enter]で改行します。
※数字と「,（カンマ）」は半角で入力します。
※プレースホルダー以外の場所をクリックして選択を解除し、入力を確定しておきましょう。

STEP UP 箇条書きテキストの改行

箇条書きテキストは[Enter]を押して改行すると、次の行に行頭文字が表示され、新しい項目が入力できる状態になります。行頭文字を表示せずに前の行の続きの項目として扱うには、[Shift]+[Enter]を押して改行します。

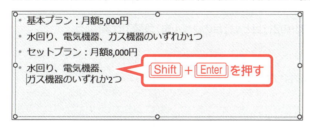

STEP UP 行間の設定

《行間》

行間が詰まって文字が読みにくい場合や、スライドの余白が大きすぎる場合には、箇条書きテキストの行間を変更して、スライド上の文字のバランスを調整できます。
行間を設定する方法は、次のとおりです。

◆箇条書きテキストを選択→《ホーム》タブ→《段落》グループの《行間》→一覧から選択

3 箇条書きテキストのレベルの変更

箇条書きテキストのレベルは、上げたり下げたりできます。
スライド2の箇条書きテキストの2〜3行目、5〜6行目、8〜9行目のレベルを1段階下げましょう。

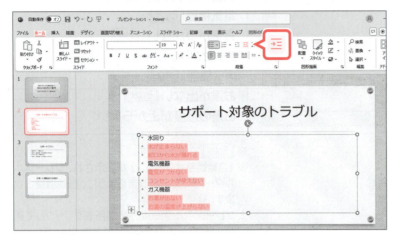

①スライド2を選択します。
②2〜3行目の箇条書きテキストを選択します。
③ Ctrl を押しながら、5〜6行目と8〜9行目の箇条書きテキストを選択します。
※ Ctrl を押しながら選択すると、離れた複数の範囲をまとめて選択できます。
④《ホーム》タブを選択します。
⑤《段落》グループの《インデントを増やす》をクリックします。

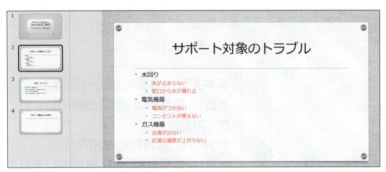

箇条書きテキストのレベルが1段階下がります。
※プレースホルダー以外の場所をクリックして、選択を解除しておきましょう。

STEP UP その他の方法（箇条書きテキストのレベル下げ）

◆箇条書きテキストの行頭にカーソルを移動→ Tab

> **POINT** 箇条書きテキストのレベル上げ
>
> 箇条書きテキストのレベルを上げる方法は、次のとおりです。
> ◆行内にカーソルを移動→《ホーム》タブ→《段落》グループの《インデントを減らす》

Let's Try ためしてみよう

スライド3の箇条書きテキストの2行目と4行目のレベルを1段階下げましょう。

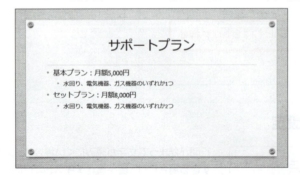

①スライド3を選択
②2行目の箇条書きテキストを選択
③ Ctrl を押しながら、4行目の箇条書きテキストを選択
④《ホーム》タブを選択
⑤《段落》グループの《インデントを増やす》をクリック
※プレースホルダー以外の場所をクリックして、選択を解除しておきましょう。

STEP 6 図形を作成する

1 図形

PowerPointには、豊富に「**図形**」が用意されており、スライド上に簡単に配置することができます。図形を効果的に使うことによって、特定の情報を強調したり、情報の相互関係を示したりできます。
図形は形状によって、「**線**」「**基本図形**」「**ブロック矢印**」「**フローチャート**」「**吹き出し**」などに分類されています。「**線**」以外の図形は、中に文字を追加することができます。

2 図形の作成

スライド3に図形「**四角形：対角を丸める**」を作成しましょう。

①スライド3を選択します。
②《**挿入**》タブを選択します。
③《**図**》グループの《**図形**》をクリックします。
④《**四角形**》の《**四角形：対角を丸める**》をクリックします。

マウスポインターの形が╋に変わります。
⑤図のように左上から右下にドラッグします。

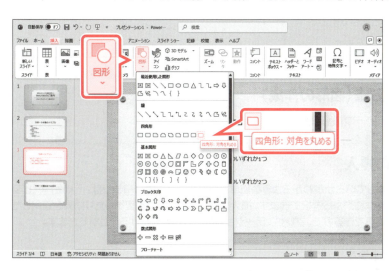

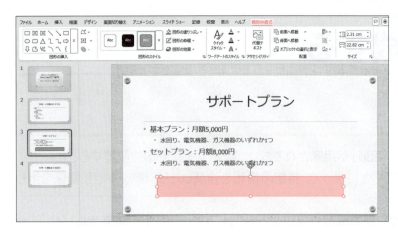

図形が作成されます。

※図形には、スタイルが適用されています。

⑥図形の周囲に○（ハンドル）が表示され、図形が選択されていることを確認します。

リボンに《図形の書式》タブが表示されます。

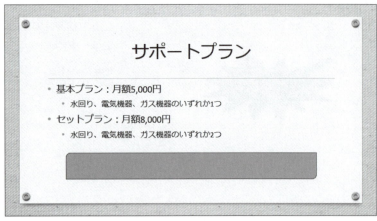

⑦図形以外の場所をクリックします。

図形の選択が解除されます。

POINT 《図形の書式》タブ

図形が選択されているとき、リボンに《図形の書式》タブが表示され、図形に関するコマンドが使用できる状態になります。

POINT 図形の削除

図形を削除する方法は、次のとおりです。

◆図形を選択→[Delete]

STEP UP その他の方法（図形の作成）

◆《ホーム》タブ→《図形描画》グループの《図形》

STEP UP アイコンの挿入

「アイコン」とは、ひと目で何を表しているかがわかるような簡単な絵柄のことです。アイコンは、「人物」や「ビジネス」、「顔」、「動物」などの豊富な種類から選択できます。挿入したアイコンは、色を変更したり効果を適用したりして、目的に合わせて自由に編集できるので、プレゼンテーションにアクセントを付けることができます。

アイコンを挿入する方法は、次のとおりです。

※インターネットに接続している必要があります。

◆《挿入》タブ→《図》グループの《アイコンの挿入》

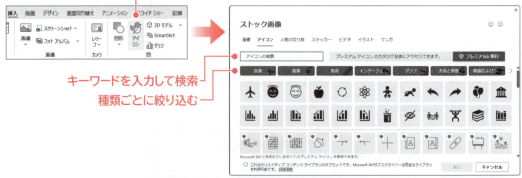

※アイコンは定期的に更新されているため、図と表示が異なる場合があります。

3 図形への文字の追加

「四角形」や「基本図形」などの図形に、文字を追加できます。
作成した図形に「**出張費と30分以内の作業費は無料です！**」という文字を追加し、フォントサイズを「**28**」に変更しましょう。

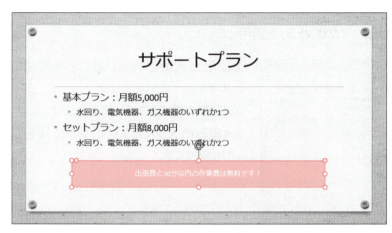

①図形をクリックします。
図形が選択されます。
②次の文字を入力します。

> 出張費と30分以内の作業費は無料です！

※数字は半角で入力します。

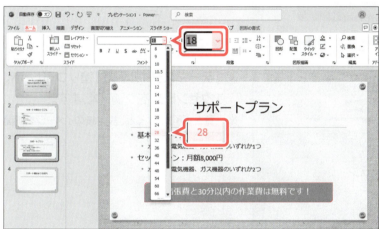

③図形の枠線をクリックします。
図形が選択されます。
※図形内に文字が入力されている場合は、図形の枠線をクリックします。
④《**ホーム**》タブを選択します。
⑤《**フォント**》グループの《**フォントサイズ**》の▼をクリックします
⑥《**28**》をクリックします。
※一覧をポイントすると、設定後のイメージを画面で確認できます。

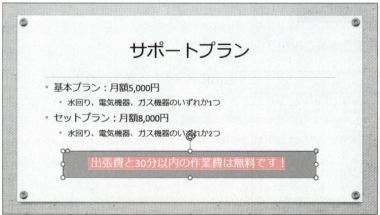

フォントサイズが変更されます。

POINT 図形の選択

図形を選択する方法は、次のとおりです。

選択対象	操作方法
図形全体	図形内に文字がない場合：図形をクリック 図形内に文字がある場合：図形の輪郭をクリック
図形内の文字	図形内の文字をドラッグ
複数の図形	1つ目の図形をクリック→ Shift を押しながら、2つ目以降の図形をクリック

235

4 図形のスタイルの適用

「**図形のスタイル**」とは、図形を装飾するための書式の組み合わせです。塗りつぶし・枠線・効果などが設定されており、図形の体裁を瞬時に整えることができます。
作成した図形には、自動的にスタイルが適用されますが、あとからスタイルの種類を変更することもできます。
図形にスタイル「**塗りつぶし-赤、アクセント3**」を適用しましょう。

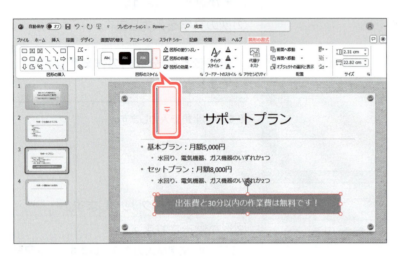

①図形が選択されていることを確認します。
②《**図形の書式**》タブを選択します。
③《**図形のスタイル**》グループの をクリックします。

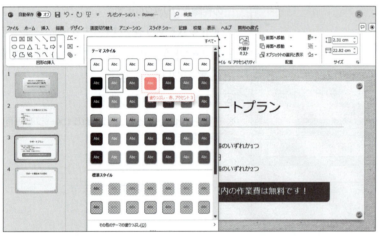

④《**テーマスタイル**》の《**塗りつぶし-赤、アクセント3**》をクリックします。

※一覧をポイントすると、設定後のイメージを画面で確認できます。

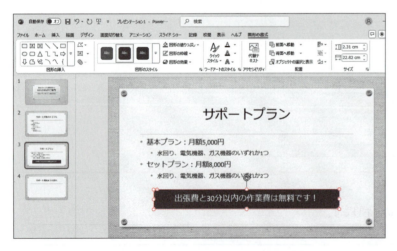

図形にスタイルが適用されます。

5 スケッチスタイルの適用

「**スケッチスタイル**」を使うと、図形の枠線のスタイルを手書き風にアレンジできます。やわらかい印象にしたい場合や、下書きの図形であることを表したい場合など、使い方が広がります。スケッチスタイルには「**曲線**」と2種類の「**フリーハンド**」が用意されています。「**線**」や「**線矢印**」などの一部の図形には、適用できません。

図形の枠線に「**曲線**」のスケッチスタイルを適用しましょう。

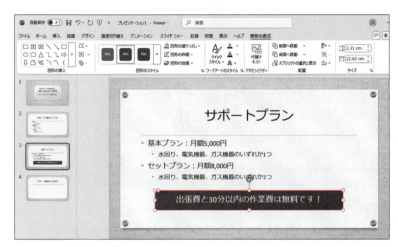

①図形が選択されていることを確認します。

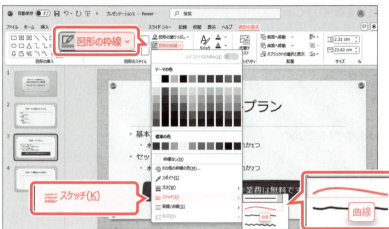

②《**図形の書式**》タブを選択します。
③《**図形のスタイル**》グループの《**図形の枠線**》の▼をクリックします。
④《**スケッチ**》をポイントします。
⑤《**曲線**》をクリックします。

※一覧をポイントすると、設定後のイメージを画面で確認できます。

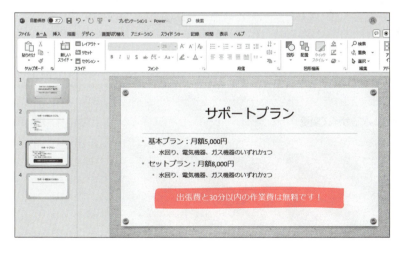

図形の枠線にスケッチスタイルが適用されます。

※適用結果が異なる場合があります。
※図形以外の場所をクリックして、選択を解除しておきましょう。

ためしてみよう

次のようにスライドを編集しましょう。

●スライド2

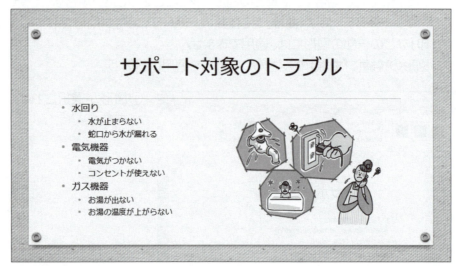

① スライド2に、フォルダー「第11章」の画像「トラブル」を挿入しましょう。

HINT 画像を挿入するには、《挿入》タブ→《画像》グループの《画像を挿入します》を使います。

② 図を参考に、画像のサイズと位置を調整しましょう。

①
① スライド2を選択
②《挿入》タブを選択
③《画像》グループの《画像を挿入します》をクリック
④《このデバイス》をクリック
⑤ 左側の一覧から《ドキュメント》を選択
⑥ 一覧から「Word2024&Excel2024&PowerPoint2024」を選択
⑦《開く》をクリック
⑧ 一覧から「第11章」を選択
⑨《開く》をクリック
⑩ 一覧から「トラブル」を選択
⑪《挿入》をクリック

②
① 画像を選択
② 画像の○（ハンドル）をドラッグして、サイズ変更
③ 画像をドラッグして、移動

STEP 7 SmartArtグラフィックを作成する

1 SmartArtグラフィック

「SmartArtグラフィック」とは、複数の図形を組み合わせて、情報の相互関係を視覚的にわかりやすく表現した図解のことです。SmartArtグラフィックには、**「手順」「循環」「階層構造」「集合関係」**などの種類が用意されており、目的のレイアウトを選択するだけでデザイン性の高い図解を作成できます。

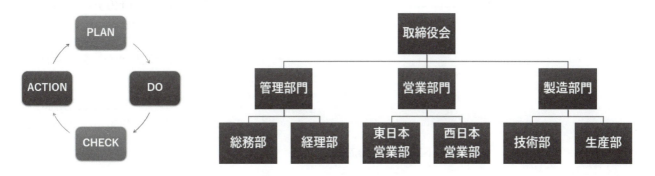

2 SmartArtグラフィックの作成

スライド4に、SmartArtグラフィック**「矢印型ステップ」**を作成しましょう。

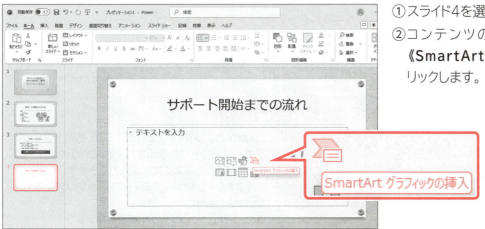

①スライド4を選択します。
②コンテンツのプレースホルダーの《SmartArtグラフィックの挿入》をクリックします。

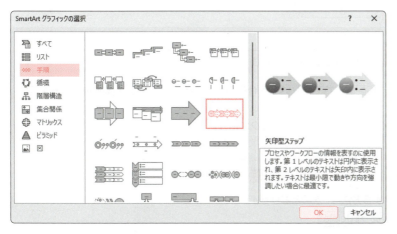

《SmartArtグラフィックの選択》ダイアログボックスが表示されます。
③左側の一覧から《手順》を選択します。
④中央の一覧から《矢印型ステップ》を選択します。
右側に選択したSmartArtグラフィックの説明が表示されます。
⑤《OK》をクリックします。

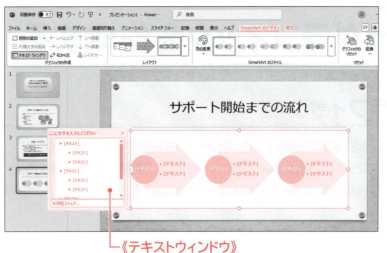

《テキストウィンドウ》

SmartArtグラフィックが作成され、テキストウィンドウが表示されます。

※SmartArtグラフィックには、スタイルが適用されています。
※テキストウィンドウが表示されていない場合は、SmartArtグラフィックを選択し、左側にある◀をクリックします。

⑥SmartArtグラフィックの周囲に枠線と○（ハンドル）が表示され、SmartArtグラフィックが選択されていることを確認します。

リボンに《SmartArtのデザイン》タブと《書式》タブが表示されます。

⑦SmartArtグラフィック以外の場所をクリックします。

SmartArtグラフィックの選択が解除され、テキストウィンドウが非表示になります。

POINT 《SmartArtのデザイン》タブと《書式》タブ

SmartArtグラフィックが選択されているとき、リボンに《SmartArtのデザイン》タブと《書式》タブが表示され、SmartArtグラフィックに関するコマンドが使用できる状態になります。

POINT テキストウィンドウの表示・非表示

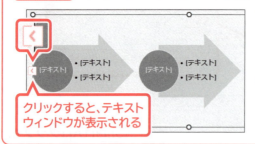

クリックすると、テキストウィンドウが表示される

SmartArtグラフィックを作成すると、初期の設定ではテキストウィンドウが表示されます。このテキストウィンドウを使うと効率よく文字を入力できます。
テキストウィンドウの表示・非表示を切り替える方法は、次のとおりです。
◆SmartArtグラフィックを選択→◀／▶

POINT SmartArtグラフィックの作成

コンテンツのプレースホルダーが配置されていないスライドにSmartArtグラフィックを作成する方法は、次のとおりです。
◆《挿入》タブ→《図》グループの《SmartArtグラフィックの挿入》

POINT SmartArtグラフィックの削除

SmartArtグラフィックを削除する方法は、次のとおりです。
◆SmartArtグラフィックを選択→ Delete

3 テキストウィンドウの利用

SmartArtグラフィックの図形に直接文字を入力することもできますが、「**テキストウィンドウ**」を使って文字を入力すると、図形の追加や削除、レベルの上げ下げなどを簡単に行うことができます。
テキストウィンドウを使って、SmartArtグラフィックに文字を入力しましょう。

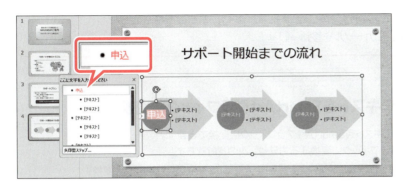

①SmartArtグラフィック内をクリックします。

テキストウィンドウが表示されます。

②テキストウィンドウの1行目に「**申込**」と入力します。

※文字を入力し、確定後に Enter を押すと改行されて新しい行頭文字が追加されます。誤って改行した場合は、《元に戻す》をクリックして元に戻します。

SmartArtグラフィックの図形に文字が表示されます。

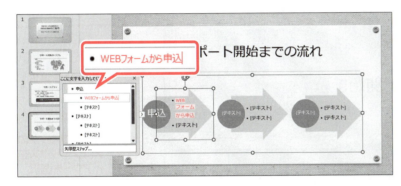

③ ↓ を押します。
④テキストウィンドウの2行目に「**WEBフォームから申込**」と入力します。

SmartArtグラフィックの図形に文字が表示されます。
3行目の項目を削除します。

⑤「**WEBフォームから申込**」のうしろにカーソルが表示されていることを確認します。
⑥ Delete を押します。

箇条書きが削除されます。
⑦同様に、次のように文字を入力します。

| 3行目：登録 |
| 4行目：会員証を郵送 |
| 5行目：（削除） |
| 6行目：開始 |
| 7行目：会員証到着後、サポート開始 |
| 8行目：（削除） |

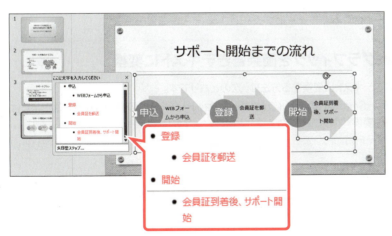

POINT SmartArtグラフィックの図形の追加・削除

SmartArtグラフィックに図形を追加するには、項目のうしろにカーソルを移動して Enter を押します。
SmartArtグラフィックから図形を削除するには、項目の文字を選択して Delete を押します。
テキストウィンドウとSmartArtグラフィックは連動しており、項目を追加すると図形も追加され、削除すると図形も削除されます。
※SmartArtグラフィックの種類によって、項目だけが追加されたり、削除されたりする場合があります。

POINT レベルの変更

テキストウィンドウを使って、SmartArtグラフィックの項目のレベルを変更できます。変更すると、SmartArtグラフィックの図形の配置も変更されます。
項目のレベルを変更する方法は、次のとおりです。

レベルを上げる場合
◆テキストウィンドウ内の項目にカーソルを移動→ Shift + Tab

レベルを下げる場合
◆テキストウィンドウ内の項目にカーソルを移動→ Tab

STEP UP 箇条書きテキストをSmartArtグラフィックに変換

スライドに入力済みの箇条書きテキストをSmartArtグラフィックに変換できます。
箇条書きテキストをSmartArtグラフィックに変換する方法は、次のとおりです。
◆箇条書きテキストを選択→《ホーム》タブ→《段落》グループの《SmartArtグラフィックに変換》

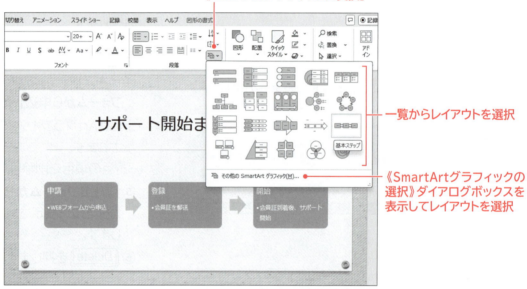

STEP UP SmartArtグラフィックを箇条書きテキストに変換

SmartArtグラフィックを箇条書きテキストに変換する方法は、次のとおりです。
◆SmartArtグラフィックを選択→《SmartArtのデザイン》タブ→《リセット》グループの《SmartArtを図形またはテキストに変換》→《テキストに変換》

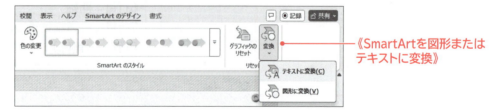

4 SmartArtグラフィックのスタイルの適用

「SmartArtのスタイル」とは、SmartArtグラフィックを装飾するための書式の組み合わせです。様々な色のパターンやデザインが用意されており、SmartArtグラフィックの見た目を瞬時にアレンジできます。作成したSmartArtグラフィックには、自動的にスタイルが適用されますが、あとからスタイルの種類を変更することもできます。
SmartArtグラフィックに、色**「カラフル-アクセント2から3」**とスタイル**「白枠」**を適用しましょう。

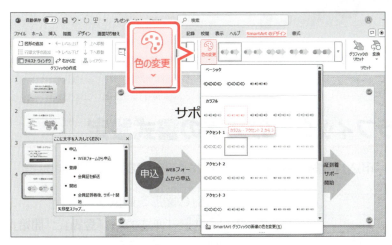

①SmartArtグラフィックの枠線をクリックします。

SmartArtグラフィックが選択されます。

②《**SmartArtのデザイン**》タブを選択します。

③《**SmartArtのスタイル**》グループの《**色の変更**》をクリックします。

④《**カラフル**》の《**カラフル-アクセント2から3**》をクリックします。

※一覧をポイントすると、設定後のイメージを画面で確認できます。

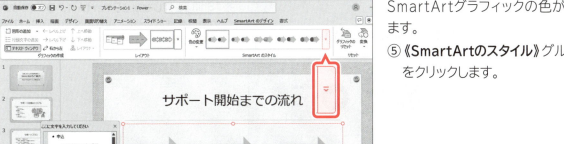

SmartArtグラフィックの色が変更されます。

⑤《**SmartArtのスタイル**》グループの▼をクリックします。

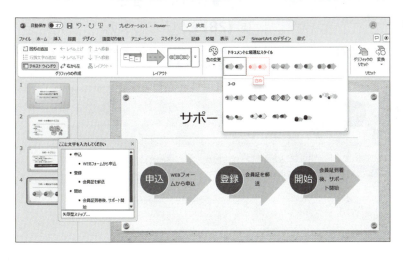

⑥《**ドキュメントに最適なスタイル**》の《**白枠**》をクリックします。

※一覧をポイントすると、設定後のイメージを画面で確認できます。

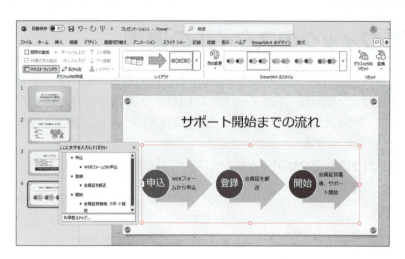

SmartArtグラフィックにスタイルが適用されます。

5 SmartArtグラフィック内の文字の書式設定

SmartArtグラフィック内の「申込」「登録」「開始」のフォントサイズを「28」に変更しましょう。

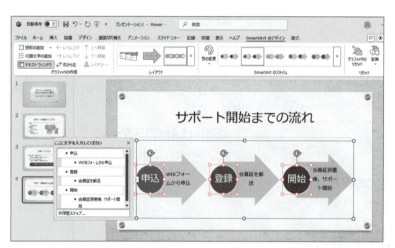

① 「申込」の図形を選択します。
② [Shift]を押しながら、「登録」と「開始」の図形を選択します。

※[Shift]を押しながらSmartArtグラフィック内の図形を選択すると、複数の図形をまとめて選択できます。

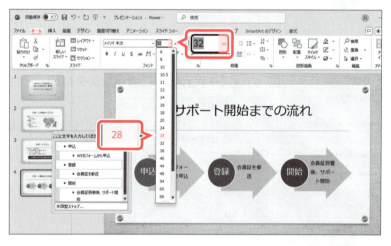

③《ホーム》タブを選択します。
④《フォント》グループの《フォントサイズ》の▼をクリックします。
⑤《28》をクリックします。

※一覧をポイントすると、設定後のイメージを画面で確認できます。

「申込」「登録」「開始」のフォントサイズが変更されます。

※SmartArtグラフィック以外の場所をクリックして、選択を解除しておきましょう。

Let's Try ためしてみよう

SmartArtグラフィック内の「WEBフォームから申込」「会員証を郵送」「会員証到着後、サポート開始」のフォントサイズを「14」に変更しましょう。

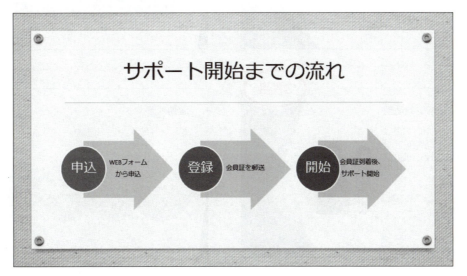

① 「WEBフォームから申込」の図形を選択
② [Shift]を押しながら、「会員証を郵送」と「会員証到着後、サポート開始」の図形を選択
③《ホーム》タブを選択
④《フォント》グループの《フォントサイズ》の▼をクリック
⑤《14》をクリック

※プレゼンテーションに「プレゼンテーションを作成しよう完成」と名前を付けて、フォルダー「第11章」に保存し、閉じておきましょう。
※PowerPointを終了しておきましょう。

245

 練習問題　

あなたは、チャリティー活動の広報を担当しており、2025年度の活動報告のプレゼンテーションを作成することになりました。
完成図のようなプレゼンテーションを作成しましょう。

●完成図

1枚目

2枚目

3枚目

4枚目

① PowerPointを起動し、新しいプレゼンテーションを作成しましょう。

② プレゼンテーションにテーマ「**ファセット**」を適用しましょう。

③ プレゼンテーションに適用したテーマの配色を「**赤紫**」に変更しましょう。

(HINT) テーマの配色を変更するには、《デザイン》タブ→《バリエーション》グループの→《配色》を使います。

④ スライド1に、次のタイトルとサブタイトルを入力しましょう。

●タイトル

2025年度活動報告

●サブタイトル

チェリーブロッサムの会

※数字は半角で入力します。

⑤ タイトルのフォントサイズを「**72**」、サブタイトルのフォントサイズを「**32**」に変更しましょう。

⑥ 2枚目に「**タイトルとコンテンツ**」のレイアウトのスライドを挿入し、次のタイトルと箇条書きテキストを入力しましょう。

●タイトル

講習会活動

●箇条書きテキスト

5月□手話講習会の実施 [Enter]
9月□手話講習会の実施 [Enter]
1月□車いす体験講習会の実施

※数字は半角で入力します。
※□は全角スペースを表します。
※[Enter]で改行します。

⑦ 箇条書きテキストのフォントサイズを「**28**」に変更しましょう。

⑧ 完成図を参考に、スライド2に図形「**吹き出し：上矢印**」を作成し、「**毎週木曜日□午後7時から1時間**」という文字を追加しましょう。

※□は全角スペースを表します。
※数字は半角で入力します。

⑨ 図形内の文字のフォントサイズを「**24**」に変更しましょう。

⑩ 図形にスタイル「**グラデーション-青、アクセント3**」を適用しましょう。
次に、図形の枠線に「**曲線**」のスケッチスタイルを適用しましょう。

⑪ 3枚目に「**タイトルとコンテンツ**」のレイアウトのスライドを挿入し、次のタイトルと箇条書きテキストを入力しましょう。
次に、箇条書きテキストの2～5行目、7～8行目のレベルを1段階下げましょう。

●タイトル

チャリティーイベント活動

●箇条書きテキスト

チャリティーバザーの実施 [Enter]
　6月15日（日）児童福祉施設「すくすく学園」 [Enter]
　6月22日（日）桜市市民プラザ [Enter]
　12月14日（日）児童福祉施設「バードウィング」 [Enter]
　12月21日（日）いちょう市市民会館 [Enter]
チャリティーコンサートの実施 [Enter]
　11月22日（土）養護老人ホーム「若竹館」 [Enter]
　11月23日（日）養護老人ホーム「しんみらい」

※[Enter]で改行します。
※数字は半角で入力します。

247

⑫ スライド3の箇条書きテキストの1行目と6行目のフォントサイズを「**28**」に変更しましょう。

⑬ スライド3に、フォルダー「**第11章**」の画像「**講演者**」を挿入し、完成図を参考に画像のサイズと位置を調整しましょう。

(HINT) 画像を挿入するには、《挿入》タブ→《画像》グループの《画像を挿入します》を使います。

⑭ 4枚目に「**タイトルとコンテンツ**」のレイアウトのスライドを挿入し、次のタイトルと箇条書きテキストを入力しましょう。

●タイトル

活動理念

●箇条書きテキスト

自分からすすんで行動する [Enter] 共に支えあい、学びあう [Enter] 見返りを求めない [Enter] よりよい社会をつくる

※ [Enter] で改行します。

⑮ スライド4の箇条書きテキストをSmartArtグラフィック「**横方向ベン図**」に変換しましょう。

(HINT) 箇条書きテキストをSmartArtグラフィックに変換するには、《ホーム》タブ→《段落》グループの《SmartArtグラフィックに変換》を使います。

⑯ SmartArtグラフィックに、色「**カラフル-全アクセント**」とスタイル「**パステル**」を適用しましょう。

※プレゼンテーションに「第11章練習問題完成」と名前を付けて、フォルダー「第11章」に保存し、閉じておきましょう。

第 12 章

スライドショーを実行しよう
PowerPoint 2024

この章で学ぶこと ……………………………………………… 250

STEP 1 スライドショーを実行する ……………………… 251

STEP 2 画面切り替えの効果を設定する ……………… 253

STEP 3 アニメーションを設定する …………………… 256

STEP 4 プレゼンテーションを印刷する ……………… 258

STEP 5 発表者ツールを使用する …………………… 262

練習問題 ………………………………………………………… 268

この章で学ぶこと

学習前に習得すべきポイントを理解しておき、
学習後には確実に習得できたかどうかを振り返りましょう。

■ スライドショーを実行できる。　　→ P.251

■ スライドが切り替わるときの効果を設定できる。　　→ P.253

■ スライド上のオブジェクトにアニメーションを設定できる。　　→ P.256

■ プレゼンテーションを印刷するレイアウトにどのような形式があるかを説明できる。　　→ P.258

■ ノートペインを表示して、スライドに補足説明を入力できる。　　→ P.259

■ プレゼンテーションをノートの形式で印刷できる。　　→ P.260

■ 発表者ツールを使ってスライドショーを実行できる。　　→ P.263

■ 発表者ツールを使って目的のスライドにジャンプできる。　　→ P.266

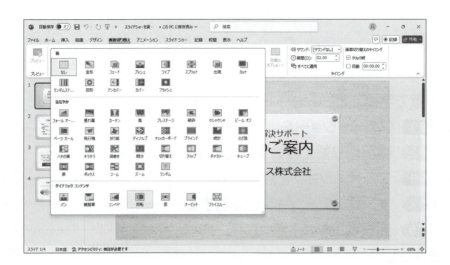

STEP 1 スライドショーを実行する

1 スライドショーの実行

OPEN スライドショーを実行しよう

プレゼンテーションを行う際に、スライドを画面全体に表示して、順番に閲覧していくことを**「スライドショー」**といいます。マウスでクリックするか、Enterを押すと、スライドが1枚ずつ切り替わります。
スライド1からスライドショーを実行し、作成したプレゼンテーションを確認しましょう。

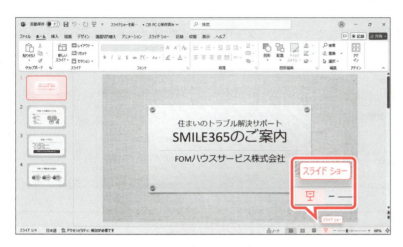

①スライド1を選択します。
②ステータスバーの《スライドショー》をクリックします。

スライドショーが実行され、スライド1が画面全体に表示されます。
次のスライドを表示します。
③クリックします。
※Enterを押してもかまいません。

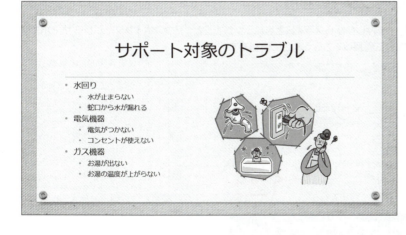

スライド2が表示されます。
④同様に、最後のスライドまで表示します。

スライドショーが終了すると、「**スライドショーの最後です。クリックすると終了します。**」というメッセージが表示されます。

⑤クリックします。

※ Enter を押してもかまいません。

スライドショーが終了し、元の表示モードに戻ります。

STEP UP　その他の方法（スライドショーの実行）

◆ F5 ／ Shift + F5
※ F5 は先頭から、 Shift + F5 は選択したスライドからスライドショーを開始します。
◆《スライドショー》タブ→《スライドショーの開始》グループの《先頭から開始》／《このスライドから開始》

POINT　スライドショー実行中のスライドの切り替え

スライドショー実行中に、説明に合わせてタイミングよくスライドを切り替えると効果的です。
スライドショーでスライドを切り替える主な方法は、次のとおりです。

スライドの切り替え	操作方法
次のスライドに進む	Enter
前のスライドに戻る	Back Space
特定のスライドへ移動する	スライド番号を入力→ Enter 例：「3」と入力して Enter を押すと、スライド3が表示
スライドショーを途中で終了する	Esc

STEP UP　レーザーポインターの利用

スライドショー実行中に、 Ctrl を押しながらスライド上をドラッグすると、マウスポインターがレーザーポインターに変わります。スライドの内容に着目してもらう場合に便利です。

STEP 2 画面切り替えの効果を設定する

1 画面切り替え

「**画面切り替え**」を設定すると、スライドショーでスライドが切り替わるときに変化を付けることができます。モザイク状に徐々に切り替える、扉が中央から開くように切り替えるなど、様々な切り替えが可能です。
画面切り替えは、スライドごとに異なる効果を設定したり、すべてのスライドに同じ効果を設定したりできます。

 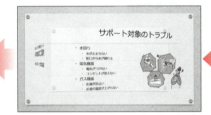 

2 画面切り替えの設定

スライド1に「**回転**」の画面切り替えを設定しましょう。
次に、すべてのスライドに同じ画面切り替えを適用しましょう。

①スライド1を選択します。
②《**画面切り替え**》タブを選択します。
③《**画面切り替え**》グループの をクリックします。

253

④《ダイナミックコンテンツ》の《回転》をクリックします。

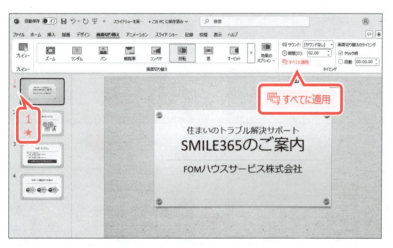

現在選択しているスライドに画面切り替えが設定されます。
⑤サムネイルペインのスライド1に★が表示されていることを確認します。
⑥《タイミング》グループの《すべてに適用》をクリックします。

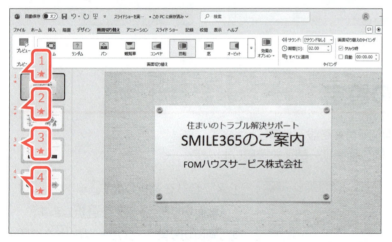

すべてのスライドに画面切り替えが設定されます。
⑦サムネイルペインのすべてのスライドに★が表示されていることを確認します。

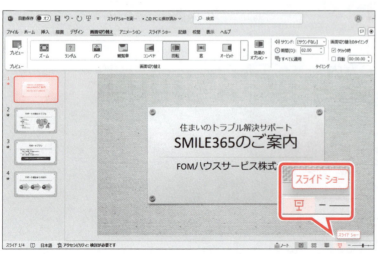

スライドショーを実行して確認します。
⑧スライド1が選択されていることを確認します。
⑨ステータスバーの《スライドショー》をクリックします。

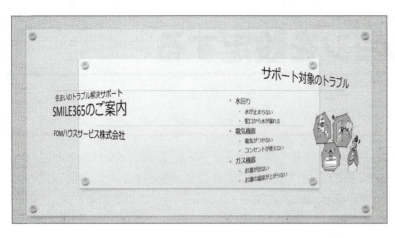

スライドショーで表示されます。
スライドが切り替わるときの画面切り替えを確認します。

⑩クリックします。

※ Enter を押してもかまいません。

⑪画面切り替えが再生されます。

※すべてのスライドの画面切り替えを確認しておきましょう。確認後、Esc を押してスライドショーを終了しておきましょう。

POINT 画面切り替えのプレビュー

標準表示で画面切り替えを再生する方法は、次のとおりです。

◆スライドを選択→《画面切り替え》タブ→《プレビュー》グループの《画面切り替えのプレビュー》

POINT 画面切り替えの解除

設定した画面切り替えを解除する方法は、次のとおりです。

◆スライドを選択→《画面切り替え》タブ→《画面切り替え》グループの →《弱》の《なし》

※すべてのスライドの画面切り替えを解除するには、《タイミング》グループの《すべてに適用》をクリックする必要があります。

STEP UP 効果のオプションの設定

画面切り替えの種類によって、動作の方向や形状などの動きをアレンジできるものがあります。
画面切り替えの動きをアレンジする方法は、次のとおりです。

◆スライドを選択→《画面切り替え》タブ→《画面切り替え》グループの《効果のオプション》

※選択している画面切り替えの種類によって、ボタンの表示や設定できる内容が異なります。

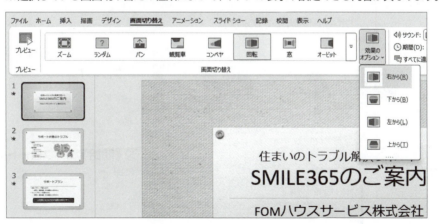

STEP 3 アニメーションを設定する

1 アニメーション

「**アニメーション**」とは、スライド上のタイトルや箇条書きテキスト、図形、SmartArtグラフィックなどのオブジェクトに対して、動きを付ける効果のことです。波を打つように揺れる、ピカピカと点滅する、徐々に拡大するなど、様々なアニメーションが用意されています。
アニメーションを使うと、重要な箇所が強調され、見る人の注目を集めることができます。
アニメーションには、次の4つの種類があります。

種類	説明
開始	オブジェクトが表示されるときのアニメーション
強調	オブジェクトが表示されているときのアニメーション
終了	オブジェクトが非表示になるときのアニメーション
アニメーションの軌跡	オブジェクトがスライド上を移動するときのアニメーション

2 アニメーションの設定

アニメーションは、対象のオブジェクトを選択してから設定します。
スライド4のSmartArtグラフィックに**「開始」**の**「フロートイン」**のアニメーションを設定しましょう。

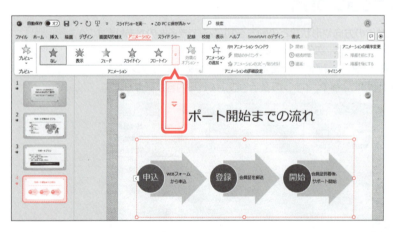

①スライド4を選択します。
②SmartArtグラフィックを選択します。
※《テキストウィンドウ》が表示された場合は、左側にある▶をクリックして、非表示にしておきましょう。
③《**アニメーション**》タブを選択します。
④《**アニメーション**》グループの をクリックします。

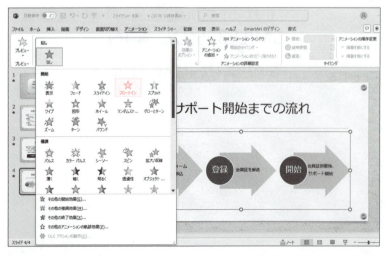

⑤《**開始**》の《**フロートイン**》をクリックします。

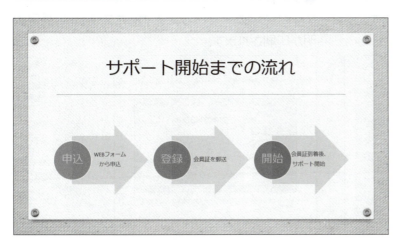

アニメーションが設定されます。

⑥SmartArtグラフィックの左側に「1」が表示されていることを確認します。

※この番号は、アニメーションの再生順序を表します。

スライドショーを実行して確認します。

⑦スライド4が選択されていることを確認します。

⑧ステータスバーの《スライドショー》をクリックします。

スライド4がスライドショーで表示されます。SmartArtグラフィックが表示されるときのアニメーションを確認します。

⑨クリックします。

※ Enter を押してもかまいません。

アニメーションが再生されます。

※ Esc を押してスライドショーを終了しておきましょう。

POINT　アニメーションのプレビュー

標準表示でアニメーションを再生する方法は、次のとおりです。
◆スライドを選択→《アニメーション》タブ→《プレビュー》グループの《アニメーションのプレビュー》

POINT　アニメーションの解除

設定したアニメーションを解除する方法は、次のとおりです。
◆オブジェクトを選択→《アニメーション》タブ→《アニメーション》グループの →《なし》の《なし》

STEP UP　アニメーションの番号

アニメーションの番号は、標準表示で《アニメーション》タブが選択されているときだけ表示されます。スライドショー実行中やその他のタブが選択されているときは表示されません。また、アニメーションの番号は印刷されません。

STEP UP　効果のオプションの設定

アニメーションの種類によって、動作の方向や形状などの動きをアレンジできるものがあります。
アニメーションの動きをアレンジする方法は、次のとおりです。
◆オブジェクトを選択→《アニメーション》タブ→《アニメーション》グループの《効果のオプション》

STEP 4 プレゼンテーションを印刷する

1 印刷のレイアウト

作成したプレゼンテーションは、スライドをそのままの形式で印刷したり、配布資料として1枚の用紙に複数のスライドを印刷したりできます。
印刷のレイアウトには、次のようなものがあります。

●フルページサイズのスライド
1枚の用紙全面にスライドを1枚ずつ印刷します。

●ノート
スライドと、ノートペインに入力したスライドの補足説明が印刷されます。

●アウトライン
スライド番号と文字が印刷され、画像や表、グラフなどは印刷されません。

●配布資料
1枚の用紙に印刷するスライドの枚数を指定して印刷します。1枚の用紙に3枚のスライドを印刷するように設定した場合、用紙の右半分にメモ欄が印刷されます。

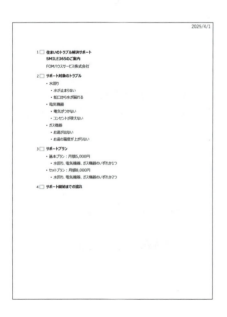

2 ノートペインへの入力

「ノートペイン」とは、作業中のスライドに補足説明を書き込む領域のことです。
ノートペインの表示・非表示を切り替えるには、ステータスバーの《ノート》をクリックします。
ノートペインを表示し、スライド2にノートを入力しましょう。

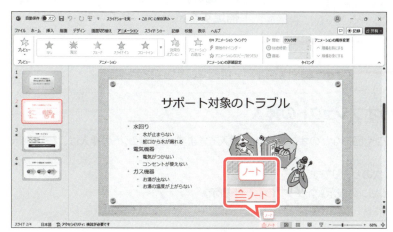

①スライド2を選択します。
②ステータスバーの《ノート》をクリックします。

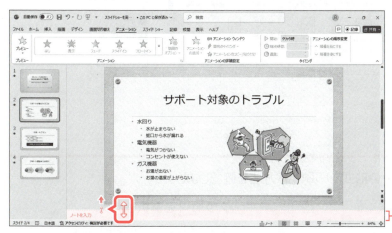

ノートペインが表示されます。
ノートペインの領域を拡大します。
③スライドペインとノートペインの境界線をポイントします。
マウスポインターの形が⇕に変わります。
④図のようにドラッグします。

《ノートペイン》

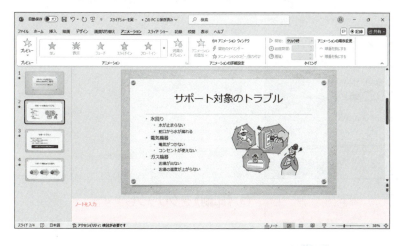

ノートペインの領域が拡大されます。

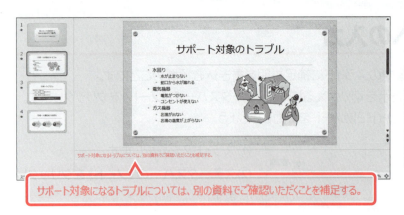

⑤ノートペイン内をクリックします。
ノートペインにカーソルが表示されます。
⑥次の文字を入力します。

> サポート対象になるトラブルについては、別の資料でご確認いただくことを補足する。

STEP UP ノートへのオブジェクトの挿入

ノートには文字だけでなく、グラフや図形などのオブジェクトも挿入できます。オブジェクトの挿入は、ノート表示で行います。
ノート表示に切り替える方法は、次のとおりです。
◆《表示》タブ→《プレゼンテーションの表示》グループの《ノート表示》

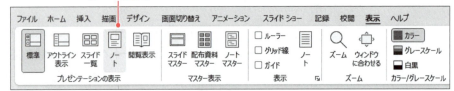

3　ノートの印刷

すべてのスライドを、ノートの形式で印刷する方法を確認しましょう。

① スライド1を選択します。
②《ファイル》タブを選択します。

③《印刷》をクリックします。

印刷イメージが表示されます。
④《設定》の《フルページサイズのスライド》をクリックします。
⑤《印刷レイアウト》の《ノート》をクリックします。

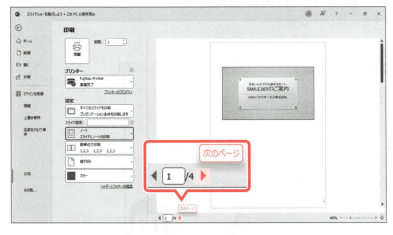

印刷イメージが変更されます。
2ページ目を表示します。
⑥《次のページ》をクリックします。

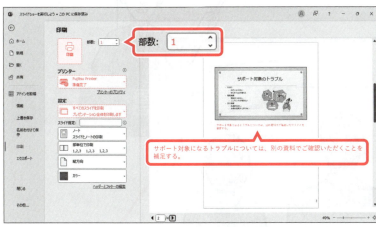

⑦ノートペインに入力した内容が表示されていることを確認します。
印刷を実行します。
⑧《部数》を確認します。
⑨《プリンター》に出力するプリンターの名前が表示されていることを確認します。
※表示されていない場合は、▼をクリックし、一覧から選択します。
⑩《設定》が《すべてのスライドを印刷》になっていることを確認します。
⑪《印刷》をクリックします。
※印刷を実行しない場合は、[Esc]を押します。
※ステータスバーの《ノート》をクリックして、ノートペインを非表示にしておきましょう。

STEP 5 発表者ツールを使用する

1 発表者ツール

「発表者ツール」は、パソコンにプロジェクターや外部ディスプレイを接続して、プレゼンテーションを実施するような場合に使用します。出席者が見るスクリーンや画面にはスライドショーが表示され、発表者が見る画面には発表者ツールが表示されます。
発表者ツールの画面には、ノートペインの補足説明やスライドショーの経過時間などが表示されます。出席者が見るスライドショーには表示されないため、発表者だけがプレゼンテーションを実施しながら確認することができます。

スライドショー

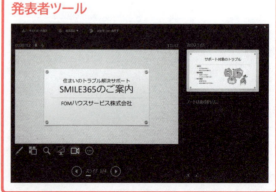

発表者ツール

2 発表者ツールの使用

ノートパソコンにプロジェクターを接続して、ノートパソコンのディスプレイに発表者ツール、プロジェクターのスクリーンにスライドショーを表示する方法を確認しましょう。

①パソコンにプロジェクターを接続します。

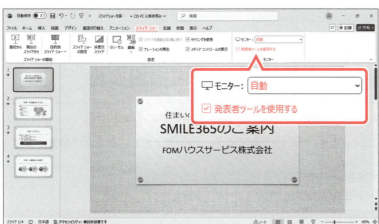

②《**スライドショー**》タブを選択します。
③《**モニター**》グループの《**プレゼンテーションの表示先**》が《**自動**》になっていることを確認します。
④《**モニター**》グループの《**発表者ツールを使用する**》を☑にします。

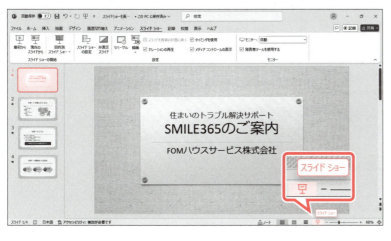

⑤スライド1が選択されていることを確認します。
⑥ステータスバーの《**スライドショー**》をクリックします。

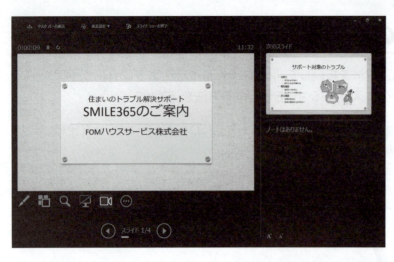

パソコンのディスプレイに、発表者ツールが表示されます。

※発表者ツールの画面にボタンが表示されていないは場合は、図を参考にボタンの位置をポイントすると表示されます。

プロジェクターのスクリーンに、スライドショーが表示されます。

> **POINT** プロジェクターを接続せずに発表者ツールを使用する
>
> プロジェクターや外部ディスプレイを接続しなくても、発表者ツールを使用できます。本番前の練習に便利です。
> プロジェクターを接続せずに発表者ツールを使用する方法は、次のとおりです。
> ◆スライドショーを実行→スライドを右クリック→《発表者ツールを表示》

3 発表者ツールの画面構成

発表者ツールの画面構成を確認しましょう。
※お使いの環境によっては、表示が異なる場合があります。

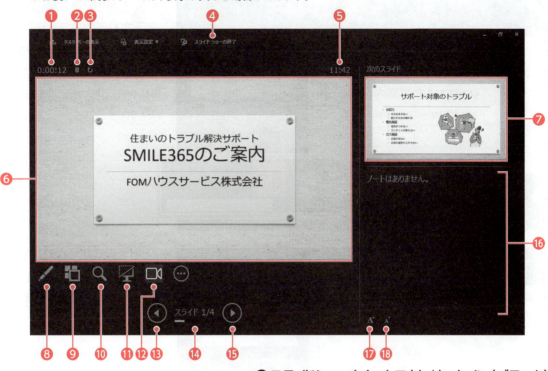

❶タイマー
スライドショーの経過時間が表示されます。

❷タイマーを停止します
タイマーのカウントを一時的に停止します。
※一時停止中は、▶（タイマーを再開します）に変わります。

❸タイマーを再スタートします
タイマーをリセットして、「0:00:00」に戻します。

❹スライドショーの終了
スライドショーを終了します。

❺現在の時刻
現在の時刻を表示します。

❻現在のスライド
スクリーンに表示されているスライドを表示します。

❼次のスライド
次に表示されるスライドを表示します。

❽ペンとレーザーポインターツール
ペンや蛍光ペンでスライドに書き込みができます。
※ペンや蛍光ペンを解除するには、Escを押します。

❾すべてのスライドを表示します
すべてのスライドを一覧で表示します。
※一覧から元の画面に戻るには、Escを押します。

❿スライドを拡大します
スクリーンにスライドの一部を拡大して表示します。
※拡大した画面から元の画面に戻るには、Escを押します。

⓫スライドショーをカットアウト/カットイン（ブラック）します
画面を黒くして、表示中のスライドを一時的に非表示にします。
※黒い画面から元の画面に戻るには、Escを押します。

⓬カメラの切り替え
スライドにレリーフが挿入されている場合、カメラのオンとオフを切り替えます。

⓭前のアニメーションまたはスライドに戻る
前のアニメーションやスライドを表示します。

⓮スライド番号/全スライド枚数
表示中のスライドのスライド番号とすべてのスライドの枚数を表示します。クリックすると、すべてのスライドが一覧で表示されます。
※一覧から元の画面に戻るには、Escを押します。

⓯次のアニメーションまたはスライドに進む
次のアニメーションやスライドを表示します。

⓰ノート
ノートペインに入力したスライドの補足説明が表示されます。

⓱テキストを拡大します
ノートの文字を拡大して表示します。

⓲テキストを縮小します
ノートの文字を縮小して表示します。

4 スライドショーの実行

発表者ツールを使って、スライドショーを実行しましょう。

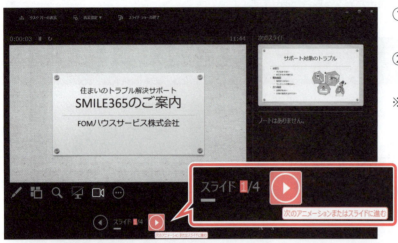

①発表者ツールの画面に、スライド1が表示されていることを確認します。
②《次のアニメーションまたはスライドに進む》をクリックします。
※スライド上をクリック、または Enter を押してもかまいません。

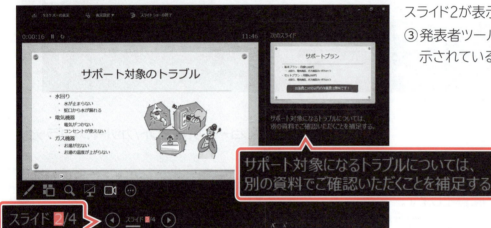

スライド2が表示されます。
③発表者ツールのノートに補足説明が表示されていることを確認します。

5 目的のスライドへジャンプ

発表者ツールの「**すべてのスライドを表示します**」を使うと、スライドの一覧から目的のスライドを選択してジャンプできます。スクリーンにはスライドの一覧は表示されず、表示中のスライドから目的のスライドに一気にジャンプしたように見えます。
発表者ツールを使って、スライド4にジャンプしましょう。

①《**すべてのスライドを表示します**》をクリックします。

すべてのスライドの一覧が表示されます。
※スクリーンに一覧は表示されず、直前のスライドが表示されたままの状態になります。

②スライド4をクリックします。

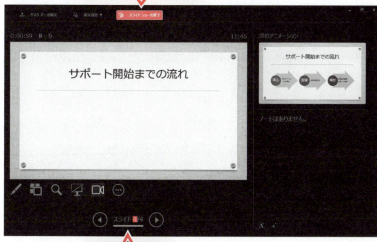

発表者ツールに、スライド4が表示されます。
※スクリーンにもスライド4が表示されます。
スライドショーを終了します。

③《スライドショーの終了》をクリックします。

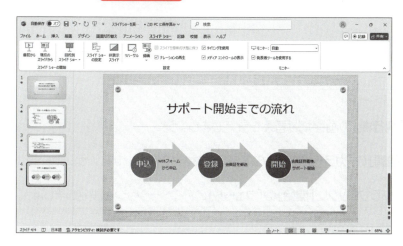

スライドショーが終了し、元の表示モードに戻ります。
※プレゼンテーションに「スライドショーを実行しよう完成」と名前を付けて、フォルダー「第12章」に保存し、閉じておきましょう。
※パソコンからプロジェクターを取り外しておきましょう。

STEP UP　レリーフ

「レリーフ」とは、スライドにカメラの映像を表示する枠のことで、スライドショー実行中の映像をリアルタイムに表示できます。レリーフは「カメオ」と呼ばれることもあります。発表者の顔を出してプレゼンテーションを実施する場合などに便利です。
レリーフを挿入する方法は、次のとおりです。

◆《挿入》タブ→《カメラ》グループの《レリーフの挿入》の▼→《このスライド》／《すべてのスライド》

《レリーフ》

267

練習問題

あなたは、チャリティー活動の広報を担当しており、2025年度の活動報告のプレゼンテーションを作成することになりました。ここでは、スライドショーを実行する準備をします。
完成図のようなプレゼンテーションを作成しましょう。

●完成図

① すべてのスライドに**「飛行機」**の画面切り替えを設定しましょう。

② スライド2の図形に**「強調」**の**「カラーパルス」**のアニメーションを設定しましょう。

③ スライド4のSmartArtグラフィックに**「開始」**の**「フェード」**のアニメーションを設定しましょう。

④ スライド1からスライドショーを実行しましょう。

⑤ スライド4のノートペインに次のように入力しましょう。

チェリーブロッサムの会の活動理念をご紹介します。

※ノートペインを非表示にしておきましょう。

⑥ すべてのスライドを、ノートの形式で1部印刷しましょう。

※プレゼンテーションに「第12章練習問題完成」と名前を付けて、フォルダー「第12章」に保存し、閉じておきましょう。
※PowerPointを終了しておきましょう。

第13章

アプリ間でデータ連携をしよう

この章で学ぶこと	…………………………………………	270
STEP 1 ExcelのデータをWordの文書に貼り付ける	………………	271
STEP 2 ExcelのデータをWordの文書に差し込んで印刷する	…	278
STEP 3 Wordの文書をPowerPointのプレゼンテーションで利用する	…	287

この章で学ぶこと

学習前に習得すべきポイントを理解しておき、
学習後には確実に習得できたかどうかを振り返りましょう。

■「貼り付け」「図として貼り付け」「リンク貼り付け」の違いを説明できる。　→ P.272　☑☑☑

■ 複数のアプリを起動し、アプリを切り替えることができる。　→ P.273　☑☑☑

■ Excelの表をWordに貼り付けることができる。　→ P.274　☑☑☑

■ ExcelのグラフをWordに図として貼り付けることができる。　→ P.276　☑☑☑

■ 差し込み印刷に必要なデータを説明できる。　→ P.279　☑☑☑

■ 差し込み印刷の手順を理解し、ひな形の文書や宛先リストを設定できる。　→ P.280　☑☑☑

■ 宛先リストのフィールド（項目）をひな形の文書に挿入できる。　→ P.284　☑☑☑

■ 宛先リストを差し込んだ結果を文書に表示できる。　→ P.284　☑☑☑

■ データを差し込んで文書を印刷できる。　→ P.285　☑☑☑

■ Wordの表示モードをアウトライン表示に切り替えて、アウトラインレベルを設定できる。　→ P.288　☑☑☑

■ Wordの文書を利用してプレゼンテーションを作成できる。　→ P.292　☑☑☑

STEP 1 ExcelのデータをWordの文書に貼り付ける

1 作成する文書の確認

次のような文書を作成しましょう。

No.25EK-A401
2025年4月1日

従業員各位

営業管理部長

2024年度第4四半期および年間売上実績について（速報）

2024年度第4四半期および年間の売上実績を集計しましたので、下記のとおりお知らせします。

記

1. 事業別売上実績

単位：千円

事業名	1月	2月	3月	第4四半期合計	2024年度合計
学習塾運営	2,872	3,043	3,145	9,060	37,408
保育サービス	3,223	3,345	3,936	10,504	40,294
図書館システム	1,905	2,041	2,486	6,432	24,687
幼児教育	3,865	2,149	4,027	10,041	44,390
バーチャル教材	3,844	3,240	3,094	10,178	39,473
合計	15,709	13,818	16,688	46,215	186,252

← Excelの表を貼り付け

2. 過去5年間の売上推移

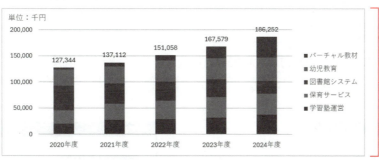

← Excelのグラフを図として貼り付け

以上

2 データの共有

Excelで作成した表やグラフをWordの文書で利用するなど、異なるアプリ間でデータを共有することができます。データの共有方法には、次のようなものがあります。用途によって、共有方法を選択するとよいでしょう。

1 貼り付け

「貼り付け」とは、あるファイルのデータを、そのまま別のアプリのファイルに埋め込むことです。貼り付け先のアプリで編集が可能なため、貼り付け後にデータを修正したり体裁を整えたりしたい場合などに便利です。

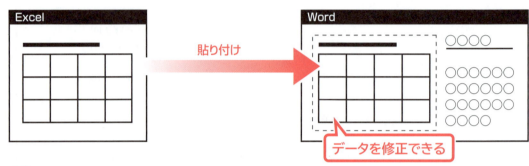

2 図として貼り付け

「図として貼り付け」とは、あるファイルのデータを、図として別のアプリのファイルに埋め込むことです。貼り付け先のアプリでデータや体裁を修正することができません。貼り付け元で表示された状態を崩さずに拡大・縮小して使用したい場合などに便利です。

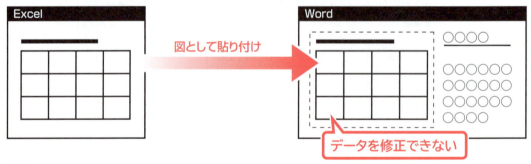

3 リンク貼り付け

「リンク貼り付け」とは、貼り付け元と貼り付け先の2つのデータを関連付け、参照関係（リンク）を作る方法です。貼り付け元のアプリでデータを修正すると、自動的に貼り付け先のアプリのデータに反映されます。

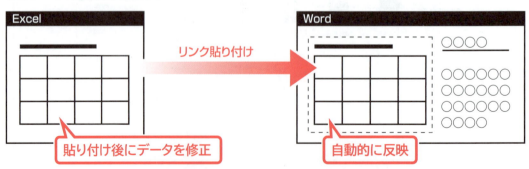

※リンク元のファイルがOneDriveと同期されているフォルダーに保存されていると、リンクが正しく設定されず、リンクの更新ができない場合があります。リンク元のファイルは、ローカルディスクやＵＳＢドライブなどOneDriveと同期していない場所に保存するようにします。

3 複数アプリの起動

WordとExcelのデータを共有するために、2つのアプリを起動します。

1 WordとExcelの起動

Wordを起動し、フォルダー「**第13章**」の文書「**アプリ間でデータ連携をしよう-1**」を開きましょう。
次に、Excelを起動し、フォルダー「**第13章**」のブック「**売上実績**」を開きましょう。

①Wordを起動します。
※《スタート》→《ピン留め済み》の《Word》をクリックします。
②タスクバーにWordのアイコンが表示されていることを確認します。
③文書「**アプリ間でデータ連携をしよう-1**」を開きます。
※《開く》→《参照》→《ドキュメント》→「Word2024&Excel2024&PowerPoint2024」→「第13章」→「アプリ間でデータ連携をしよう-1」を選択します。

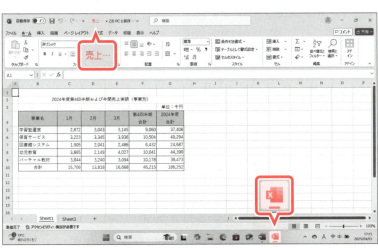

④Excelを起動します。
※《スタート》→《ピン留め済み》の《Excel》をクリックします。
⑤タスクバーにExcelのアイコンが表示されていることを確認します。
⑥ブック「**売上実績**」を開きます。
※《開く》→《参照》→《ドキュメント》→「Word2024&Excel2024&PowerPoint2024」→「第13章」→「売上実績」を選択します。

2 複数アプリの切り替え

複数のウィンドウを表示している場合、アプリを切り替えて、作業対象のウィンドウを前面に表示します。作業対象のウィンドウを「**アクティブウィンドウ**」といいます。
タスクバーを使って、アプリのウィンドウを切り替えましょう。

Wordに切り替えます。
①タスクバーのWordのアイコンをクリックします。

Wordがアクティブウィンドウになり、最前面に表示されます。

※タスクバーのExcelのアイコンとWordのアイコンをクリックし、アプリが切り替えられることを確認しておきましょう。

STEP UP その他の方法（ウィンドウの切り替え）

◆ Alt + Tab

4 Excelの表の貼り付け

Excelの表をWordの文書に貼り付けます。貼り付け後、Wordで編集できるようにします。
Excelのブック「**売上実績**」のシート「**Sheet1**」の表を、Wordの文書「**アプリ間でデータ連携をしよう-1**」に貼り付け、フォントサイズを調整しましょう。

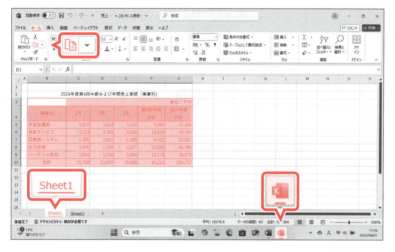

Excelに切り替えます。
①タスクバーのExcelのアイコンをクリックします。
Excelのブックが表示されます。
②シート「**Sheet1**」が表示されていることを確認します。
表を選択します。
③セル範囲【B3:G10】を選択します。
表をコピーします。
④《**ホーム**》タブを選択します。
⑤《**クリップボード**》グループの《**コピー**》をクリックします。

コピーされた範囲が点線で囲まれます。
Wordに切り替えます。
⑥タスクバーのWordのアイコンをクリックします。

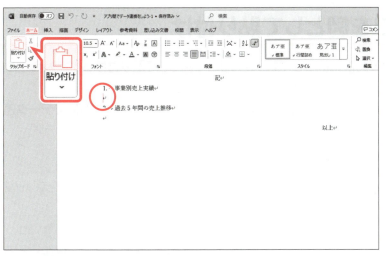

Wordの文書が表示されます。
表を貼り付ける位置を指定します。
⑦「**1.事業別売上実績**」の下の行にカーソルを移動します。
⑧《**ホーム**》タブを選択します。
⑨《**クリップボード**》グループの《**貼り付け**》をクリックします。

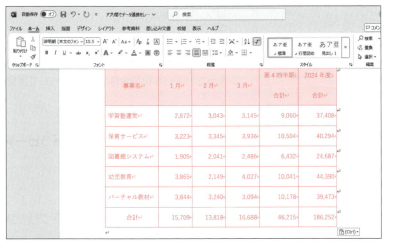

Excelの表が、Wordの文書に貼り付けられます。

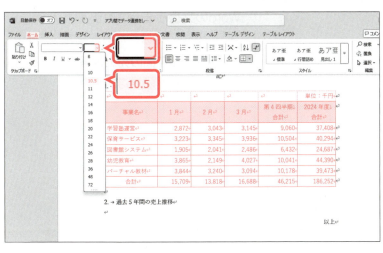

貼り付けた表のフォントサイズを変更します。
⑩表全体を選択します。
⑪《**ホーム**》タブを選択します。
⑫《**フォント**》グループの《**フォントサイズ**》の▼をクリックします。
⑬《**10.5**》をクリックします。

表のフォントサイズが変更されます。
※選択を解除しておきましょう。

> **POINT　貼り付けた表の書式**
> Excelの表をWordに貼り付けるとWordの表として扱えます。そのため、貼り付けた表は、Wordで作成した表と同様に書式などを変更できます。

5 Excelのグラフを図として貼り付け

Excelのグラフを、Wordの文書に図として貼り付けます。図として貼り付けると、フォントや配置など、グラフの体裁を崩さずに貼り付けることができます。
Excelのブック**「売上実績」**のシート**「Sheet2」**のグラフを、Wordの文書**「アプリ間でデータ連携をしよう-1」**に図として貼り付け、サイズを縮小しましょう。

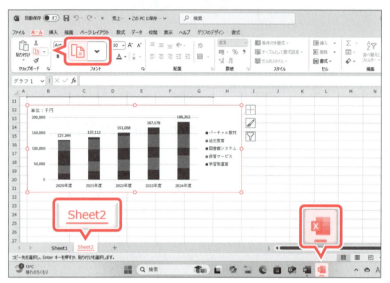

Excelに切り替えます。
①タスクバーのExcelのアイコンをクリックします。
Excelのブックが表示されます。
②シート**「Sheet2」**のシート見出しをクリックします。
グラフをコピーします。
③グラフを選択します。
※表示されていない場合は、スクロールして調整します。
④《**ホーム**》タブを選択します。
⑤《**クリップボード**》グループの《**コピー**》をクリックします。

Wordに切り替えます。
⑥タスクバーのWordのアイコンをクリックします。
Wordの文書が表示されます。
グラフを貼り付ける位置を指定します。
⑦**「2.過去5年間の売上推移」**の下の行にカーソルを移動します。

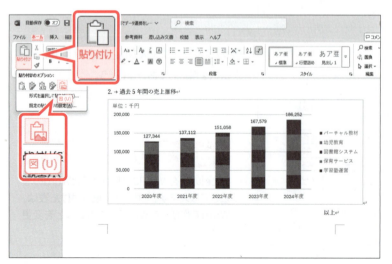

⑧《**ホーム**》タブを選択します。
⑨《**クリップボード**》グループの《**貼り付け**》の▼をクリックします。
⑩《**図**》をクリックします。
※一覧をポイントすると、貼り付け後のイメージを画面で確認できます。

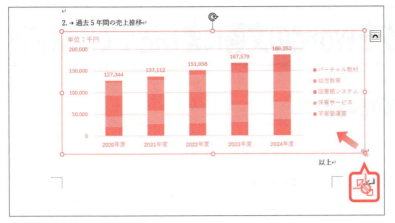

Excelのグラフが、Wordの文書に図として貼り付けられます。
グラフのサイズを縮小します。
⑪グラフを選択します。
⑫右下の○(ハンドル)をポイントします。
マウスポインターの形が に変わります。
⑬図のように、左上にドラッグします。

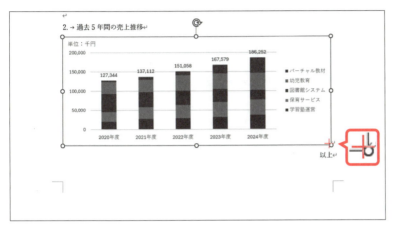

ドラッグ中、マウスポインターの形が ＋ に変わります。

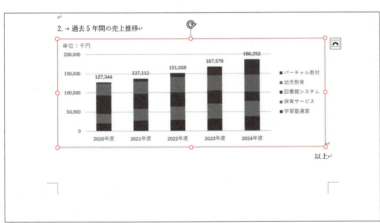

グラフのサイズが縮小されます。

※Wordの文書に「アプリ間でデータ連携をしよう-1完成」と名前を付けて、フォルダー「第13章」に保存し、閉じておきましょう。
※Excelのブック「売上実績」を保存せずに閉じ、Excelを終了しておきましょう。

STEP 2 ExcelのデータをWordの文書に差し込んで印刷する

1 作成する文書の確認

Wordの文書に、Excelで作成した宛先データを差し込んで、次のような文書を作成しましょう。

●Wordの文書「アプリ間でデータ連携をしよう-2」

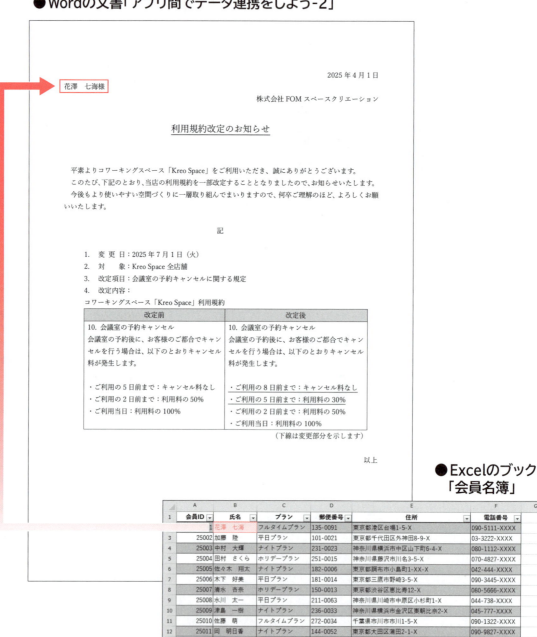

●Excelのブック「会員名簿」

2 差し込み印刷

「差し込み印刷」とは、WordやExcelなどで作成した別のファイルのデータを、文書の指定した位置に差し込んで印刷する機能です。

文書の宛先だけを差し替えて印刷したり、宛名ラベルを作成したりできるので、同じ内容の案内状やあいさつ状を複数の宛先に送付する場合に便利です。

差し込み印刷を行う場合は、《差し込み文書》タブを使います。《差し込み文書》タブには、データを差し込む文書や宛先のリストを指定するボタン、差し込む内容を指定するボタンなど、様々なボタンが用意されています。基本的には、《差し込み文書》タブの左から順番に操作していくと差し込み印刷ができます。

差し込み印刷では、次の2種類のファイルを準備します。

●ひな形の文書
データの差し込み先となる文書です。すべての宛先に共通する内容を入力します。
ひな形の文書には、「レター」や「封筒」、「ラベル」などの種類があります。通常のビジネス文書は、「レター」を使います。

●宛先リスト
郵便番号や住所、氏名など、差し込むデータが入力されたファイルです。
WordやExcelで作成したファイルのほか、Accessなどで作成したファイルも使うことができます。

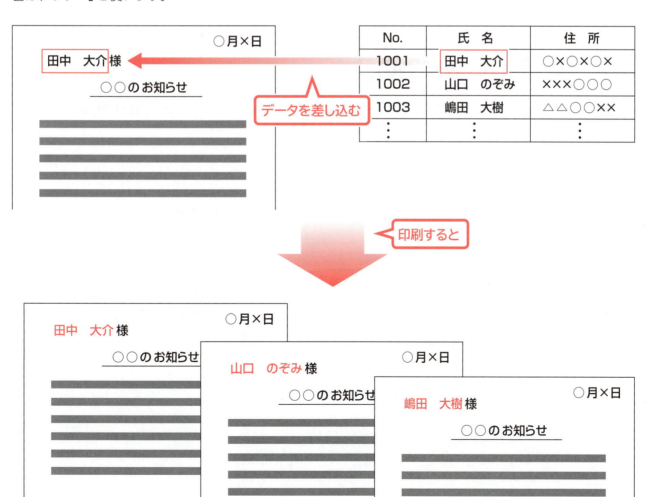

3 差し込み印刷の手順

差し込み印刷を行うときの手順は、次のとおりです。

1 差し込み印刷の開始

ひな形の文書を新しく作成します。または、既存の文書をひな形の文書に指定します。

2 宛先の選択

宛先リストを新しく作成します。または、既存のファイルを宛先リストとして選択します。選択した宛先リストは、必要に応じて、差し込む宛先を抽出したり、並べ替えたりできます。

3 差し込みフィールドの挿入

差し込みフィールド（データを差し込むための領域）をひな形の文書に挿入します。

4 結果のプレビュー

差し込んだ結果をプレビューで確認します。

5 印刷の実行

差し込んだ結果を印刷します。

4 差し込み印刷の設定

アプリ間でデータ連携をしよう-2

Wordの文書「**アプリ間でデータ連携をしよう-2**」に、Excelのブック「**会員名簿**」のデータを差し込んで印刷しましょう。

1 差し込み印刷の開始

Wordの文書「**アプリ間でデータ連携をしよう-2**」をひな形の文書として指定しましょう。

ひな形の文書の種類を選択します。
①《**差し込み文書**》タブを選択します。
②《**差し込み印刷の開始**》グループの《**差し込み印刷の開始**》をクリックします。
③《**レター**》をクリックします。

2 宛先の選択

Excelのブック「**会員名簿**」のシート「**Sheet1**」を宛先リストとして設定しましょう。

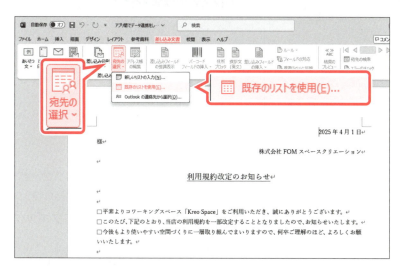

①《**差し込み文書**》タブを選択します。
②《**差し込み印刷の開始**》グループの《**宛先の選択**》をクリックします。
③《**既存のリストを使用**》をクリックします。

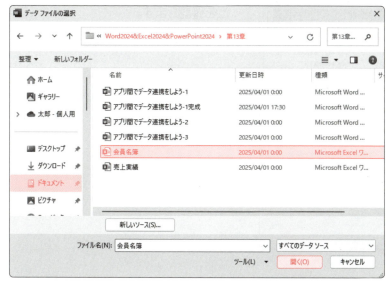

《**データファイルの選択**》ダイアログボックスが表示されます。
Excelのブックが保存されている場所を選択します。
④左側の一覧から《**ドキュメント**》を選択します。
⑤一覧から「**Word2024&Excel2024&PowerPoint2024**」を選択します。
⑥《**開く**》をクリックします。
⑦一覧から「**第13章**」を選択します。
⑧《**開く**》をクリックします。
⑨一覧からブック「**会員名簿**」を選択します。
⑩《**開く**》をクリックします。

《**テーブルの選択**》ダイアログボックスが表示されます。
差し込むデータのあるシートを選択します。
⑪「**Sheet1$**」をクリックします。
⑫《**先頭行をタイトル行として使用する**》を ✓ にします。
⑬《**OK**》をクリックします。
宛先リストが設定されます。

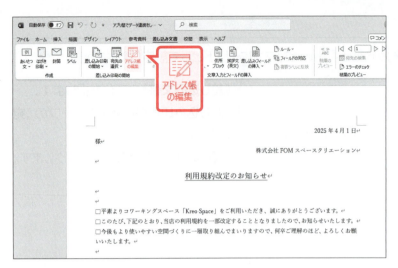

宛先リストを確認します。

⑭《差し込み印刷の開始》グループの《アドレス帳の編集》をクリックします。

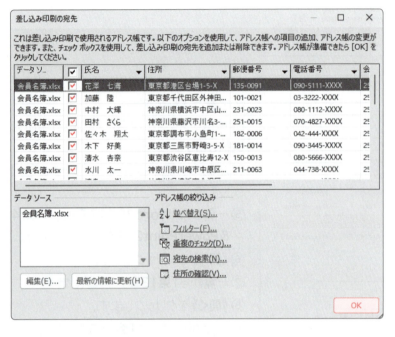

《差し込み印刷の宛先》ダイアログボックスが表示されます。

⑮すべてのレコードが☑になっていることを確認します。

⑯《OK》をクリックします。

STEP UP 新しいリストの作成

既存の宛先リストを使用せず、Word上で宛先リストを新しく作成することもできます。
宛先リストを新しく作成する方法は、次のとおりです。

◆《差し込み文書》タブ→《差し込み印刷の開始》グループの《宛先の選択》→《新しいリストの入力》→《新しいアドレス帳》ダイアログボックスに宛先の情報を入力

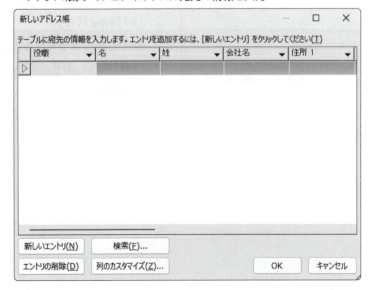

STEP UP 《差し込み印刷の宛先》ダイアログボックス

《差し込み印刷の宛先》ダイアログボックスでは、宛先リストの並べ替えや抽出などの編集ができます。各部の名称と役割は、次のとおりです。

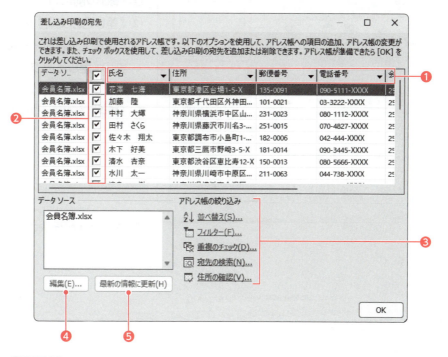

❶列見出し
列見出しをクリックすると、データを並べ替えることができます。▼をクリックすると、条件を指定してデータを抽出したり、並べ替えたりできます。

❷チェックボックス
宛先として差し込むデータを個別に指定できます。
☑：宛先として差し込みます。
☐：宛先として差し込みません。

❸アドレス帳の絞り込み
宛先リストに対して、並べ替えや抽出を行ったり、重複しているレコードがないかをチェックしたりできます。

❹編集
差し込んだ宛先リストを編集します。

❺最新の情報に更新
宛先リストを再度読み込んで、変更内容を更新します。

3 差し込みフィールドの挿入

「氏名」の差し込みフィールドをひな形の文書に挿入しましょう。

① 「様」の前にカーソルを移動します。
② 《差し込み文書》タブを選択します。
③ 《文章入力とフィールドの挿入》グループの《差し込みフィールドの挿入》の▼をクリックします。
④ 「氏名」をクリックします。

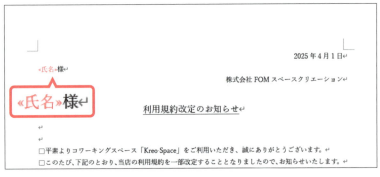

「《氏名》」が挿入されます。

4 結果のプレビュー

差し込みフィールドに、宛先リストのデータを差し込んで表示しましょう。

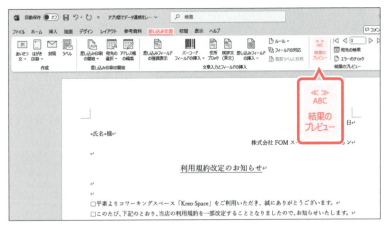

① 《差し込み文書》タブを選択します。
② 《結果のプレビュー》グループの《結果のプレビュー》をクリックします。

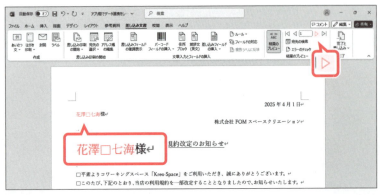

ひな形の文書に1件目の宛先が表示されます。
次の宛先を表示します。
③ 《結果のプレビュー》グループの《次のレコード》をクリックします。

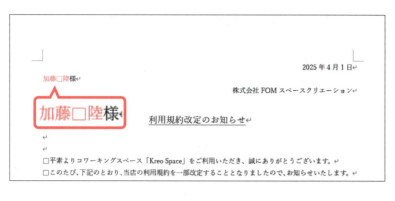

2件目の宛先が表示されます。

※《次のレコード》をクリックして、3件目以降の宛先を確認しておきましょう。

POINT 宛先の表示の切り替え

宛先の表示を切り替えるには、《結果のプレビュー》グループの次のボタンを使います。

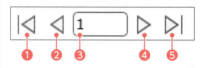

❶ 先頭のレコード
宛先リストの1件目の宛先を表示します。

❷ 前のレコード
宛先リストの前の宛先を表示します。

❸ 次のレコード
宛先リストの次の宛先を表示します。

❹ レコード
文書に表示している宛先がリストの何件目のレコードかを表示します。数値を入力すると、その宛先を表示します。

❺ 最後のレコード
宛先リストの最後の宛先を表示します。

5 印刷の実行

1件目と2件目の宛先をひな形の文書に差し込んで印刷しましょう。

① 《差し込み文書》タブを選択します。
② 《完了》グループの《完了と差し込み》をクリックします。
③ 《文書の印刷》をクリックします。

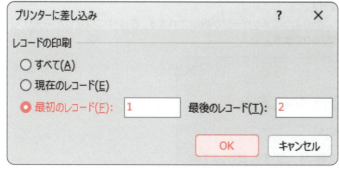

《プリンターに差し込み》ダイアログボックスが表示されます。

④ 《最初のレコード》を◉にします。
⑤ 《最初のレコード》に「1」と入力します。
⑥ 《最後のレコード》に「2」と入力します。
⑦ 《OK》をクリックします。

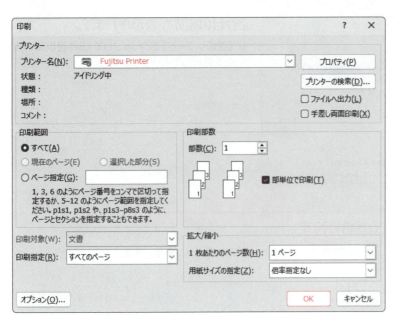

《印刷》ダイアログボックスが表示されます。

⑧《プリンター名》に出力するプリンターの名前が表示されていることを確認します。

※表示されていない場合は、▼をクリックし、一覧から選択します。

⑨《OK》をクリックします。

宛先が差し込まれた文書が2件分印刷されます。

※文書に「アプリ間でデータ連携をしよう-2完成」と名前を付けて、フォルダー「第13章」に保存し、閉じておきましょう。
※Wordを終了しておきましょう。

STEP UP 《プリンターに差し込み》ダイアログボックス

《プリンターに差し込み》ダイアログボックスでは、印刷する宛先を指定することができます。

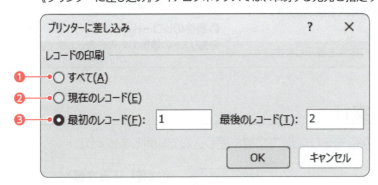

❶すべて
文書に差し込まれたすべての宛先を印刷します。

❷現在のレコード
現在、文書に表示されている宛先を印刷します。

❸最初のレコード・最後のレコード
文書に差し込まれた宛先の中から、範囲を指定して印刷します。

STEP UP ひな形の文書の保存

ひな形の文書を保存すると、差し込み印刷の設定も保存されます。次回、同じ宛先の文書を印刷する場合は、差し込み印刷を設定する必要はありません。
また、保存したひな形の文書を開くと、次のようなメッセージが表示されます。作成時に指定した宛先リストからデータを挿入する場合は、《はい》をクリックします。

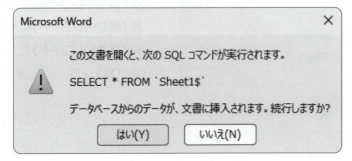

STEP 3 Wordの文書をPowerPointのプレゼンテーションで利用する

1 作成するスライドの確認

Wordの文書を利用して、次のようなスライドを作成しましょう。

Wordでアウトラインレベルを設定しておくと…

スライドを作成できる

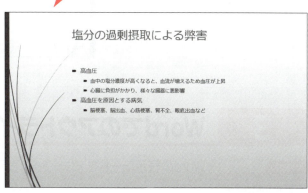

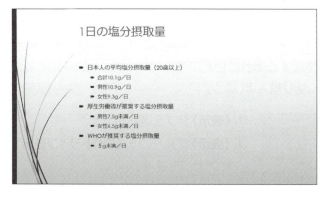

2 Wordの文書をもとにしたスライドの作成手順

Wordで作成した文書を利用して、PowerPointのスライドを作成することができます。
Wordの文書を利用してスライドを作成する手順は、次のとおりです。

1 Wordでアウトラインレベルを設定する

スライドのタイトルにする段落を「レベル1」、箇条書きテキストにする段落を「レベル2」や「レベル3」に設定します。

2 PowerPointにWordの文書を読み込む

「アウトラインからスライド」を使ってPowerPointにWordの文書を読み込みます。Wordで設定したアウトラインレベルに応じて、タイトルや箇条書きテキストが表示されます。

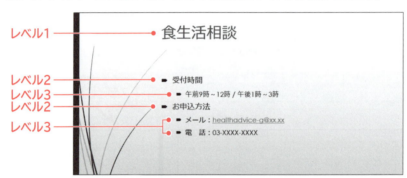

3 Wordでのアウトラインレベルの設定

OPEN アプリ間でデータ連携をしよう-3

Wordの表示モードをアウトライン表示に切り替えて、アウトラインレベルを設定しましょう。

1 表示モードの切り替え

「アウトライン表示」は、文書を見出しごとに折りたたんだり、展開したりして表示できる表示モードです。文書の内容を系統立てて整理する場合に便利です。
Wordの表示モードをアウトライン表示に切り替えましょう。

①《**表示**》タブを選択します。
②《**表示**》グループの《**アウトライン表示**》をクリックします。

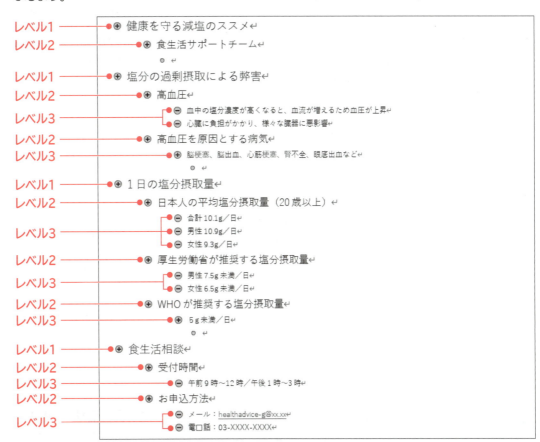

表示モードがアウトライン表示に切り替わり、段落の先頭にアウトライン記号の ◎ が表示されます。

リボンに《アウトライン》タブが表示されます。

2 アウトラインレベルの設定

Wordの文書「アプリ間でデータ連携をしよう-3」に、次のようにアウトラインレベルを設定しましょう。

POINT アウトライン記号

アウトライン表示では、段落の先頭にアウトライン記号が表示されます。
アウトライン記号には、次の3種類があります。

アウトライン記号	説明
⊕	下位レベルのある見出し
⊖	下位レベルのない見出し
◎	本文

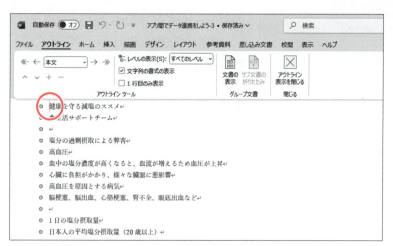

①「健康を守る減塩のススメ」の段落にカーソルがあることを確認します。
※段落内であれば、どこでもかまいません。

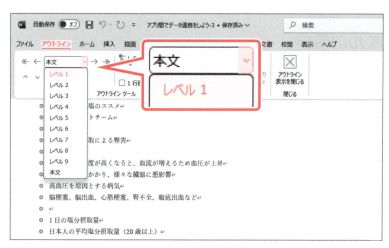

②《アウトライン》タブを選択します。
③《アウトラインツール》グループの《アウトラインレベル》の▼をクリックします。
④《レベル1》をクリックします。
※アウトラインレベルを設定すると、ナビゲーションウィンドウが表示される場合があります。表示された場合は、《閉じる》をクリックして、閉じておきましょう。

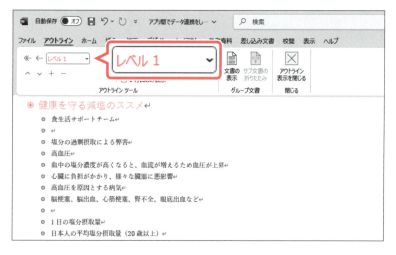

アウトラインレベルが「レベル1」になります。

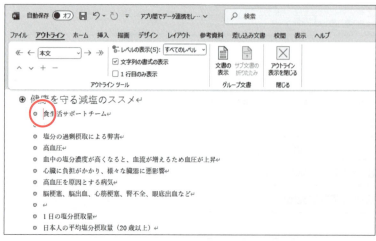

⑤「食生活サポートチーム」の段落にカーソルを移動します。
※段落内であれば、どこでもかまいません。

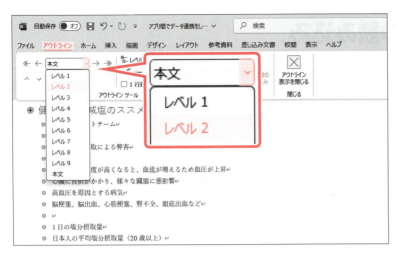

⑥《アウトラインツール》グループの《アウトラインレベル》の▼をクリックします。
⑦《レベル2》をクリックします。

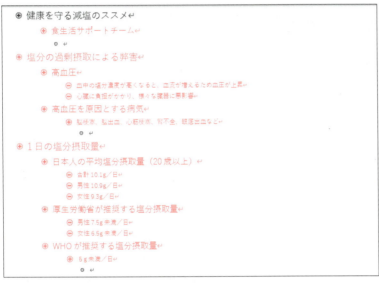

アウトラインレベルが「**レベル2**」になります。
⑧同様に、以降の段落にアウトラインレベルを設定します。
※ Ctrl を押しながら、複数の段落をまとめて選択すると効率的です。
※文書に「アプリ間でデータ連携をしよう-3完成」と名前を付けて、フォルダー「第13章」に保存し、閉じておきましょう。
※Wordを終了しておきましょう。

POINT ナビゲーションウィンドウ

「ナビゲーションウィンドウ」とは、文書の構成を確認できるウィンドウです。アウトラインレベルを設定した見出しが階層表示されます。表示された見出しをクリックすると文書中の見出しの場所へジャンプします。また、見出しをドラッグすると、見出し単位で文章を入れ替えることができます。
ナビゲーションウィンドウを表示する方法は、次のとおりです。

◆《表示》タブ→《表示》グループの《☑ナビゲーションウィンドウ》

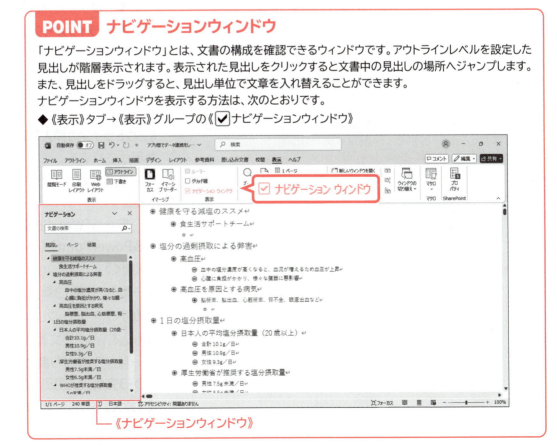

《ナビゲーションウィンドウ》

291

4 Wordの文書の読み込み

「アウトラインからスライド」を使って、PowerPointにWordの文書を読み込むと、スライドが作成されます。

1 アウトラインからスライド

新しいプレゼンテーションを作成し、Wordの文書「アプリ間でデータ連携をしよう-3完成」を読み込みましょう。

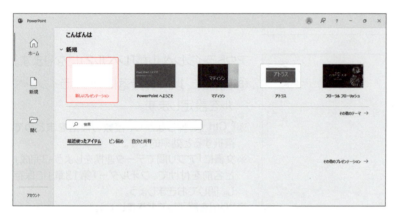

①PowerPointを起動し、PowerPointのスタート画面を表示します。
※《スタート》→《ピン留め済み》の《PowerPoint》をクリックします。

②《新しいプレゼンテーション》をクリックします。

Wordの文書を読み込みます。
※《ノートペイン》が表示された場合は、ステータスバーの《ノート》をクリックして、《ノートペイン》を非表示にしておきましょう。

③《ホーム》タブを選択します。
④《スライド》グループの《新しいスライド》の▼をクリックします。
⑤《アウトラインからスライド》をクリックします。

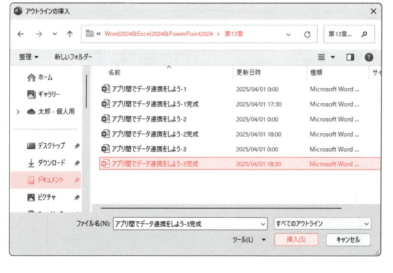

《アウトラインの挿入》ダイアログボックスが表示されます。

⑥左側の一覧から《ドキュメント》を選択します。
⑦一覧から「Word2024&Excel2024&PowerPoint2024」を選択します。
⑧《開く》をクリックします。
⑨一覧から「第13章」を選択します。
⑩《開く》をクリックします。
読み込むWordの文書を選択します。
⑪一覧から「アプリ間でデータ連携をしよう-3完成」を選択します。
⑫《挿入》をクリックします。

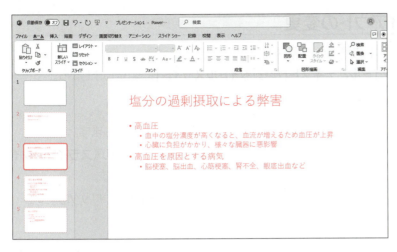

スライド1のうしろに、スライド2からスライド5が挿入されます。

⑬スライドを切り替えて、各スライドにデータが取り込まれていることを確認します。

⑭アウトラインレベルの**「レベル1」**を設定した段落がスライドのタイトル、**「レベル2」**と**「レベル3」**を設定した段落が箇条書きテキストになっていることを確認します。

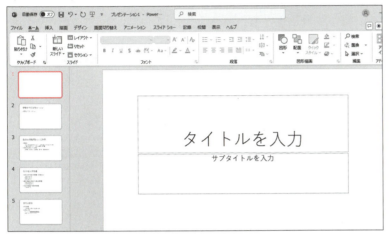

不要なスライドを削除します。

⑮スライド1を選択します。

⑯ Delete を押します。

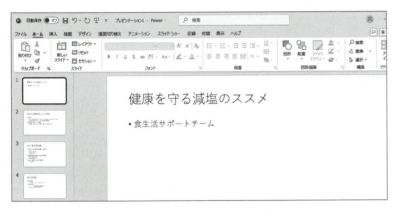

スライドが削除されます。

2 スライドのリセット

Wordの文書から取り込んだ文字には、Wordの書式が残っています。
すべてのスライドの書式をリセットしましょう。

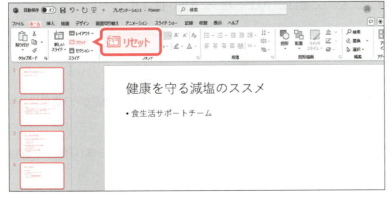

①スライド1を選択します。

② Shift を押しながら、スライド4を選択します。

※ Shift を押しながらスライドをクリックすると、隣接する複数のスライドをまとめて選択できます。

③《ホーム》タブを選択します。

④《スライド》グループの《リセット》をクリックします。

スライドの書式がリセットされます。

293

3 スライドのレイアウトの変更

スライドは、あとからレイアウトの種類を変更することができます。
スライド1のレイアウトを「**タイトルとテキスト**」から「**タイトルスライド**」に変更しましょう。

① スライド1を選択します。
②《**ホーム**》タブを選択します。
③《**スライド**》グループの《**スライドのレイアウト**》をクリックします。
④《**タイトルスライド**》をクリックします。

スライドのレイアウトが変更されます。

Let's Try ためしてみよう

次のようにプレゼンテーションを編集しましょう。

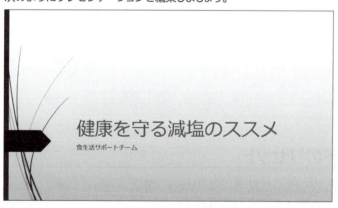

① プレゼンテーションにテーマ「ウィスプ」を適用しましょう。
② 適用したテーマのバリエーションを、左から3番目のバリエーションに変更しましょう。

Let's Try Answer

①
①《デザイン》タブを選択
②《テーマ》グループの をクリック
③《Office》の《ウィスプ》をクリック

②
①《デザイン》タブを選択
②《バリエーション》グループの左から3番目のバリエーションをクリック

※プレゼンテーションに「健康を守る減塩のススメ完成」と名前を付けて、フォルダー「第13章」に保存し、閉じておきましょう。
※PowerPointを終了しておきましょう。

総合問題

総合問題1		296
総合問題2		298
総合問題3		300
総合問題4		302
総合問題5		304
総合問題6		306
総合問題7		308
総合問題8		310
総合問題9		312
総合問題10		314

 # 総合問題1

PDF 標準解答 ▶ P.17

あなたは、ベーカリー&カフェの店舗で広報を担当しており、お客様向けのお知らせを作成することになりました。
完成図のような文書を作成しましょう。

※標準解答は、FOM出版のホームページで提供しています。P.5「5 学習ファイルと標準解答のご提供について」を参照してください。
※文書「総合問題1」は、行間やフォントサイズなどの設定がされている白紙の文書です。学習ファイルを使用せずに、新しい文書を作成して操作する場合は、P.54「Q&A」を参照してください。

●完成図

2025年4月3日

お取引先各位

株式会社グリーンファームベーカリー

SDGs達成に向けた取り組みの開始

拝啓　軽暖の候、ますます御健勝のこととお慶び申し上げます。日頃は格別のお引き立てをいただき、ありがたく御礼申し上げます。
　このたび、弊社ではSDGs（持続可能な開発目標）達成を意識した取り組みを積極的に推進することにいたしました。第1弾として、フードロスの削減を目的とした新たな商品展開を開始いたします。
　今後とも、弊社の取り組みへのご理解とご協力をいただきたく、お願い申し上げます。

敬具

記

- 販売開始日　2025年4月14日（月）
- 商　品　名　ふぞろいなECOラスク
- 商 品 概 要　これまで廃棄していたスポンジケーキの切れ端を再利用した商品
- 価　　　格　330円（税込）
- 該 当 目 標　SDGs　目標12「つくる責任　つかう責任」

以上

---

① 次のようにページのレイアウトを設定しましょう。

用紙サイズ	：A4
印刷の向き	：縦
1ページの行数	：25行

② 次のように文章を入力しましょう。

※入力を省略する場合は、フォルダー「総合問題」の文書「総合問題1（入力完成）」を開き、③に進みましょう。

(HINT) あいさつ文を挿入するには、《挿入》タブ→《テキスト》グループの《あいさつ文の挿入》を使います。

2025年4月3日 ↵
お取引先各位 ↵
株式会社グリーンファームベーカリー ↵
↵
SDGs達成に向けた取り組みの開始 ↵
↵
拝啓□軽暖の候、ますます御健勝のこととお慶び申し上げます。日頃は格別のお引き立てを
いただき、ありがたく御礼申し上げます。↵
□このたび、弊社ではSDGs（持続可能な開発目標）を意識した取り組みを積極的に推進す
ることにいたしました。第1弾として、フードロスの削減を目的とした新たな商品展開を開
始いたします。↵
□今後とも、弊社の取り組みへのご協力をいただきたく、お願い申し上げます。↵
　　　　　　　　　　　　　　　　　　　　　　　　　　　　　　　　　　　　敬具 ↵
↵
　　　　　　　　　　　　　　　　　　　記 ↵
↵
販売開始日□2025年4月14日（月）↵
商品名□ふぞろいなECOラスク ↵
商品概要□これまで廃棄していたスポンジケーキの切れ端を再利用した商品 ↵
価格□330円（税込）↵
該当目標□SDGs□目標12「つくる責任□つかう責任」↵
↵
　　　　　　　　　　　　　　　　　　　　　　　　　　　　　　　　　　　　以上 ↵

※ ↵ で Enter を押して改行します。
※□は全角空白を表します。

③ 発信日付「**2025年4月3日**」と発信者名「**株式会社グリーンファームベーカリー**」をそれぞれ右揃えにしましょう。

④ タイトル「**SDGs達成に向けた取り組みの開始**」の「**達成**」をコピーし、本文中の「**を意識した取り組み…**」の前に貼り付けましょう。

⑤ タイトル「**SDGs達成に向けた取り組みの開始**」に、次の書式を設定しましょう。

フォント　　　：MSP明朝		太字
フォントサイズ：20		中央揃え

⑥ 「**ご協力をいただきたく…**」の前に「**ご理解と**」を挿入しましょう。

⑦ 「**販売開始日…**」で始まる行から「**該当目標…**」で始まる行までに、1文字分の左インデントを設定しましょう。

⑧ 「**商品名**」「**商品概要**」「**価格**」「**該当目標**」を、5文字分の幅に均等に割り付けましょう。

⑨ 「**販売開始日…**」で始まる行から「**該当目標…**」で始まる行までに、「**■**」の行頭文字を設定しましょう。

※文書に「総合問題1完成」と名前を付けて、フォルダー「総合問題」に保存し、閉じておきましょう。

総合問題2

あなたは、移住体験プログラムの企画を担当しており、体験者を募集するチラシを作成することになりました。
完成図のような文書を作成しましょう。

●完成図

新滝村　移住体験者募集！

新滝村では、村内に移住を検討されている皆様を対象とした、移住体験プログラムをご用意しています。体験用住宅に短期間滞在しながら、移住後のイメージを掴んでいただくという内容です。「田舎暮らしに憧れるけど不安」「どんな生活環境なのか知りたい」という方は、ぜひこのプログラムにご応募ください。

募集世帯数	3世帯
滞在期間	1週間以上3か月以内
費用	20,000円（税込）/週
応募期限	7月29日（火）　※応募者多数の場合は抽選
詳細・申込	新滝村ホームページ「特設コーナー」をご覧ください。
	URL：https://www.vill.shintaki.xxxx.xx/live/

滞在中のイベント例

農業体験	田植えや収穫の体験ができます
文化体験	各集落の行事や祭りへの参加・見学ができます
施設案内	公民館や福祉センターなどの村営施設をご案内します
相談会	村職員や地元住民に直接話が聞ける相談会を設けます

新滝村　総合政策課　移住・定住促進担当（01405-9-XXXX）

① 「新滝村　移住体験者募集！」に、次の書式を設定しましょう。

フォント　　　　：メイリオ フォントサイズ：36 文字の効果　　：塗りつぶし：濃い青緑、アクセントカラー1；影 太字 中央揃え

② 「募集世帯数…」の上の行に、フォルダー「総合問題」の画像「村の風景」を挿入しましょう。

③ 画像の文字列の折り返しを「上下」に設定しましょう。

④ 画像にスタイル「楕円、ぼかし」を適用しましょう。

⑤ 完成図を参考に、画像のサイズと位置を調整しましょう。

⑥ 「募集世帯数…」で始まる行から「URL…」で始まる行までに、4文字分の左インデントを設定しましょう。

⑦ 「滞在期間」「費用」「応募期限」を5文字分の幅に均等に割り付けましょう。

⑧ ページの色を「緑、アクセント6、白+基本色80%」に設定しましょう。

(HINT) ページの背景に色を設定するには、《デザイン》タブ→《ページの背景》グループの《ページの色》を使います。

⑨ 「滞在中のイベント例」に、次の書式を設定しましょう。

フォント　　　　：メイリオ フォントサイズ　：14 文字の効果　　：塗りつぶし：黒、文字色1；影

⑩ 「滞在中のイベント例」の下の行に、4行2列の表を作成し、次のように文字を入力しましょう。

農業体験	田植えや収穫の体験ができます
文化体験	各集落の行事や祭りへの参加・見学ができます
施設案内	公民館や福祉センターなどの村営施設をご案内します
相談会	村職員や地元住民に直接話が聞ける相談会を設けます

⑪ 完成図を参考に、列の幅を変更しましょう。

⑫ 表の1列目に「緑、アクセント6、白+基本色40%」、2列目に「白、背景1」の塗りつぶしを設定しましょう。

⑬ 表の1列目の項目名をセル内で中央揃えにしましょう。

⑭ 表全体を行の中央に配置しましょう。

⑮ ページの背景が印刷されるように設定し、1部印刷しましょう。

※《背景の色とイメージを印刷する》を□に戻しておきましょう。
※文書に「総合問題2完成」と名前を付けて、フォルダー「総合問題」に保存し、閉じておきましょう。

総合問題3

あなたは、金融機関に勤務しており、資産運用相談会の申込用紙を作成することになりました。完成図のような文書を作成しましょう。

●完成図

資産運用相談会　参加申込書

次のとおり、資産運用相談会への参加を申し込みます。

　　　　　　　　　　　　　　　　　　　　　　　　　　年　　月　　日

●お客様情報

（フリガナ） お名前	
生年月日	年　　　月　　　日
ご住所	〒
電話番号	
メール	
ご職業	
備考	

●アンケート

興味のある 金融商品	外貨預金　・　株式　・　投資信託　・　公共債　・　仕組債　・ 国内債券　・　外国債券　・　保険
当行口座の 有無	持っている（総合口座）　・　持っている（Web口座）　・ 持っていない

※該当する項目に丸印を付けてください。

【当行記入欄】

受付日	
受付担当	

① タイトル「**資産運用相談会　参加申込書**」に、次の書式を設定しましょう。

フォント　　　：メイリオ
フォントサイズ：18
フォントの色　：濃い青緑、アクセント1、黒+基本色25%
太字
太線の下線
中央揃え

HINT 太線の下線を設定するには、《ホーム》タブ→《フォント》グループの《下線》の▼を使います。

② 「**●アンケート**」の下の行に、2行2列の表を作成し、次のように文字を入力しましょう。

興味のある ↵ 金融商品	外貨預金□・□株式□・□投資信託□・□公共債□・□仕組債□・ ↵ 国内債券□・□外国債券□・□保険
当行口座の ↵ 有無	持っている（総合□座）□・□持っている（Web□座）□・ ↵ 持っていない

※ ↵ で Enter を押して改行します。
※□は全角空白を表します。

③ 完成図を参考に、「**●アンケート**」の表の1列目の列の幅を変更しましょう。

④ 「**●アンケート**」の表の1列目に「**濃い青緑、アクセント1、白+基本色80%**」の塗りつぶしを設定しましょう。

⑤ 「**●お客様情報**」の表の「**（フリガナ）**」のフォントサイズを「**9**」に変更しましょう。

⑥ 「**●お客様情報**」の表の「**電話番号**」の下に1行挿入しましょう。
　　次に、挿入した行の1列目に「**メール**」と入力しましょう。

⑦ 完成図を参考に、「**●お客様情報**」の表のサイズを変更しましょう。
　　次に、「**ご住所**」と「**備考**」の行の高さを変更しましょう。

HINT 行の高さを変更するには、行の下側の罫線をドラッグします。

⑧ 完成図を参考に、「**●お客様情報**」の表内の文字の配置を調整しましょう。

⑨ 「**【当行記入欄】**」の表の3～5列目を削除しましょう。

HINT 列を削除するには、Back Space を使います。

⑩ 「**【当行記入欄】**」の表全体を行内の右端に配置しましょう。

⑪ 「**【当行記入欄】**」の文字と表の開始位置がそろうように、「**【当行記入欄】**」の行に適切な文字数分の左インデントを設定しましょう。

※文書に「総合問題3完成」と名前を付けて、フォルダー「総合問題」に保存し、閉じておきましょう。
※Wordを終了しておきましょう。

301

 # 総合問題4

 標準解答 ▶ P.23

あなたは、音楽配信サービスの会社に勤務しており、社内ミーティングで報告するために、月別のダウンロード実績の資料を作ることになりました。
完成図のような表を作成しましょう。

●完成図

	A	B	C	D	E	F	G	H	I
1									
2		FOM音楽配信サービス月別ダウンロード数								
3									
4			4月	5月	6月	7月	合計	平均	ジャンル別構成比
5		J-POP	53,849	44,923	51,032	40,983	190,787	47,697	34.8%
6		アニソン	37,482	40,029	33,418	30,580	141,509	35,377	25.8%
7		K-POP	27,485	22,419	30,539	24,561	105,004	26,251	19.2%
8		ロック	19,553	21,001	17,439	17,743	75,736	18,934	13.8%
9		ジャズ	9,478	7,483	8,830	8,662	34,453	8,613	6.3%
10		合計	147,847	135,855	141,258	122,529	547,489	136,872	100.0%
11									

① Excelを起動し、新しいブックを作成しましょう。

② 次のようにデータを入力しましょう。

	A	B	C	D	E	F	G	H	I	J	K
1											
2		FOM音楽配信サービス月別ダウンロード数										
3											
4			4月				合計	平均	ジャンル別構成比		
5		J-POP	53849	44923	51032	40983					
6		アニソン	37482	40029	33418	30580					
7		K-POP	27485	22419	30539	24561					
8		ロック	19553	21001	17439	17743					
9		ジャズ	9478	7483	8830	8662					
10		合計									
11											

③ オートフィルを使って、セル範囲【D4:F4】に「5月」「6月」「7月」と入力しましょう。

④ セル【C10】に「4月」の「合計」を求める数式を入力しましょう。
次に、セル【C10】の数式をセル範囲【D10:F10】にコピーしましょう。

⑤ セル【G5】に「J-POP」の「合計」を求める数式を入力しましょう。

⑥ セル【H5】に「J-POP」の「平均」を求める数式を入力しましょう。
次に、セル【G5】とセル【H5】の数式をセル範囲【G6:H10】にコピーしましょう。

302

⑦ セル【I5】に「J-POP」の「ジャンル別構成比」を求める数式を入力しましょう。
次に、セル【I5】の数式をセル範囲【I6：I10】にコピーしましょう。

(HINT) 「ジャンル別構成比」は、「各ジャンルの合計÷全ジャンルの合計」で求めます。

⑧ セル【B2】に、次の書式を設定しましょう。

フォントサイズ　：14
フォントの色　　：緑、アクセント6、黒+基本色50%
太字

---

⑨ セル範囲【B2：I2】を結合し、結合したセルの中央にタイトルを配置しましょう。

⑩ セル範囲【B4：I10】に格子の罫線を引きましょう。

⑪ セル範囲【B4：I4】とセル【B10】に、次の書式を設定しましょう。

塗りつぶしの色：緑、アクセント6、白+基本色40%
中央揃え

---

⑫ セル範囲【C5：H10】に3桁区切りカンマを付けましょう。

⑬ セル範囲【I5：I10】を「％（パーセント）」で表示し、小数第1位まで表示しましょう。

⑭ I列の列の幅を、最長のデータに合わせて自動調整しましょう。

※ブックに「総合問題4完成」と名前を付けて、フォルダー「総合問題」に保存し、閉じておきましょう。

総合問題5

あなたは、FOMスマホレスキューサービスの本社スタッフで、店舗別の修理対応実績をまとめる資料を作成することになりました。
完成図のような表とグラフを作成しましょう。

●完成図

	港タウン店	桜通り店	駅前店	楓店	合計	平均	対応別構成比
バッテリー交換	1,214	983	1,375	979	4,551	1,138	36.2%
液晶割れ修理	1,277	943	1,318	990	4,528	1,132	36.0%
水没復旧作業	584	247	609	321	1,761	440	14.0%
内蔵カメラ修理	478	316	510	438	1,742	436	13.8%
合計	3,553	2,489	3,812	2,728	12,582	3,146	100.0%

表題：FOMスマホレスキューサービス　修理対応実績
単位：件

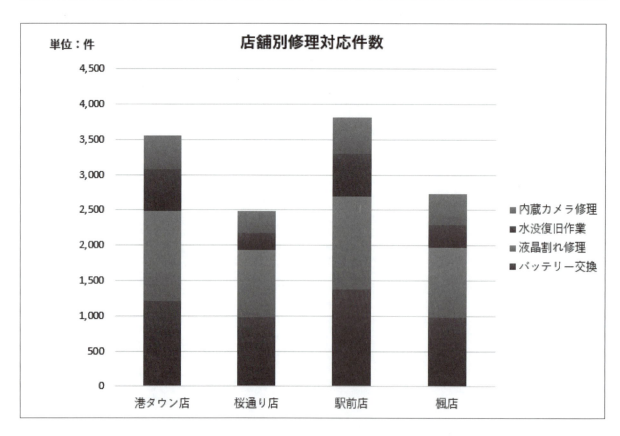

店舗別修理対応件数

① C～I列の列の幅を「12」に変更しましょう。

② セル【I4】を右揃えにしましょう。

③ 表内のすべての合計を求めましょう。

HINT 縦横の合計を一度に求めるには、合計する数値と合計を表示するセル範囲を選択し、《ホーム》タブ→《編集》グループの《合計》を使います。

④ セル【H6】に「バッテリー交換」の「平均」を求める数式を入力し、セル範囲【H7:H10】にコピーしましょう。

⑤ セル【I6】に「バッテリー交換」の「対応別構成比」を求める数式を入力し、セル範囲【I7:I10】にコピーしましょう。

HINT 「対応別構成比」は、「各修理の合計÷全修正の合計」で求めます。

⑥ セル範囲【C6:H10】に3桁区切りカンマを付けましょう。

⑦ セル範囲【I6:I10】を「%（パーセント）」で表示し、小数第1位まで表示しましょう。

⑧ セル範囲【B5:F9】をもとに、2-Dの積み上げ縦棒グラフを作成しましょう。

⑨ グラフタイトルに「**店舗別修理対応件数**」と入力しましょう。

⑩ グラフをグラフシートに移動しましょう。

⑪ グラフにスタイル「**スタイル6**」を適用しましょう。

⑫ 値軸の軸ラベルを表示し、軸ラベルを「**単位：件**」に変更しましょう。

⑬ 値軸の軸ラベルの「**左へ90度回転**」を解除し、グラフの左上に移動しましょう。

⑭ 凡例をグラフの右に配置しましょう。

HINT 凡例の配置を変更するには、《グラフのデザイン》タブ→《グラフのレイアウト》グループの《グラフ要素を追加》を使います。

⑮ グラフエリアのフォントサイズを「14」に変更しましょう。
次に、グラフタイトルのフォントサイズを「20」に変更しましょう。

※ブックに「総合問題5完成」と名前を付けて、フォルダー「総合問題」に保存し、閉じておきましょう。

総合問題6

あなたは、人事部に所属しており、若手社員を対象に実施した社内試験の結果を分析する資料を作成することになりました。
次のようにデータベースを操作しましょう。

●「入社年月日」が「2024/10/1」以降のレコードを抽出

社員番号	氏名	部署	入社年月日	前回試験	今回試験	伸び率
440107	田村 琴音	経理部	2025/4/1	301	317	105.3%
435015	堀田 舞	広報室	2024/10/1	384	384	100.0%
440103	戸村 龍之介	セールス部	2025/4/1	343	343	100.0%
440230	栗山 和樹	第1開発部	2025/4/1	312	335	107.4%
440128	和田 陽菜	第1開発部	2025/4/1	294	311	105.8%
440241	髙城 啓太	第2開発部	2025/4/1	284	296	104.2%
440302	堀越 こころ	マーケティング部	2025/4/1	245	275	112.2%

●テーブルの最終行に「今回試験」の平均を表示し、「伸び率」の集計を非表示

社員番号	氏名	部署	入社年月日	前回試験	今回試験	伸び率
430152	鈴木 もも	経営企画室	2024/4/1	304	346	113.8%
305901	脇坂 太一	経営企画室	2021/10/1	393	390	99.2%
290405	曽根 萌香	経理部	2020/4/1	384	391	101.8%
440107	田村 琴音	経理部	2025/4/1	301	317	105.3%
300105	露木 ひかり	経理部	2021/4/1	400	400	100.0%
425001	藤枝 歩	経理部	2023/10/1	370	381	103.0%
300251	八木 綾乃	経理部	2021/4/1	379	384	101.3%
310463	唐沢 翔一	広報室	2022/4/1	388	383	98.7%
290402	小室 匠	広報室	2020/4/1	391	395	101.0%
430148	中野 美羽	広報室	2024/4/1	374	385	102.9%
435015	堀田 舞	広報室	2024/10/1	384	384	100.0%
310319	江戸川 響	情報システム部	2022/4/1	348	342	98.3%
425017	金井 聖也	情報システム部	2023/10/1	391	392	100.3%
420252	上田 拓真	セールス部	2023/4/1	389	380	97.7%
315539	宇治田 優太	セールス部	2022/10/1	331	348	105.1%
420350	笹川 菜々美	第2開発部	2023/4/1	341	359	105.3%
440241	髙城 啓太	第2開発部	2025/4/1	284	296	104.2%
300413	中村 みなみ	第2開発部	2021/4/1	358	361	100.8%
420310	阿澄 海斗	品質管理部	2023/4/1	314	299	95.2%
420132	佐伯 瑞希	品質管理部	2023/4/1	347	341	98.3%
310318	中村 百花	品質管理部	2022/4/1	376	362	96.3%
310110	橋本 航	マーケティング部	2022/4/1	356	345	96.9%
440302	堀越 こころ	マーケティング部	2025/4/1	245	275	112.2%
295205	米津 大和	マーケティング部	2020/10/1	373	378	101.3%
315585	若宮 栞	マーケティング部	2022/10/1	309	327	105.8%
集計					353.5	

① セル【H6】に「伸び率」を求める数式を入力しましょう。

HINT 「伸び率」は、「今回試験÷前回試験」で求めます。

② セル【H6】を「%（パーセント）」で表示し、小数第1位まで表示しましょう。

③ セル【H6】の数式を、セル範囲【H7:H49】にコピーしましょう。

④ A列の列の幅を「2」に変更しましょう。

⑤ 表をテーブルに変換しましょう。

⑥ テーブルにスタイルを「濃い緑,テーブルスタイル（淡色）11」を適用しましょう。

⑦ 「氏名」を基準に昇順で並べ替えましょう。

⑧ 「部署」を基準に昇順で並べ替えましょう。

⑨ 「入社年月日」が「2024/10/1」以降のレコードを抽出しましょう。

HINT 日付データのフィールドから「〜以降」のレコードを抽出するには、フィールド名の▼→《日付フィルター》→《指定の値より後》を使います。

⑩ フィルターのすべての条件を解除しましょう。

⑪ 「今回試験」の点数が「380」より大きいセルに、「濃い緑の文字、緑の背景」の書式を設定しましょう。

⑫ テーブルの最終行に集計行を表示しましょう。「今回試験」の平均を表示し、「伸び率」の集計は非表示にします。

※ブックに「総合問題6完成」と名前を付けて、フォルダー「総合問題」に保存し、閉じておきましょう。
※Excelを終了しておきましょう。

総合問題7

標準解答 ▶ P.30

あなたは、商品企画を担当しており、新しい商品についてのプレゼンテーションを作成することになりました。
完成図のようなプレゼンテーションを作成しましょう。

●完成図

1枚目

2枚目
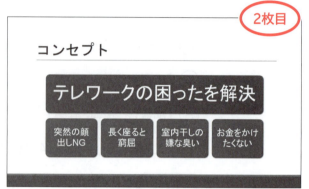

3枚目

4枚目
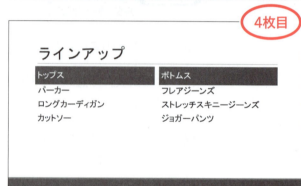

① PowerPointを起動し、新しいプレゼンテーションを作成しましょう。

② プレゼンテーションにテーマ「**レトロスペクト**」を適用しましょう。

③ テーマのフォントを「**Arial Black-Arial　MSゴシック　MSPゴシック**」に変更しましょう。

④ スライド1に、タイトル「**新コンセプトウェア「Tele␣We」**」、サブタイトル「**F-DESIGNデザイン企画室**」を入力しましょう。

※英字と「-(ハイフン)」は半角で入力します。
※␣は半角空白を表します。

⑤ 2枚目と3枚目に「**タイトルとコンテンツ**」のレイアウトのスライドを挿入しましょう。次に、スライド2にタイトル「**コンセプト**」、スライド3にタイトル「**セールスポイント**」を入力しましょう。

⑥ 完成図を参考に、スライド2にSmartArtグラフィック「**積み木型の階層**」を作成しましょう。次に、テキストウィンドウを使って、次の文字を入力しましょう。

```
テレワークの困ったを解決
    突然の顔出しNG
    長く座ると窮屈
    室内干しの嫌な臭い
    お金をかけたくない
```

※英字は半角で入力します。

⑦ SmartArtグラフィックに、色「**カラフル-アクセント3から4**」とスタイル「**光沢**」を適用しましょう。

⑧ 完成図を参考に、SmartArtグラフィックのサイズと位置を調整しましょう。

⑨ スライド3に、次の箇条書きテキストを入力し、フォントサイズを「**28**」に変更しましょう。次に、「**◆**」の行頭文字を設定しましょう。

(HINT) 行頭文字を設定するには、《ホーム》タブ→《段落》グループの《箇条書き》を使います。

洗濯機で洗っても、型崩れしない
すぐ乾くので、室内干しをしても臭くならない
伸びやかなストレッチ素材
脱パジャマ生活

⑩ 完成図を参考に、スライド3にアイコンを挿入し、グラフィックの塗りつぶし「**茶、アクセント4**」を設定しましょう。次に、サイズと位置を調整しましょう。

(HINT) • アイコンを挿入するには、《挿入》タブ→《図》グループの《アイコンの挿入》を使います。
• アイコンの色を変更するには、《グラフィックス形式》タブ→《グラフィックのスタイル》グループの《グラフィックの塗りつぶし》の▼を使います。

⑪ 完成図を参考に、スライド3に図形「**吹き出し：円形**」を作成し、「**心も体も踊りたくなる**」という文字を追加しましょう。次に、フォントサイズを「**36**」に変更しましょう。

⑫ スライド3の吹き出しの図形に、スタイル「**塗りつぶし-オレンジ、アクセント2**」を適用しましょう。次に、図形の枠線に「**フリーハンド**」（下側）のスケッチスタイルを適用しましょう。

⑬ 4枚目に「**比較**」のレイアウトのスライドを挿入し、次の文字を入力しましょう。

●タイトル

ラインアップ

●テキストと箇条書きテキスト

トップス	ボトムス
パーカー ロングカーディガン カットソー	フレアジーンズ ストレッチスキニージーンズ ジョガーパンツ

⑭ スライド4のタイトル以外のプレースホルダーのフォントサイズを「**28**」に変更しましょう。

⑮ 「**トップス**」と「**ボトムス**」のプレースホルダーに、図形の塗りつぶし「**オレンジ、アクセント2**」、フォントの色「**白、背景1**」を設定しましょう。

⑯ スライド1からスライドショーを実行しましょう。

※プレゼンテーションに「総合問題7完成」と名前を付けて、フォルダー「総合問題」に保存し、閉じておきましょう。

 # 総合問題8

 あなたは、宅配サービス会社の広報を担当しており、販路拡大のためのプレゼンテーションを作成することになりました。
完成図のようなプレゼンテーションを作成しましょう。

●完成図

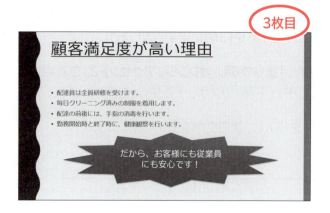

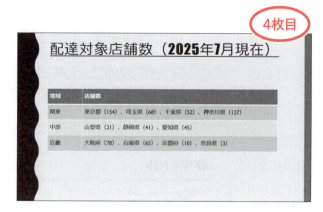

① スライド2の箇条書きテキストの行間を標準の1.5倍に設定しましょう。

HINT 行間を設定するには、《ホーム》タブ→《段落》グループの《行間》を使います。

② スライド2のSmartArtグラフィックに、「**開始**」の「**ズーム**」のアニメーションを設定しましょう。

③ 完成図を参考に、スライド3に図形「**星：12pt**」を作成し、「だから、**お客様にも従業員にも安心です！**」という文字を追加しましょう。

④ 図形内の文字のフォントサイズを「**28**」に変更しましょう。

⑤ 図形に、スタイル「**光沢-赤、アクセント4**」を適用しましょう。

⑥ 図形に、「**強調**」の「**パルス**」のアニメーションを設定しましょう。

⑦ スライド4に4行2列の表を挿入し、次のように文字を入力しましょう。

地域	店舗数
関東	東京都（154）、埼玉県（68）、千葉県（52）、神奈川県（127）
中部	山梨県（21）、静岡県（41）、愛知県（45）
近畿	大阪府（78）、兵庫県（65）、京都府（10）、奈良県（3）

※数字は半角で入力します。

HINT 表を挿入するには、コンテンツのプレースホルダーの《表の挿入》を使います。

⑧ 完成図を参考に、1列目の列の幅を変更しましょう。

⑨ 完成図を参考に、表のサイズを変更しましょう。
次に、表内の文字の配置をセル内で上下中央揃えにしましょう。

HINT 表内の文字の配置を変更するには、《テーブルレイアウト》タブ→《配置》グループのボタンを使います。

⑩ スライド5に、フォルダー「**総合問題**」の画像「**会社外観**」を挿入しましょう。

HINT 画像を挿入するには、コンテンツのプレースホルダーの《図》を使います。

⑪ 完成図を参考に、画像のサイズと位置を調整しましょう。

⑫ すべてのスライドに「**フェード**」の画面切り替えを設定しましょう。

⑬ スライド1からスライドショーを実行しましょう。

※プレゼンテーションに「総合問題8完成」と名前を付けて、フォルダー「総合問題」に保存し、閉じておきましょう。
※PowerPointを終了しておきましょう。

総合問題9

あなたは、家電量販店のスタッフで、担当したキャンペーンの実施報告書を作成することになりました。
完成図のような文書を作成しましょう。

● 完成図

2025 年 5 月 12 日
ダイレクトマーケティング事業部

キャンペーン実施報告書

2025 年 2 月 1 日～4 月 30 日の期間、オンラインショップで展開しました「快適テレワーク応援キャンペーン」の実施について、次のとおりご報告いたします。

1. 実績詳細

単位：千円

カテゴリー	2月	3月	4月	合計	月平均
Webカメラ	2,918	4,497	4,008	11,423	3,808
イヤホン	1,947	2,990	3,136	8,073	2,691
モニター	3,653	5,401	4,218	13,272	4,424
デスク	822	920	1,136	2,878	959
チェア	1,176	1,502	1,855	4,533	1,511
合計	10,516	15,310	14,353	40,179	13,393

2. キャンペーン期間中の売上状況

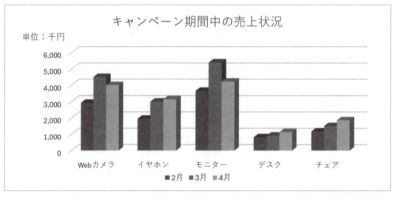

いずれのカテゴリーも3月の売上が増加した要因として、以下の2点が考えられます。
① メールマガジン3月号の掲載効果（発信数：3,543通）
② 新年度に向けて新規購入や買い替えの需要が増加

以上

① ブック「**総合問題9売上表**」のセル【B2】のタイトルのフォントサイズを「**14**」に設定しましょう。

② セル範囲【B2：G2】を結合し、結合したセルの中央にタイトルを配置しましょう。

③ セル範囲【B4：E9】をもとに、「**キャンペーン期間中の売上状況**」を表す3-D集合縦棒グラフを作成し、セル範囲【B12：G22】に配置しましょう。

④ グラフタイトルに「**キャンペーン期間中の売上状況**」と入力しましょう。

⑤ グラフの色を「**モノクロパレット6**」に変更しましょう。

(HINT) グラフの色を変更するには、《グラフのデザイン》タブ→《グラフスタイル》グループの《グラフクイックカラー》を使います。

⑥ 値軸の軸ラベルを表示し、軸ラベルを「**単位：千円**」に変更しましょう。

⑦ 値軸の軸ラベルの「**左へ90度回転**」を解除し、グラフの左上に移動しましょう。

⑧ 完成図を参考に、プロットエリアのサイズを変更しましょう。

(HINT) プロットエリアのサイズを変更するには、プロットエリアを選択した状態で、〇（ハンドル）をドラッグします。

⑨ セル【E9】のデータを「**1855**」に変更し、合計のデータが再計算され、グラフが更新されることを確認しましょう。

⑩ セル範囲【B3：G10】を、Wordの文書「**総合問題9報告書**」の「**1.実績詳細**」の下の行に貼り付けましょう。

⑪ Wordの文書に貼り付けた表のフォントサイズを「**10.5**」に変更しましょう。

⑫ Excelのグラフを、Wordの文書「**総合問題9報告書**」の「**2.キャンペーン期間中の売上状況**」の下の行に図として貼り付けましょう。

※Wordの文書に「総合問題9報告書完成」、Excelのブックに「総合問題9売上表完成」と名前を付けて、フォルダー「総合問題」に保存し、閉じておきましょう。
※WordとExcelを終了しておきましょう。

総合問題10

 あなたは、市役所で市民サービスを担当しており、保養施設の利用者を増やすためのプレゼンテーションを作成することになりました。
完成図のようなプレゼンテーションを作成しましょう。

● 完成図

① 文書「**総合問題10アウトライン**」のレベル1「**アクセス**」の下にある次の段落に、アウトラインレベルを設定しましょう。

段落	アウトラインレベル
住所	レベル2
車をご利用の場合	
電車をご利用の場合	
さくらやま市山中町XX-XX	レベル3
電話：026-226-XXXX	
山中ICより車で30分	
山手森電鉄「緑山駅」よりバスで40分	

※文書に「総合問題10アウトライン完成」と名前を付けて、フォルダー「総合問題」に保存し、閉じておきましょう。
※Wordを終了しておきましょう。

② フォルダー「**総合問題**」のプレゼンテーション「**総合問題10**」を開いて、Wordの文書「**総合問題10アウトライン完成**」を読み込みましょう。

③ スライド2からスライド5の書式をリセットしましょう。

④ テーマを次のように変更しましょう。

> **配色　　：黄緑**
> **フォント：Calibri　メイリオ　メイリオ**

⑤ スライド1のサブタイトルのプレースホルダーのサイズを、文字列の長さに合わせて変更しましょう。
次に、完成図を参考に、プレースホルダーを移動しましょう。

(HINT) プレースホルダーのサイズを変更するには、○（ハンドル）をドラッグします。

⑥ スライド1に、フォルダー「**総合問題**」の画像「**風景**」を挿入しましょう。

⑦ 完成図を参考に、スライド1の画像の位置とサイズを調整し、トリミングしましょう。

(HINT) 画像をトリミングするには、《図の形式》タブ→《サイズ》グループの《トリミング》を使います。

⑧ スライド1の画像に、「**開始**」の「**フェード**」のアニメーションを設定しましょう。

⑨ スライド2に、フォルダー「**総合問題**」の画像「**居室**」を挿入しましょう。

⑩ 完成図を参考に、スライド2の画像の位置とサイズを調整しましょう。

⑪ スライド2の画像に、スタイル「**対角を丸めた四角形、白**」を適用しましょう。

⑫ スライド2の画像に、「**開始**」の「**図形**」のアニメーションを設定しましょう。

⑬ 完成図を参考に、スライド2に図形「**四角形：角を丸くする**」を作成し、「**自宅のリビングのようにくつろげる空間**」という文字を追加しましょう。

⑭ 図形にスタイル**「塗りつぶし-緑、アクセント3」**を適用しましょう。
次に、図形の枠線に**「曲線」**のスケッチスタイルを適用しましょう。

⑮ すべてのスライドに**「風」**の画面切り替えを設定しましょう。

⑯ スライド1からスライドショーを実行しましょう。

⑰ スライド3のノートペインに次のように入力しましょう。

完全予約制になっております。

※ノートペインを非表示にしておきましょう。

⑱ すべてのスライドを、ノートの形式で1部印刷しましょう。

※プレゼンテーションに「総合問題10完成」と名前を付けて、フォルダー「総合問題」に保存し、閉じておきましょう。
※PowerPointを終了しておきましょう。

索 引

INDEX 索引

記号

$ (ドル)	139
$の入力	140
% (パーセント)	147

数字

3桁区切りカンマの表示	147

A

AVERAGE関数	137

E

Excelの概要	103
Excelの画面構成	110
Excelの起動	105,273
Excelの基本要素	109
Excelのグラフを図として貼り付け	276
Excelのスタート画面	106
ExcelのデータをWordの文書に差し込んで印刷	278
ExcelのデータをWordの文書に貼り付け	271
Excelの表示モード	112
Excelの表の貼り付け	274
Excelのブックの保存	129

M

MAX関数	138
Microsoft Search	17,110,215
Microsoftアカウントのユーザー情報	14,17,106,110,211,215
MIN関数	138

O

Officeテーマ	24
Officeの背景	24

P

PowerPointの概要	207

PowerPointの画面構成	215
PowerPointの起動	210
PowerPointの基本要素	214
PowerPointのスタート画面	211
PowerPointの表示モード	216

S

SmartArtグラフィック	239
SmartArtグラフィック内の文字の書式設定	244
SmartArtグラフィックの削除	240
SmartArtグラフィックの作成	239,240
SmartArtグラフィックの図形の削除	241
SmartArtグラフィックの図形の追加	241
SmartArtグラフィックのスタイル	243
SmartArtグラフィックを箇条書きテキストに変換	242
SmartArtのスタイル	243
SUM関数	134

W

Webレイアウト	19
Wordでのアウトラインレベルの設定	288
Wordの概要	11
Wordの画面構成	17
Wordの起動	13,273
Wordの終了	22,24
Wordのスタート画面	14
Wordの表示モード	19
Wordの文書の読み込み	292
Wordの文書をPowerPointのプレゼンテーションで利用	287
Wordの文書をもとにしたスライドの作成手順	288

あ

アイコン	234
アイコンセット	201,203
アイコンの挿入	234
あいさつ文の挿入	32
アウトライン	258
アウトラインからスライド	292
アウトライン記号	289
アウトライン表示	288

アウトラインレベルの設定……………………289
明るさの調整（画像）………………………71
アクセシビリティ………………………………18
アクセシビリティチェック……………………18
アクティブウィンドウ………………109,273
アクティブシート……………………………109
アクティブセル…………………………109,111
アクティブセルの位置指定………………121
値軸………………………………………………175
値軸の書式設定………………………………181
新しいシート…………………………………111
新しいスライドの挿入………………………229
新しいブックの作成…………………………118
新しいプレゼンテーション…………………211
新しいプレゼンテーションの作成………220
新しい文書の作成……………………………29
新しいリストの作成…………………………282
宛先の選択……………………………………281
宛先の表示の切り替え………………………285
宛先リスト………………………………………279
アニメーション………………………………256
アニメーションの解除………………………257
アニメーションの設定………………………256
アニメーションの番号………………………257
アニメーションのプレビュー………………257
アプリの切り替え……………………………273

い

移動（画像）………………………………69,70
移動（グラフ）…………………………………167
移動（プレースホルダー）…………………227
移動（文字）……………………………37,39
移動（ワードアート）…………………………63
印刷（グラフ）…………………………………171
印刷（差し込み印刷）………………279,285
印刷（ノート）…………………………………260
印刷（背景）……………………………………77
印刷（表）………………………………155,157
印刷（プレゼンテーション）………………258
印刷（文書）……………………………………48
印刷イメージの確認…………………48,155
印刷の実行……………………………………285
印刷の手順……………………………………155
印刷のレイアウト……………………………258
印刷レイアウト（表示モード）……………19
インデント………………………………42,189
インデントの解除……………………………43

う

ウィンドウの切り替え………………………274
ウィンドウの操作ボタン……………………14
上書き……………………………………………36
上書き保存………………………………………50

え

エクスプローラーから文書を開く…………16
閲覧の再開………………………………………23
閲覧表示………………………………………216
閲覧モード………………………………………19
円グラフ………………………………………163
円グラフの構成要素…………………………165
円グラフの作成………………………………163
演算記号………………………………………123

お

オートフィル…………………………………127
オートフィルオプション……………………128
オートフィルのドラッグの方向……………128
おすすめグラフ………………………………172
折り返して全体を表示する…………………152
オンライン画像…………………………………67

か

カーソル…………………………………………17
カーソルの移動…………………………………34
解除（アニメーション）……………………257
解除（インデント）……………………………43
解除（箇条書き）………………………………47
解除（下線）……………………………………45
解除（画面切り替え）………………………255
解除（均等割り付け）…………………………46
解除（罫線）……………………………………142
解除（斜体）……………………………………45
解除（セルの結合）…………………………150
解除（セルの塗りつぶし）………………96,144
解除（中央揃え）……………………………149
解除（表示形式）……………………………149
解除（太字）……………………………………45
改ページの挿入………………………………157
改ページプレビュー…………………………112
囲み線……………………………………………45
箇条書き…………………………………………47
箇条書きテキスト……………………………230

箇条書きテキストの改行	231
箇条書きテキストの入力	230
箇条書きテキストのレベル上げ	232
箇条書きテキストのレベルの変更	232
箇条書きテキストをSmartArtグラフィックに変換	242
箇条書きの解除	47
下線	45,146
下線の解除	45
画像	64
画像の明るさの調整	71
画像の移動	69,70
画像のコントラストの調整	71
画像のサイズ変更	69
画像の挿入	64
画像のトリミング	68
カメオ	267
画面切り替え	253
画面切り替えの解除	255
画面切り替えの設定	253
画面切り替えのプレビュー	255
カラースケール	201,203
関数	134
関数の入力	134

き

記書きの入力	34
起動 (Excel)	105,273
起動 (PowerPoint)	210
起動 (Word)	13,273
起動 (複数アプリ)	273
行	84,109
行間の設定	231
行の削除	87,154
行の挿入	86,87,153
行の高さの変更	90,151
行番号	111
切り離し円の作成	170
均等割り付け	46,94
均等割り付けの解除	46

く

クイックアクセスツールバー	17,110,215
クイック分析	143
空白のブック	106
グラフ	162
グラフエリア	165,175

グラフエリアの書式設定	180
グラフ機能の概要	162
グラフシート	176
グラフスタイル適用	169
グラフタイトル	165,175
グラフタイトルの入力	166
グラフの移動	167
グラフの色の変更	170
グラフの印刷	171
グラフの更新	171
グラフの項目の並び順	171
グラフのサイズ変更	167,168
グラフの削除	171
グラフの作成	163,173
グラフの作成手順	162
グラフの配置	168
グラフの場所の変更	176
グラフのレイアウトの設定	178
グラフフィルター	182
グラフ要素の書式設定	178
グラフ要素の選択	166
グラフ要素の非表示	178
グラフ要素の表示	177
クリア (条件)	199,200
クリア (データ)	125
クリア (テーブルスタイル)	192
クリア (ルール)	202
繰り返し (コマンド)	42
クリップボード	40

け

罫線	142
罫線の解除	142
罫線の種類の変更	97
罫線の詳細設定	143
罫線の太さの変更	97
結果のプレビュー	284
現在のウィンドウの大きさに合わせてスライドを拡大または縮小します。	215

こ

効果のオプション (アニメーション)	257
効果のオプション (画面切り替え)	255
合計	134,136
降順	195
構造化参照	193

項目軸 …………………………… 175	軸ラベル…………………………… 175
コピー (数式) …………………… 128	軸ラベルの書式設定………………… 178
コピー (文字) …………………… 37	軸ラベルの表示……………………… 177
コントラストの調整 (画像) ……… 71	字詰めの範囲………………………… 36
	自動回復……………………………… 50
さ	自動調整オプション ……………… 225
	自動保存 ………………… 17,18,110,215
最近使ったアイテム………… 14,106,211	斜体 …………………………… 45,146
最小化………………………………… 14	斜体の解除…………………………… 45
最小値……………………………… 138	集計行の表示……………………… 194
サイズ変更 (画像) ………………… 69	終了 (Word) …………………… 22,24
サイズ変更 (グラフ) ………… 167,168	縮小して全体を表示する…………… 152
サイズ変更 (表) …………………… 88	ショートカットツール ………… 164,183
サイズ変更 (プレースホルダー) … 227	上位/下位ルール …………… 201,202
最大化………………………………… 14	条件付き書式………………………… 201
最大値……………………………… 138	条件のクリア ………………… 199,200
サインアウト………………………… 14	昇順………………………………… 195
サインイン…………………………… 14	小数点以下の桁数の表示…………… 148
削除 (SmartArtグラフィック) …… 240	書式設定 (SmartArtグラフィック) … 244
削除 (行) …………………… 87,154	書式設定 (値軸) …………………… 181
削除 (グラフ) …………………… 171	書式設定 (グラフエリア) ………… 180
削除 (シート) …………………… 113	書式設定 (グラフ要素) …………… 178
削除 (図形) ……………………… 234	書式設定 (軸ラベル) ……………… 178
削除 (表) ………………………… 87	書式設定 (プレースホルダー) … 226,227
削除 (プレースホルダー) ………… 225	新規 ……………………… 14,106,211
削除 (文字) ……………………… 35	新規作成 ………………… 29,118,220
削除 (列) …………………… 87,154	
削除 (ワードアート) ……………… 59	**す**
差し込み印刷……………………… 279	
差し込み印刷の宛先ダイアログボックス … 283	図 …………………………………… 64
差し込み印刷の開始……………… 280	垂直方向の配置…………………… 150
差し込み印刷の設定……………… 280	水平線の挿入………………………… 75
差し込み印刷の手順……………… 280	数式………………………………… 122
差し込みフィールドの挿入………… 284	数式のコピー……………………… 128
サブタイトルの入力………………… 223	数式の再計算……………………… 123
サムネイルペイン ………………… 216	数式の入力………………………… 122
	数式バー…………………………… 111
し	数式バーの展開…………………… 111
	数値………………………………… 119
シート……………………………… 109	数値の入力………………………… 121
シートの切り替え………………… 114	数値フィルター…………………… 200
シートの削除……………………… 113	ズーム………………… 17,20,111,215
シートのスクロール……………… 111	ズームスライダー…………………… 21
シートの選択……………………… 114	スクロール ………………… 18,111
シートの挿入……………………… 113	スクロールバー…………… 17,111,215
シートの枠線の非表示…………… 143	図形………………………………… 233
シート見出し……………………… 111	図形の削除………………………… 234
字送りの範囲………………………… 36	図形の削除 (SmartArtグラフィック) … 241

321

図形の作成 ……………………………… 233
図形のスタイル ………………………… 236
図形の選択 ……………………………… 235
図形の追加（SmartArtグラフィック）…… 241
図形への文字の追加 …………………… 235
スケッチスタイル ……………………… 237
スタート画面 …………………… 14,106,211
スタイル（SmartArtグラフィック）…… 243
スタイル（グラフ）……………………… 169
スタイル（図）…………………………… 71
スタイル（図形）………………………… 236
スタイル（セル）………………………… 146
スタイル（テーブル）…………………… 191
スタイル（表）…………………………… 98
ステータスバー ………………… 17,111,215
図として貼り付け ……………… 272,276
ストック画像 …………………………… 67
図のスタイル …………………………… 71
図のリセット …………………………… 72
スパークライン ………………………… 183
スピル …………………………………… 141
すべてクリア …………………………… 125
スライド ………………………………… 214
スライド一覧 …………………………… 216
スライドショー ………………… 216,251
スライドショー実行中のスライドの切り替え ……… 252
スライドショーの実行 ………… 251,266
スライドのサイズ ……………………… 220
スライドのリセット …………………… 293
スライドのレイアウトの変更 … 230,294
スライドペイン ………………………… 216

せ

絶対参照 ………………………………… 139
セル ……………………………… 84,109,111
セル内の配置の設定 …………… 93,149
セルの強調表示ルール ………………… 201
セルの均等割り付け …………………… 94
セルの結合 ……………………… 91,150
セルの結合の解除 ……………………… 150
セルの参照 ……………………………… 139
セルのスタイル ………………………… 146
セルの塗りつぶし ……………… 96,144
セルの塗りつぶしの解除 ……… 96,144
セルの分割 ……………………………… 92
セル範囲 ………………………………… 126
セル範囲の選択 ………………………… 126
セル範囲への変換 ……………………… 192

セルを結合して中央揃え ……………… 150
全セル選択ボタン ……………………… 111
選択（グラフ要素）……………………… 166
選択（図形）……………………………… 235
選択（セル範囲）………………………… 126
選択（データ要素）……………………… 171
選択（範囲）……………………………… 35
選択領域 ………………………………… 17

そ

操作の繰り返し ………………………… 42
相対参照 ………………………………… 139
挿入（アイコン）………………………… 234
挿入（あいさつ文）……………………… 32
挿入（新しいスライド）………………… 229
挿入（改ページ）………………………… 157
挿入（画像）……………………………… 64
挿入（行）………………………… 86,87,153
挿入（差し込みフィールド）…………… 284
挿入（シート）…………………………… 113
挿入（日付）……………………………… 30
挿入（文字）……………………………… 36
挿入（列）………………………… 86,154
挿入（ワードアート）…………………… 58
挿入オプション ………………………… 154

た

代替テキスト …………………………… 65
代替テキストの自動生成 ……………… 65
タイトルスライド ……………………… 223
タイトルの入力 ………………………… 223
タイトルバー …………………… 17,110,215
縦棒グラフ ……………………………… 173
縦棒グラフの構成要素 ………………… 175
縦棒グラフの作成 ……………………… 173
縦横の合計を一度に求める …………… 136
段落 ……………………………………… 36
段落罫線 ………………………………… 74
段落罫線の設定 ………………………… 74
段落単位の配置の設定 ………………… 42
段落番号 ………………………………… 47

ち

中央揃え ………………………… 41,149
中央揃えの解除 ………………………… 149
抽出結果の絞り込み …………………… 199

て

データ系列‥‥‥‥‥‥‥‥‥‥‥‥165,175
データの確定‥‥‥‥‥‥‥‥‥‥‥‥‥‥121
データの共有‥‥‥‥‥‥‥‥‥‥‥‥‥‥272
データのクリア‥‥‥‥‥‥‥‥‥‥‥‥‥125
データの修正‥‥‥‥‥‥‥‥‥‥‥‥‥‥124
データの種類‥‥‥‥‥‥‥‥‥‥‥‥‥‥119
データの抽出‥‥‥‥‥‥‥‥‥‥‥‥‥‥198
データの並べ替え‥‥‥‥‥‥‥‥‥‥‥‥195
データの入力‥‥‥‥‥‥‥‥‥‥‥‥‥‥119
データの入力手順‥‥‥‥‥‥‥‥‥‥‥‥119
データバー‥‥‥‥‥‥‥‥‥‥‥‥‥201,203
データバーの設定‥‥‥‥‥‥‥‥‥‥‥‥203
データベース‥‥‥‥‥‥‥‥‥‥‥‥‥‥188
データベース機能‥‥‥‥‥‥‥‥‥‥‥‥188
データベース機能の概要‥‥‥‥‥‥‥‥‥188
データ要素‥‥‥‥‥‥‥‥‥‥‥‥‥‥‥165
データ要素の選択‥‥‥‥‥‥‥‥‥‥‥‥171
データラベル‥‥‥‥‥‥‥‥‥‥‥‥‥‥165
テーブル‥‥‥‥‥‥‥‥‥‥‥‥‥‥‥‥190
テーブルスタイル‥‥‥‥‥‥‥‥‥‥‥‥191
テーブルスタイルのクリア‥‥‥‥‥‥‥‥192
テーブルスタイルの適用‥‥‥‥‥‥‥‥‥192
テーブルの利用‥‥‥‥‥‥‥‥‥‥‥‥‥193
テーブルへの変換‥‥‥‥‥‥‥‥‥‥‥‥191
テーマ‥‥‥‥‥‥‥‥‥‥‥‥‥‥‥‥‥221
テーマの適用‥‥‥‥‥‥‥‥‥‥‥‥‥‥221
テキストウィンドウ‥‥‥‥‥‥‥‥‥240,241
テキストウィンドウの非表示‥‥‥‥‥‥‥240
テキストウィンドウの表示‥‥‥‥‥‥‥‥240
テキストウィンドウの利用‥‥‥‥‥‥‥‥241
テキストフィルター‥‥‥‥‥‥‥‥‥‥‥200

と

頭語と結語の入力‥‥‥‥‥‥‥‥‥‥‥‥32
閉じる（ウィンドウ）‥‥‥‥‥‥‥‥‥‥‥14
閉じる（文書）‥‥‥‥‥‥‥‥‥‥‥‥22,24
トリミング‥‥‥‥‥‥‥‥‥‥‥‥‥‥‥‥68

な

ナビゲーションウィンドウ‥‥‥‥‥‥‥‥291
名前ボックス‥‥‥‥‥‥‥‥‥‥‥‥‥‥110
名前を付けて保存‥‥‥‥‥‥‥‥‥‥49,50
並べ替え‥‥‥‥‥‥‥‥‥‥‥‥‥‥‥‥195
並べ替えのキー‥‥‥‥‥‥‥‥‥‥‥‥‥197

に

入力（箇条書きテキスト）‥‥‥‥‥‥‥‥230
入力（関数）‥‥‥‥‥‥‥‥‥‥‥‥‥‥134
入力（記書き）‥‥‥‥‥‥‥‥‥‥‥‥‥34
入力（グラフタイトル）‥‥‥‥‥‥‥‥‥166
入力（サブタイトル）‥‥‥‥‥‥‥‥‥‥223
入力（数式）‥‥‥‥‥‥‥‥‥‥‥‥‥‥122
入力（数値）‥‥‥‥‥‥‥‥‥‥‥‥‥‥121
入力（タイトル）‥‥‥‥‥‥‥‥‥‥‥‥223
入力（データ）‥‥‥‥‥‥‥‥‥‥‥‥‥119
入力（頭語と結語）‥‥‥‥‥‥‥‥‥‥‥32
入力（ノートペイン）‥‥‥‥‥‥‥‥‥‥259
入力（日付）‥‥‥‥‥‥‥‥‥‥‥‥‥‥122
入力（文章）‥‥‥‥‥‥‥‥‥‥‥‥‥‥31
入力（文字列）‥‥‥‥‥‥‥‥‥‥‥‥‥120
入力（連続データ）‥‥‥‥‥‥‥‥‥‥‥127
入力オートフォーマット‥‥‥‥‥‥‥‥‥32
入力中の修正‥‥‥‥‥‥‥‥‥‥‥‥‥‥124
入力モードの切り替え‥‥‥‥‥‥‥‥‥‥122

の

ノート‥‥‥‥‥‥‥‥‥‥‥‥‥‥215,258
ノートの印刷‥‥‥‥‥‥‥‥‥‥‥‥‥‥260
ノートペイン‥‥‥‥‥‥‥‥‥‥‥216,259
ノートペインへの入力‥‥‥‥‥‥‥‥‥‥259
ノートへのオブジェクトの挿入‥‥‥‥‥‥260

は

パーセントの表示‥‥‥‥‥‥‥‥‥‥‥‥147
背景の印刷‥‥‥‥‥‥‥‥‥‥‥‥‥‥‥77
配置ガイド‥‥‥‥‥‥‥‥‥‥‥‥‥‥‥63
配布資料‥‥‥‥‥‥‥‥‥‥‥‥‥‥‥‥258
白紙の文書‥‥‥‥‥‥‥‥‥‥‥‥‥‥‥14
発表者ツール‥‥‥‥‥‥‥‥‥‥‥‥‥‥262
発表者ツールの画面構成‥‥‥‥‥‥‥‥‥265
発表者ツールの使用‥‥‥‥‥‥262,263,264
バリエーション‥‥‥‥‥‥‥‥‥‥‥‥‥222
貼り付け‥‥‥‥‥‥‥‥‥37,39,272,274,276
貼り付けた表の書式‥‥‥‥‥‥‥‥‥‥‥275
貼り付けのオプション‥‥‥‥‥‥‥‥‥‥38
貼り付けのプレビュー‥‥‥‥‥‥‥‥‥‥38
範囲‥‥‥‥‥‥‥‥‥‥‥‥‥‥‥‥‥‥126
範囲選択‥‥‥‥‥‥‥‥‥‥‥‥‥‥35,126
凡例‥‥‥‥‥‥‥‥‥‥‥‥‥‥‥165,175

323

ひ

引数	134
引数の自動認識	138
左インデント	42
日付と時刻	30
日付の挿入	30
日付の入力	122
日付フィルター	200
ひな形の文書	279
ひな形の文書の保存	286
表示形式	147
表示形式の解除	149
表示形式の設定	147
表示選択ショートカット	17,111,215
表示倍率の変更	20,21
表示モード	19,112,216
表示モードの切り替え	288
標準（表示モード）	112,216
表全体の削除	87
表内のデータの削除	87
表の印刷	155
表のサイズ変更	88
表の作成	84,85
表の書式の設定	142
表のスタイル	98
表の選択	87
表の並べ替え	196
表の配置の変更	95
表のレイアウトの変更	86
表をテーブルに変換	190
表を元の順序に戻す	196
開く（ブック）	106,107
開く（プレゼンテーション）	211,212
開く（文書）	14,15,16

ふ

ファイル名	50
フィールド	188
フィールド名	188
フィルター	198
フィルターの実行	198
フィルターモード	190,198
フォント	43
フォントサイズ	43
フォントサイズの設定	43,145
フォントの色の設定	44,145
フォントの設定	43,145
複合参照	140
フチなし印刷	78
ブック	109
ブックの新規作成	118
ブックの保存	129
ブックを開く	106,107
太字	45,146
太字の解除	45
プリンターに差し込みダイアログボックス	286
フルページサイズのスライド	258
プレースホルダー	223
プレースホルダー全体の書式設定	226
プレースホルダーの移動	227
プレースホルダーのサイズ変更	227
プレースホルダーの削除	225
プレースホルダーの操作	223
プレースホルダーの部分的な書式設定	227
プレースホルダーのリセット	225
プレースホルダーの枠線	225
プレゼンテーション	214
プレゼンテーションの印刷	258
プレゼンテーションの新規作成	220
プレゼンテーションを開く	212
プロットエリア	165,175
文書の印刷	48
文書の自動回復	50
文章の書式の設定	41
文章の入力	31
文書の保存	49
文書を閉じる	22,24
文書を開く	14,15,16

へ

平均	137
ペイン	216
ページ罫線	75
ページ罫線の設定	75
ページサイズの選択	29
ページ設定	28,48,156
ページ設定の保存	157
ページの色	76
ページの色の設定	76
ページの背景の設定	76,78
ページの向きを変更	29
ページのレイアウトの設定	28
ページレイアウト	112
編集記号	30
編集記号の表示	30

ほ

ホーム	14,106,211
保存（ブック）	129
保存（文書）	49
ボタン名の確認	30

ま

マウスポインター	17,111

み

右揃え	41
見出しスクロールボタン	111

も

目的のスライドヘジャンプ	266
文字の移動	37,39
文字の均等割り付け	46
文字の効果と体裁	73
文字の効果の設定	73
文字のコピー	37
文字の削除	35
文字の挿入	36
文字の塗りつぶし（ワードアート）	62
文字の輪郭（ワードアート）	62
文字列	119
文字列全体の表示	152
文字列の折り返し	66,67
文字列の強制改行	152
文字列の入力	120
元に戻す	36
元のサイズに戻す	14

よ

余白の調整	29

り

リアルタイムプレビュー	44
リセット（図）	72
リセット（スライド）	293
リセット（プレースホルダー）	225
リボン	17,110,215
リボンを折りたたむ	17,110,215
リンク貼り付け	272

る

ルールのクリア	202

れ

レイアウトオプション	59
レーザーポインター	252
レコード	188
列	84,109
列の削除	87,154
列の挿入	86,154
列の幅の自動調整	152
列の幅の変更	89,90,151
列番号	111
列見出し	188
列見出しごとの条件のクリア	200
レベルの変更	242
レリーフ	267
連続データの入力	127

わ

ワークシート	109
ワードアート	58
ワードアートの移動	63
ワードアートの効果の設定	62
ワードアートの削除	59
ワードアートの挿入	58
ワードアートのフォントサイズの設定	60
ワードアートのフォントの設定	60
ワードアートの文字の色	62
ワードアートの輪郭の色	62

325

ローマ字・かな対応表

	あ	い	う	え	お
	A	I	U	E	O
あ	ぁ	ぃ	ぅ	ぇ	ぉ
	LA	LI	LU	LE	LO
	XA	XI	XU	XE	XO
	か	き	く	け	こ
か	KA	KI	KU	KE	KO
	きゃ	きぃ	きゅ	きぇ	きょ
	KYA	KYI	KYU	KYE	KYO
	さ	し	す	せ	そ
	SA	SI / SHI	SU	SE	SO
さ	しゃ	しぃ	しゅ	しぇ	しょ
	SYA	SYI	SYU	SYE	SYO
	SHA		SHU	SHE	SHO
	た	ち	つ	て	と
	TA	TI / CHI	TU / TSU	TE	TO
			っ		
			LTU / XTU		
た	ちゃ	ちぃ	ちゅ	ちぇ	ちょ
	TYA	TYI	TYU	TYE	TYO
	CYA	CYI	CYU	CYE	CYO
	CHA		CHU	CHE	CHO
	てゃ	てぃ	てゅ	てぇ	てょ
	THA	THI	THU	THE	THO
	な	に	ぬ	ね	の
な	NA	NI	NU	NE	NO
	にゃ	にぃ	にゅ	にぇ	にょ
	NYA	NYI	NYU	NYE	NYO
	は	ひ	ふ	へ	ほ
	HA	HI	HU / FU	HE	HO
	ひゃ	ひぃ	ひゅ	ひぇ	ひょ
は	HYA	HYI	HYU	HYE	HYO
	ふぁ	ふぃ		ふぇ	ふぉ
	FA	FI		FE	FO
	ふゃ	ふぃ	ふゅ	ふぇ	ふょ
	FYA	FYI	FYU	FYE	FYO
	ま	み	む	め	も
ま	MA	MI	MU	ME	MO
	みゃ	みぃ	みゅ	みぇ	みょ
	MYA	MYI	MYU	MYE	MYO

	や	い	ゆ	いぇ	よ
	YA	YI	YU	YE	YO
や	ゃ		ゅ		ょ
	LYA		LYU		LYO
	XYA		XYU		XYO
	ら	り	る	れ	ろ
ら	RA	RI	RU	RE	RO
	りゃ	りぃ	りゅ	りぇ	りょ
	RYA	RYI	RYU	RYE	RYO
	わ	うぃ	う	うぇ	を
わ	WA	WI	WU	WE	WO
ん	ん				
	NN				
	が	ぎ	ぐ	げ	ご
が	GA	GI	GU	GE	GO
	ぎゃ	ぎぃ	ぎゅ	ぎぇ	ぎょ
	GYA	GYI	GYU	GYE	GYO
	ざ	じ	ず	ぜ	ぞ
	ZA	ZI / JI	ZU	ZE	ZO
ざ	じゃ	じぃ	じゅ	じぇ	じょ
	JYA	JYI	JYU	JYE	JYO
	ZYA	ZYI	ZYU	ZYE	ZYO
	JA		JU	JE	JO
	だ	ぢ	づ	で	ど
	DA	DI	DU	DE	DO
	ぢゃ	ぢぃ	ぢゅ	ぢぇ	ぢょ
だ	DYA	DYI	DYU	DYE	DYO
	でゃ	でぃ	でゅ	でぇ	でょ
	DHA	DHI	DHU	DHE	DHO
	どぁ	どぃ	どぅ	どぇ	どぉ
	DWA	DWI	DWU	DWE	DWO
	ば	び	ぶ	べ	ぼ
ば	BA	BI	BU	BE	BO
	びゃ	びぃ	びゅ	びぇ	びょ
	BYA	BYI	BYU	BYE	BYO
	ぱ	ぴ	ぷ	ぺ	ぽ
ぱ	PA	PI	PU	PE	PO
	ぴゃ	ぴぃ	ぴゅ	ぴぇ	ぴょ
	PYA	PYI	PYU	PYE	PYO
ヴ	ヴァ	ヴィ	ヴ	ヴェ	ヴォ
	VA	VI	VU	VE	VO
っ	後ろに「N」以外の子音を2つ続ける 例:だった→DATTA				
	単独で入力する場合 LTU　XTU				

おわりに

最後まで学習を進めていただき、ありがとうございました。

本書では、Word・Excel・PowerPointの基本操作の中で、業務でよく使う機能を中心にご紹介してきました。Wordで学習したワードアートや画像、PowerPointで学習した図形やSmartArtグラフィックは、Word・Excel・PowerPointで共通して使える機能です。複数のアプリを一緒に学ぶことで、スムーズに操作を習得できたのではないでしょうか。

また、3つのアプリのデータを連携させて、効率的にアウトプットを作る方法についてもご紹介しました。アプリごとに得意分野があるので、うまく使い分けたり連携させたりしながら、ご自身の業務を進めていきましょう。

もし、難しいなと思った部分があったら、練習問題や総合問題を活用して、学習内容を振り返ってみてください。繰り返すことでより理解が深まります。

本書での学習を終了された方には、「よくわかる」シリーズの応用の書籍をおすすめします。一部、本書でご紹介した内容も含まれますが、応用的かつ実用的な機能をたくさんご紹介しています。ビジネスで必須となるWord・Excel・PowerPointを使いこなせば、日々の作業が効率的になり、業務の幅も広がるでしょう。ぜひチャレンジしてみてください。

FOM出版

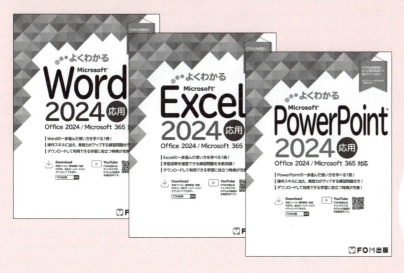

FOM出版テキスト 最新情報のご案内

FOM出版では、お客様の利用シーンに合わせて、最適なテキストをご提供するために、様々なシリーズをご用意しています。

https://www.fom.fujitsu.com/goods/

FAQのご案内 ［テキストに関するよくあるご質問］

FOM出版テキストのお客様Q&A窓口に皆様から多く寄せられたご質問に回答を付けて掲載しています。

https://www.fom.fujitsu.com/goods/faq/

よくわかる

Microsoft® Word 2024 &
Microsoft® Excel® 2024 &
Microsoft® PowerPoint® 2024
Office 2024／Microsoft 365 対応
（FPT2420）

2025年4月13日　初版発行

著作／制作：株式会社富士通ラーニングメディア

発行者：佐竹　秀彦

発行所：FOM出版（株式会社富士通ラーニングメディア）
　　　　〒212-0014　神奈川県川崎市幸区大宮町1番地5　JR川崎タワー
　　　　https://www.fom.fujitsu.com/goods/

印刷／製本：アベイズム株式会社

● 本書は、構成・文章・プログラム・画像・データなどのすべてにおいて、著作権法上の保護を受けています。
　本書の一部あるいは全部について、いかなる方法においても複写・複製など、著作権法上で規定された権利を侵害する行為を行うことは禁じられています。
● 本書に関するご質問は、ホームページまたはメールにてお寄せください。
　＜ホームページ＞
　上記ホームページ内の「FOM出版」から「QAサポート」にアクセスし、「QAフォームのご案内」からQAフォームを選択して、必要事項をご記入の上、送信してください。
　＜メール＞
　FOM-shuppan-QA@cs.jp.fujitsu.com
　なお、次の点に関しては、あらかじめご了承ください。
　・ご質問の内容によっては、回答に日数を要する場合があります。
　・本書の範囲を超えるご質問にはお答えできません。　・電話やFAXによるご質問には一切応じておりません。
● 本製品に起因してご使用者に直接または間接的損害が生じても、株式会社富士通ラーニングメディアはいかなる責任も負わないものとし、一切の賠償などは行わないものとします。
● 本書に記載された内容などは、予告なく変更される場合があります。
● 落丁・乱丁はお取り替えいたします。

©2025 Fujitsu Learning Media Limited
Printed in Japan
ISBN978-4-86775-152-7